瑤

［西日本篇］

全方位飲品顧問友田晶子、
日本酒服務研究會‧酒匠研究會聯合會／監修
蕭雲菁／譯

日本酒全圖鑑
[西日本篇]
Contents

為了邂逅命運中的那一杯，希望能事先了解！

品味日本酒的最佳風味TOPICS

西日本的日本酒圖鑑

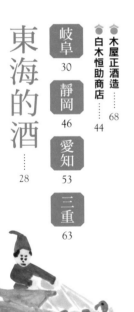

圖鑑的閱讀方式

特定名稱

依據原料米或製造方法等可區分為8大類，分別為「純米大吟釀酒」、「純米吟釀酒」、「特別純米酒」、「純米酒」、「大吟釀酒」、「吟釀酒」、「特別本釀造酒」、「本釀造酒」。於p.21有詳細的解說。此外，無法歸類於這8類中的產品則視為其他，不予標示。

DATA

原料米

使用的原料米（麴米與掛米¹）。有些會標示出產地。p.20有針對主要的酒米種類做詳細的介紹。

註1：在三段式釀造中，釀製醪時投入的蒸米稱為「掛米」，便於藏人（釀酒人）區分。

精米比例

標示原料米的精米比例。

使用酵母

釀酒用的酵母。

日本酒度

表示日本酒甘辛程度（甜度）的標準。以「＋」表示辛口（甜度低），「－」表示甘口（甜度高）。

酒精度數

表示酒精的濃度。

日本酒的類型

依據香氣可區分為「薰酒」、「爽酒」、「醇酒」、「熟酒」4大類型。

酒藏名稱

酒藏所在的都道府縣

品牌名稱　　商品名稱

滋賀

太田酒造

草津市

純米吟釀 **道灌**

純米吟釀酒

DATA		
原料米	滋賀縣產山田錦	日本酒度　＋4
精米比例	55%	酒精度數　15.3度
使用酵母	協會901號	日本酒的類型　醇酒

由太田道灌的子孫釀造的近江銘酒

酒藏的祖先可追溯到負責建造江戶城的太田道灌。江戶末期為了有效利用領地上優質的近江米而開始釀酒，今日甚至將技術應用在釀造葡萄酒上。冠上祖先名的「道灌」純米吟釀具有適度的酸味與鮮味。建議以冷酒或溫燗方式當作餐中酒。

///////// 這款也強力推薦！ /////////

特別純米 生原酒 **道灌** 渡船

特別純米酒

原料米 滋賀縣產渡船6號／精米比例 60%／使用酵母 協會1401號／日本酒度 ＋2／酒精度數 17.8度

融合生原酒的甜味與扎實的酸味

除了保留生原酒特有的酒米鮮甜滋味之外，還帶有扎實的酸味，整體風味十分清爽。

酒藏所在的市、區、町、村

酒藏的推薦商品

介紹酒藏的建立年份或歷史等等。此外，也可以了解推薦商品的特色、商品名稱的由來或飲用時建議的溫度（飲用方式）。此處將常溫標示為「冷飲（冷や）」。關於飲用方式的細節請參考p.16。

酒藏的其他推薦商品

※所有刊載資料皆為2016年6月之資訊。DATA內容（原料米、精米比例、使用酵母、日本酒度、酒精度數）在有些情況下會因製造年度不同而有所改變。

※日本酒度與酒精度僅為參考基準。有些情況下會因製造年度或保存環境等而有變化。

※酒精度數若標示為「○～△度」，是表示「○度以上，未滿△度」的意思。

日本酒全圖鑑
[西日本篇]

Part 1

為了邂逅命運中的那一杯，
希望能事先了解！

品味日本酒的
最佳風味
TOPICS

與日本酒相關的狀況
不斷地在變化。
在此單元將以10個關鍵字
介紹古今的日本酒資訊，
像是復刻風潮或進軍海外市場等等。

① 復刻

重新審視明治時代以前的釀酒作業

　　直到江戶時代為止，釀造業於全日本各地的發展未曾間斷，然而進入明治政府時期後，政府為了加強徵收酒稅而開始管理釀酒業。對於日本酒業界而言，開始以科學角度研究日本酒固然有好的一面，但是也開啟了之後昭和的三增酒※之販售，以及高度經濟成長期的桶裝酒買賣等，進而造成了「重量不重質」的時代。出於這層反省，才醞釀出一股推崇生酛釀造等回歸原點的日本酒釀造風潮。

※三增酒……在米與米麴製成的醪中，加入以水稀釋過的釀造酒精或醣類、酸味料等製成的酒。可以低價釀造，因此被大量販售。

因最古老的清酒品牌「白雪」而聞名的兵庫縣小西酒造，其所釀造的這款「白雪 超特撰 江戶元祿之酒」是重現藏元保存的古文書《酒永代覺帖》所載，元祿15（1702）年秋天的酒造紀錄而來的酒。
➡p.111

重現室町～戰國時代的製法釀造而成，大阪府·西條的「天野酒 僧房酒」。
➡p.97

日本酒的歷史

716年左右	在《播磨國風土記》裡，可看到「使用黴菌來製酒」這樣的記載。有一說法認為，此為釀造日本酒的原型（播磨是指現今兵庫縣一帶）。
奈良時代 （710～784）	以麴製酒的方式自中國傳入。朝廷在「造酒司」中設置了「酒部」一職。
平安時代 （794～1185）	在《延喜式》中，可看到釀酒的相關記載，關於以米、麴與水來釀酒的方法以及燗酒（熱飲）均有紀錄。由僧侶在寺院裡釀造的「僧坊酒」得到高度好評，像是和歌山縣高野山的「天野酒」或奈良縣的「菩提泉」都聲名遠播。奈良寺院所發明的「南都諸白」，是以經過精米處理的麴米與掛米所釀造出的酒，因而成為現代清酒的原型。
室町時代 （1336～1573）	在《御酒之日記》中，有乳酸發酵的應用以及使用木炭進行過濾的相關記載。
江戶時代 （1600～1867）	寒造、低溫殺菌的火入處理、分段釀造法與杜氏制度等蔚為普及。這時期發現，添加一種名為「柱燒酎」的高度數酒精，可讓醪變得不易腐壞，此法遂逐漸推廣出去（亦為添加酒精的起源）。一般認為柱燒酎的原料是米）。藉由活性碳過濾法取得的「澄酒」（清酒）開始廣泛流通。
1657年	因為稻米歉收而導入酒株（酒造株）制度來管制，釀造業轉為許可制度。
明治時代 （1868～）	推行富國強兵政策，酒稅日趨繁重。中日甲午戰爭與日俄戰爭時，酒稅占了國家財政的30%。其後，製酒的規制仍延續至昭和時代。在政府的推波助瀾下，自西方引進微生物學，穩定提升了占酒稅30%的重要財源——日本酒的品質。設立了國立釀造試驗所，並於明治42（1909）年與明治43（1910）年，分別研發出「山廢酛」與「速釀酛」。

使用釀酒槽來製酒較便於管理，在此主流風潮下，回歸以古傳橡木桶釀酒的酒藏也日益增加。

亦被視為生酛雛形的
「菩提酛釀法」是什麼？

　　有些酒藏不採用現今流行的「生酛」與「山廢」釀造法（→p.8～9），而是以一種稱為「菩提酛」、更古老的手法來製酒。一般認為，「菩提酛」是1440年代於奈良縣菩提山的正曆寺創造出來的。採單次釀製成酒，實在是相當原始的方法，也就是現在所謂的「酒母」。千葉縣的寺田本家與岡山縣「御前酒」的辻本店皆有製造。若要以「釀造更天然的日本酒」為目標，或許勢必得重新審視昔日的古老釀法。

位在奈良縣・春日山原始林山麓的酒藏「八木酒造」，利用菩提山・正曆寺酒造法的菩提酛與正曆寺的酵母，釀出純米酒「菩提酛 升平」，滋味非常濃厚。➡p.114

菩提酛的釀法（千葉縣寺田本家的釀製方式）

❶炊煮1成的白米，靜置冷卻一晚。

⬇

❷將冷卻的白米裝入「薄紗棉布袋」中，束緊袋口。

⬇

❸將充分洗淨的9成生米、釀造用水與②的袋子放入釀酒槽裡浸泡。

⬇

❹每天搓揉袋子，擠出裡面的成分。
→乳酸開始發酵，形成一種稱為「そやし」的酸水。

⬇

❺經過3天後，從裡面取出袋子，將水與生米分開。

⬇

❻蒸煮生米並充分冷卻。

⬇

❼在裝有そやし（酸水）的釀酒槽裡釀造麴與蒸米，並蓋上蓋子。

⬇

❽靜置一晚，待冒出泡沫後再以木槳攪拌。雖然會因季節而異，但大約1週即可釀成酒。

生酛釀造

TOPICS **2**

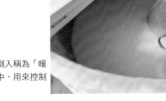

將熱水與冷水倒入稱為「暖氣樽」的圓筒中，用來控制酒母的溫度。

生命力強的酵母
自會釀出澄淨的酒

　　進行「生酛釀造法」的酒藏與日俱增。所謂的生酛釀造，是一種自古流傳下來、以酒母（酛）製酒的手法之一，摻入天然的乳酸菌，借其力量排除雜菌，同時孕育酵母。相對的，加入人工釀造用乳酸菌來製造酒母的方法，則稱為「速釀」。「速釀」較不易失敗，加上可於短期內完成酒母的培養，因此目前約有9成的釀酒廠都是採用這種「速釀」釀造法。然而近年來，陸續出現一些釀酒業者試圖挑戰這種既費工又需要技術的生酛釀造。靠自然的力量生存下來的酵母相當強健，非但不會滅絕，還能釀出澄淨的酒質。不辭辛勞也要挑戰生酛釀造的酒藏之所以日益增加，也是因為這個緣故。

生酛系酒母與速釀系酒母之比較！

	生酛系酒母	速釀系酒母
培養時間	約30天 等待乳酸菌成長的期間，為了安全起見，必須以5℃左右的低溫來釀造。因此較花時間。	約14天 不需要培養乳酸菌，而且釀造溫度為20℃，因為溫度較高，蒸米溶解與糖化的速度較快。
成本	既費時又費力，因此成本較高。	可於短時間內完成，因此能降低人力成本與製作成本。
品質	必須管理各種微生物帶來的影響，為了維持穩定的品質，需要較高的技術。	一開始就添加了乳酸，因此不必要的微生物繁殖的風險較低。容易取得穩定的品質。
風味	乳酸菌與其他各式微生物也會影響到風味。可以釀出無雜味且濃醇的酒質。	風味比生酛釀造的酒還要澄澈。

由對純米酒很講究的京都府招德酒造，以生酛方式釀造而成的「招德 純米酒 花洛生酛」。➡p.86

所有的日本酒皆以山廢・山酛釀造的兵庫縣酒藏香住鶴的代表酒「香住鶴 生酛 辛口」。
➡p.110

鳥取縣的山根酒造場利用夢幻酒米「強力」，以生酛方式釀造而成的純米酒「日置櫻 生酛強力」。
➡p.164

生酛系酒母

❶ 將蒸米、麴與水倒入桶中釀製。

※蒸米須事先冷卻，使之變得較不易溶解。

❷ 經過6～7小時後，米會吸收水分而變得膨脹。利用手或木杓等將整體攪拌混合。

❸ 經過10～12小時後，每隔2～3小時進行1次用櫂棒搗米的「酛摺（碎酛）」作業，共進行3次（此項作業稱為「山卸」）。

❹「酛摺」作業完成後，在低溫（6～7℃）下靜置（此項作業稱為「打瀨」）。

這段期間，硝酸還原菌與乳酸菌等有用的微生物會接連出現，交替作用。

❺ 將裝滿熱水的圓筒放入釀酒槽中，一邊攪拌內容物，使其溫度逐漸上升。

❻ 備妥釀造環境後，即可添加酵母。自開始釀製至這個程序為止約10天。其後則邊觀察酵母的狀況邊進行加溫或冷卻，即大功告成（整個工程約30天）。

速釀系酒母

在蒸米、麴與水中加入液狀的釀造用乳酸。接著投入酵母。由於酵母不若野生酵母強勁，因此必須徹底做好衛生管理。

「山廢」是一種生酛釀造 因屬重體力勞動的「山卸」被廢止而誕生

由於日本國立釀造試驗所在1909年進行實驗後發現，不論有沒有進行「山卸（酛摺）」作業，釀出的酒母成分並沒有差異，因此認定不必進行山卸作業。因為這項發現，非常耗費體力的「山卸（酛摺）」作業遭到廢止，並將這種釀造方式簡稱為「山廢」。「生酛」和「山廢」同樣都是培養自然界的乳酸菌，差別只在於有沒有進行酛摺作業，因此有不同的稱呼。借助麴的力量進行溶解而非靠櫂棒搗碎，在風味上似乎仍會出現差異。

岡山縣十八盛酒造的「十八盛 山廢純米雄町 青螺姬」（➡p.133），以及靜岡縣杉井酒造的「杉錦山廢純米 玉榮」（➡p.48）。

3 酸

反向推出過去視為NG的
酸味日本酒而廣受歡迎

　　與過去相比，現代人的味覺有很大的轉變，尤其是對於酸味食物的接受度比往昔還高。像醬汁或調味番茄醬這類加了醋的調味料，如今已滲透到我們的生活中，家家戶戶都少不了。想用日本酒搭配飲食時，如果只想到和食就會受限，因此才會推出帶有酸味的日本酒。昔日的日本酒是不允許出現酸味的，然而這種帶有酸味的酒款，其酸味是經過精密計算而非因失敗所產生的，因此搭配現代的飲食也十分契合。

這款「仙禽」，酸味經過精密的計算，顛覆以往對日本酒的概念。

釀造出酸味鮮明且優雅的酒款
藏元「仙禽」之專訪

栃木縣仙禽的薄井一樹先生。

為何會想到要釀造
帶有酸味的日本酒呢？

　　「在我繼承酒藏的那個時期，流行喝起來像水一般的日本酒，我個人不太喜歡。我認為日本酒也應該像葡萄酒那樣，可以搭配飲食一同享用才對，因此在設計階段就決定加入酸味與甜味。因為現今一般家庭的餐桌上已經不限於魚或和食，味道濃郁的歐美料理並排其上也是稀鬆平常的事。所以我才想到可以釀造帶有酸味，而且這樣的飲食習慣也很契合的日本酒。」

為了順利釀出酸味
最困難的是哪方面？

　　「為了釀出預想的酸味，必須進行各式各樣的計算，像是延長製麴時間，或是調整醪的溫度等等。然而，釀造過程若是過於精細也會導致酸味難以釋出。這方面的拿捏很難。此外，雖然統稱為『酸』，但其實酸味的種類不一而足，因此會依商品分別靈活運用，像是春夏用蘋果酸，秋冬則採用風味更為圓潤的酸等等。」

具有酸味的日本酒

奈良縣

使用藏人培育的酒造好適米「露葉風」，由今西酒造釀造的「三諸杉 特別純米辛口 露葉風火入」，酸味較強。➡p.118

岡山縣

辻本店季節限定的「御前酒 濁酒」，屬於沒有進行火入作業的生濁酒。具有碳酸氣泡彈跳的口感與清爽的酸味。

廣島縣

竹鶴酒造的「清酒竹鶴 雄町純米」具有十足的酸味。100％使用廣島縣產雄町米釀造，鮮味也很強勁。若加熱成燗酒飲用，酸味會變溫和。➡p.149

德島縣

三芳菊酒造的「三芳菊 岡山雄町 純米吟釀 無過濾生原酒」，適度的酸味能突顯濃郁感，讓味道更均衡。➡p.185

日本酒度與酸度的關係

「甘口」或「辛口」是挑選日本酒時的一大重點。實際上這與酸度有密不可分的關係。

即使是日本酒度相同的酒，在「甘口」或「辛口」上的感受也不會一樣，這是因為酸度不同使然。倘若酸度較低，大多時候會先感受到甜味，舉例來說，就算是日本酒度同樣為±0的酒，若酸度低則口感淡麗，酸度高則予人濃醇型的感受。

酸味不單只是「酸酸的」而已，而是詮釋日本酒風味的重要元素。

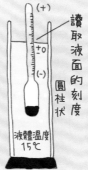

日本酒度計

讀取液面的刻度

圓柱狀

液體溫度15℃

何謂日本酒度？

指辨識甘辛度的數值。正數值愈大為辛口，負數值愈大則為甘口，不過風味也會隨著兩者間相對性的平衡而變化，因此僅供參考。

TOPICS

④ 熟成酒

古酒中蘊含著
由消費者立場出發的樂趣

「酒一旦經過熟成，與甜味之間的均衡感更佳，搭配肉料理等較油膩的料理也很對味。」此話是出自於擔任長期熟成酒研究會事務局長的伊藤敦先生。據說他與熟成古酒相遇之後，便深陷其奧妙之中。

長期熟成酒研究會是由日本全國負責釀造熟成酒的酒藏於昭和60（1985）年組成，目的是為了讓一般民眾了解日本酒愈陳愈美味的奧妙之處。

「新酒享受的是製造者所提供的風味，是單向的。而熟成古酒則可按自己的喜好讓酒靜置熟成，消費者可探尋不同的享用方式這點也很棒呢！」

藉由貯藏來增加
熟成香、味道與餘韻

熟成酒可區分為「淡熟」、「中熟」與「濃熟」3種類型。並非讓淡熟型熟成後就會轉為濃熟型，而是從一開始的釀製方式就有所不同。如同p.13的表格所示，其在精米比例或貯藏溫度等方面皆有差異。精米比例低而殘留愈多蛋白質，愈能釀造出富含胺基酸且洋溢酸味的熟成酒。

「在孩子出生時購買，等滿20歲後再一起品飲，可以像這樣享受隨歲月變化的樂趣，亦是熟成酒的魅力之一呢！」

在長期熟成酒研究會的直營試銷店（Antenna Shop）中，眾多熟成古酒的推薦款齊聚一堂。亦可在店裡當場試酒。自新橋車站徒步5分鐘。地址：東京都港区新橋2-21-1　新橋站前大樓2號館B1F

岐阜的白木恒助商店有販賣不同熟成年數的古酒禮盒，可以試喝比較看看。照片由左至右分別為熟成三年、五年、十年的古酒，可明顯看出顏色不同。

這是在三重縣發現的一款180年前的酒，名為「醉人日（スイトピー）」，長期熟成酒研究會曾試飲過此酒。另外也嘗試以「百年陳酒企劃」為題，將會員酒藏的酒貯藏起來，於2105年進行品飲。

熟成酒的類型

淡熟型	中熟型	濃熟型
以低溫（5℃左右）來貯藏高精米度的酒（吟釀酒）。特色在於既深且廣的風味，保留吟釀酒優點的同時，恰到好處的苦味與香氣也融為一體。	以低溫至常溫來貯藏精米比例低的純米酒或本釀造酒。精米比例低則蛋白質增加，含有大量胺基酸而帶有顏色。具酸味與辛辣的香氣，風味介於濃熟型與淡熟型之間。	以常溫（15～28℃）來貯藏純米酒與本釀造酒等。隨著酒液熟成，光澤、香氣、顏色與味道都會產生戲劇性的變化，散發出楓糖、梅子或杏子等酸酸的氣味，成為很有特色的熟成酒。
適合的料理 搭配昆布等具有鮮味的清淡食物十分對味。	**適合的料理** 搭配較為油膩的料理很對味。像是中華料理、炸物、照燒料理等。	**適合的料理** 酸味較強烈的酒，適合搭配藍紋乳酪和野禽料理等重口味食物。甜味較強的酒則可當作甜點來享用。

西日本

熟成酒的推薦款

岐阜縣

白木恒助商店是以古酒為主力商品的酒藏，「達磨正宗十年古酒」是以熟成超過10年以上的古酒調和而成，均衡感絕佳，為酒藏的代表酒。➡p.43

廣島縣

榎酒造的「華鳩 貴釀酒8年貯藏」是先用酒取代釀造用水的特殊酒造法釀造貴釀酒後，再熟成8年以上而成。➡p.147

兵庫縣

淡路島的都美人酒造所販售的「都美人 古酒SINCE 1978」，是將1978年釀造的酒加以貯藏而成的熟成酒。接到訂單後才進行裝瓶。➡p.127

大分縣

八鹿酒造的「八鹿大吟釀（銀）三年古酒」是將大吟釀酒貯藏在酒藏裡經過3年熟成。特色是香氣十足且口感滑順。➡p.235

5 花酵母

集結酒藏繼承人的東京農大 發現了新酵母

「花酵母」是由東京農業大學短期大學部釀造學科酒類學研究室發現，從天然花朵中分離出來的酒類製造用酵母。清酒酵母有從酒醪裡分離出來的協會酵母與藏付酵母（長年下來附著在酒藏裡自然生長的酵母），而酵母的研發則是以這些酵母為主，再利用生物科技從自然界的酵母裡萃取出清酒酵母，不愧是學生特有的想法。

首次研發成功是在2000年左右，第一號酵母是瞿麥的花酵母。而在經過15年以上的現在，東京農大釀造學科已經保存了超過40種花酵母。其中約20種被製成商品。以畢業生自家的酒藏為首，共有26家隸屬花酵母研究會的酒藏使用。

與協會酵母等其他酵母相較之下，發現花酵母的歷史尚淺，但在日本全國新酒鑑評會上有不少酒都獲得過金賞。特色是具有獨特的香氣與高雅的鮮味，因而吸引愈來愈多的粉絲。

僅分發給共同守護花酵母成長的酒藏。

有不少酒藏繼承人都在釀造科學科裡進行學習與研究。

西日本主要的花酵母酒

岐阜縣布屋原酒造場的「花酵母 菊大吟釀」，一如其名使用菊花酵母來釀造。最大的魅力在於花酵母華麗的香甜氣味，以及清爽順喉的口感。
➡p.35

岐阜縣原田酒造場使用六道木花酵母釀造的「山車 純米吟釀 花酵母釀造」。因為使用六道木花酵母釀造，充滿了水果酒般的果香。
➡p.41

兵庫縣的茨木酒造是由老闆兼杜氏一人，堅持以傳統手工製法進行釀酒。利用六道木花酵母釀造的「來樂 大吟釀35」，充滿高雅的香氣。
➡p.103

佐賀縣的天吹酒造是堅持使用花酵母釀酒的酒藏。利用草莓酵母釀造而成的「天吹純米吟釀 草莓酵母 生」，充滿了草莓般的酸甜滋味。
➡p.212

長崎縣的吉田屋至今仍採用日本僅存的傳統作業「撥木榨」來釀酒。使用藤蔓玫瑰花酵母釀出的「萬勝撥木榨純米酒」，具有溫和的香氣與強勁的風味。➡p.223

TOPICS

6 全量純米酒的酒藏

下定決心釀製全量純米酒的酒藏也與日俱增

　　根據「平成26年度清酒製造狀況」（日本國稅廳）的資料顯示，純米酒（包括純米大吟釀、純米吟釀酒）占清酒整體的比例已達22%。此數值於平成23（2011）年度為16.7%，平成25（2013）年度則為19.1%，顯見純米酒有逐年增加的趨勢。

　　然而，其實最一開始100%都是純米酒。自大正時期開發出在酒精中添加調味料的合成清酒後，惡名昭彰的三增酒釀造在貧困的戰後登場。在那種重量不重質的時代，純米酒遂消失無蹤。

　　在這樣的環境之下，埼玉縣的神龜酒造於昭和42（1967）年決定要釀製純米酒，為當時的釀酒業帶來了新氣象。2年後完成了純米活性濁酒，在業界全面轉為量產體制的當下，於昭和62（1987）年發出全量純米酒的宣言。現在神龜酒造仍是「追求全量純米酒藏協會」的核心角色，會員酒藏彼此學習純米酒的釀造技術，投注心力逐步提高整體業界的品質。西日本共有8家酒藏加入會員。

「追求全量純米酒藏協會」目前的會員酒藏共有21家。代表為埼玉縣神龜酒造第7代的小川原良征先生。「希望能夠和大家一起與日俱進。」

「追求全量純米酒藏協會」的會員酒藏，愛知縣長珍酒造釀造的「長珍 特別純米酒」。可品嚐到純米酒特有的米鮮味與熟成風味。➡p.56

創業超過300年的兵庫縣田治米也是會員酒藏。「竹泉 純米吟釀 幸之鳥」是使用白鶴復育農法釀成，可品嚐到鮮味與溫和的酸味。
➡p.108

15

7 溫爛

享受因溫度不同
所產生的香味變化

　　日本酒有一個特色，就是「最佳飲用溫度」的範圍比啤酒或葡萄酒等酒類還要廣。不僅如此，香氣還會因為細微的溫度差而產生複雜的變化。即使是相同的日本酒，也會因為冷飲或熱飲而有全然不同的感覺。

　　一般而言，香氣佳的吟釀系日本酒適合微冷的溫度，生酒則須確實冰鎮；純米酒或生酛系日本酒適合冷飲（常溫）或溫爛，熱成酒則須經過加熱，如此可讓個別的風味更為鮮明立體。

「爛酒」也有各式各樣的
稱呼方式與溫度

　　日本酒一旦經過加熱，香氣會變得更豐富，風味也會變得更寬廣。爛酒並非只有「熱爛」一種講法，而是會依據不同溫度區間有各種稱呼方式，風味也會隨之變化。基本上，任何酒都可以加熱成爛酒，但大致可分為適合加熱至40℃左右的「溫爛」，以及適合加熱至45℃以上的「熱爛」。

　　純米酒或現今流行的生酛與山廢酒，加熱成溫爛後風味會變得更圓潤，因此這類日本酒以「溫爛」方式最受歡迎，幾乎已成為固定的飲用方式。

「冷飲」是指常溫
約20～25℃左右

　　酒標等若標示「請冷飲」的字樣，表示最適合在20～25℃飲用。這是因為在沒有冰箱的時代，將爛酒以外的酒全部歸類為「冷飲」的緣故。在冰箱普及的現代則變得有點難以區別，也有人將利用冰箱冰鎮至10℃左右的酒稱為「冷酒」。然而，有些販賣店或餐飲店會順應現況，分別使用「冷飲」與「常溫」來表示，因此很在意溫度時不妨先行確認。

風味隨著溫度所產生的變化

冷								溫
5℃	10℃	15℃	30℃	35℃	40℃	45℃	50℃	55℃以上
雪冷	花冷	涼冷	日向爛	人肌爛	溫爛	上爛	熱爛	飛切爛

香 變得清爽 ⟵⟶ 香 變得馥郁

味 舒暢且尾韻俐落 ⟵⟶ 味 圓潤，甜味與鮮味成分擴散

海外人氣

日本酒的出口量逐年增加

因為主辦2020年東京奧運而讓日本備受矚目，連日本酒在海外也逐漸廣為人知。日本所有酒類的出口額在近幾年持續成長，其中又以日本酒的出口額居所有酒類之冠（出口量則是以啤酒為第一）。和食已蔚為世界潮流，有愈來愈多酒藏開始將目光轉移到希望能配合料理來享受日本酒的海外人士身上。

2015年 依國別統計之清酒出口金額

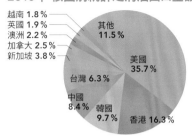

越南 1.8 %
英國 1.9 %
澳洲 2.2 %
加拿大 2.5 %
新加坡 3.8 %
台灣 6.3 %
中國 8.4 %
韓國 9.7 %
香港 16.3 %
美國 35.7 %
其他 11.5 %

總計金額為14,01100萬日圓

資料來源：日本國稅廳「酒類出口統計」

國際葡萄酒競賽（IWC）
「SAKE部門」2016得獎酒

IWC（International Wine Challenge）是世界規模最大且最具權威的酒類競賽。自2007年起增設了「SAKE部門」。從參賽的眾多日本酒中，將獎項頒給各部門中最優秀的品牌，而2016年的冠軍日本酒是由出羽櫻酒造的「出羽櫻 出羽之里」獲得。

純米酒部門

出羽櫻 出羽之里
出羽櫻酒造(山形)

純米吟釀酒部門

御慶事 純米吟釀
青木酒造(茨城)

純米大吟釀酒部門

天之戶純米大吟釀
35 淺舞酒造(秋田)

吟釀酒部門

出羽櫻 櫻花吟釀酒
出羽櫻酒造(山形)

本釀造酒部門

本釀造 南部美人
南部美人(岩手)

大吟釀酒部門

陸奧八仙 大吟釀
八戶酒造(青森)

古酒部門

古酒 永久之輝
宮下酒造(岡山)

氣泡酒部門

氣泡酒 匠(JOHN)
土佐酒造(高知)

普通酒

蓬萊 天才杜氏之
入魂酒
渡邊酒店(岐阜)

何謂潔食認證酒？

所謂的「潔食認證（KOSHER）」，意指在猶太教嚴謹的戒律下，獲得「可食食品或製品」之資格。唯有從原料至製造程序皆通過嚴格審查者方能取得。岩手縣的「南部美人」在2013年接受了這項認證。南部美人的久慈社長所追求的目標是：希望將來「世界上的每個人都能用日本酒來乾杯」。獲得潔食認證的日本酒，不只得到猶太教徒的認可，也因為得到全世界注重健康的人們的信任而備受青睞。

南部美人第5代的久慈浩介社長。右圖為潔食認證書。

在2016年得獎酒的發表會上，是以Miss SAKE（宣揚日本酒的女性大使）田中沙百合小姐的乾杯作為開場。

「用葡萄酒杯品飲真美味」全新飲酒風格之提案

「最適合用葡萄酒杯品飲的日本酒大獎」是自2011年開辦的競賽，目的是要超越年齡與國界，擴獲新的日本酒愛好者。不用豬口杯，而是用葡萄酒杯來享用日本酒，這在國外是很普遍的飲用方式。將豬口杯換成葡萄酒杯，即可發現日本酒在香氣與色澤等方面的全新魅力。「最適合用葡萄酒杯品飲的日本酒大獎」不單只是講求優劣高下之分的競賽，而是要將日本酒的全新享用方式，推薦給家中沒有豬口杯的年輕人，或是想搭配和食以外的料理來飲用的人。

以矇瓶試飲的方式進行審查。

也可看到國外日本酒愛好者的身影。

2016年最高金賞得獎酒

「備中流大吟醸」嘉美心酒造（岡山縣）

「京ひな 吟醸 輝乃吟」酒六酒造（愛媛縣）

「我逢人 純米大吟醸 生酒」中埜酒造（愛知縣）

「鈴鹿川 純米大吟醸 精磨40%」清水清三郎商店（三重縣）

10 氣泡酒

從乾杯到餐中酒
各種氣泡酒相繼登場

　　酒精度數低且容易飲用的氣泡日本酒，以女性為中心逐漸匯集了人氣。近幾年來，著手開發氣泡日本酒的酒藏逐漸增加，並紛紛推出發泡狀態與風味各異的酒款。在p.17的「國際葡萄酒競賽」以及p.18的「最適合用葡萄酒杯品飲的日本酒大獎」的部門中，氣泡酒皆占有一席之位，由此可見，氣泡日本酒如今正逐漸定型為日本酒的一種新流派。倘若對氣泡酒抱有「很甜」、「適合入門者」的偏見，實在是太可惜了。因為高品質的氣泡日本酒與香檳、葡萄酒或啤酒相比都毫不遜色，值得在各種場合裡品嚐。

「西日本」
代表性的氣泡日本酒

「春鹿 發泡純米酒
ときめき」今西清兵
衛商店（奈良縣）
➡p.114

「天山 純米吟釀 淬
絡」天山酒造
（佐賀縣）

「すますま」天領酒造（岐阜縣）
➡p.71
獲得「最適合用葡萄酒杯品飲的日本酒大獎2016」氣泡酒部門的金賞。100%使用「飛驒譽（ひだほまれ）」釀製的純米系日本酒。酸甜的滋味會隨著氣泡在嘴裡迸發。

「美丈夫しゅわっ!!」濱川
商店（高知縣）➡p.197

「天吹 純米吟釀氣泡酒」
天吹酒造（佐賀縣）
➡p.235

酒米角色圖鑑

希望事先了解！
日本酒基礎知識

適合釀造日本酒的酒造好適米，特色在於顆粒比一般米粒大，有心白（白色米芯）。在日本全國各地均有栽培各式各樣的種類。在此配合主要酒米的特色予以擬人化，並加以介紹。

山田錦

酒造好適米中的菁英

米粒形狀適合高度精磨，為酒米的資優生。味道扎實，屬於品格與骨骼都粗曠的類型。綿長的餘韻會自中段一口氣蔓延開來。
主要產地：兵庫縣、福岡縣、岡山縣 等

美山錦

銳利而輕快

口感銳利且尾韻俐落，給人纖細的印象。味道不僅細膩，在寒冷地區也很容易栽培。
主要產地：長野縣、秋田縣、山形縣 等

五百萬石

淡麗而纖細的美女？

滑順溫和且柔軟細緻，若要歸類的話是偏向女性的類型。釀成的酒清新而淡麗，水潤且細膩。
主要產地：新潟縣、福井縣、富山縣 等

雄町

味道豐富的個性派

可以釀造出最扎實、濃厚且具深度的風味。帶有濃郁感且酒體豐盈。
主要產地：岡山縣、香川縣、廣島縣 等

龜之尾

古傳的復活米代表

舊有的品種，傳統與風格兼備。風味的特色各異，是包覆著神祕面紗的品種。同時也有難以處理、頑固的一面。
主要產地：新潟縣、山形縣 等

日本酒的種類

符合《酒類業工會法》特定名稱規定要件的日本酒,稱為「特定名稱酒」,依據原料與精米比例等分為下列8種類型。

「普通酒」是指未符合特定名稱酒規定的日本酒總稱。

特定名稱	使用原料	精米比例	風味與香氣之特色
純米酒	米、米麴	無規定	香氣沉穩,米的風味扎實
特別純米酒	米、米麴	60%以下	香氣沉穩,米的風味扎實
純米吟釀酒	米、米麴	60%以下	香氣更為沉穩,風味清澈
純米大吟釀酒	米、米麴	50%以下	帶有果香、風味清澈
吟釀酒	米、米麴、釀造酒精	60%以下	華麗的香氣馥郁而飽滿
大吟釀酒	米、米麴、釀造酒精	50%以下	華麗的香氣馥郁而飽滿
本釀造酒	米、米麴、釀造酒精	70%以下	華麗的香氣馥郁而飽滿
特別本釀造酒	米、米麴、釀造酒精	60%以下	華麗的香氣馥郁而飽滿

何謂釀造酒精?

釀造酒精是使用澱粉質或含糖物質等製成的酒精,只要適量添入醪中,香氣就會變得華麗,轉變為馥郁而飽滿的風味。此外,釀造酒精亦有穩定品質的效果。吟釀酒或本釀造酒的釀造酒精用量,依規定必須在白米重量的10%以下。

釀造酒精

100%

純米酒　　本釀造酒

何謂精米比例?

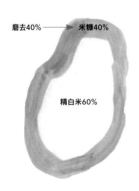

磨去40%　　米糠40%

精白米60%

將精米前的米粒設定為100%,用以表示精米後米粒本體所占的比例。例如精米比例為60%時,表示已磨除40%的糠米表層。表層部分含有蛋白質與脂肪等,若殘留太多會產生雜味,因此使用磨除這些成分的白米作為清酒的原料。一般家庭所食用的米,精米比例為92%左右。

何謂吟釀造?

「反覆吟味來進行釀造」,意思就是在釀造方式上下足工夫,為了釀出特有的吟釀香,將仔細精磨過的白米以低溫慢慢發酵而成。

日本酒的釀造過程

日本酒是以一種稱為「並行複發酵」的複雜方式製成的釀造酒。酒標上標示的酒質名稱與工程的差異有關，若能事先記住，在選購時將會有所幫助。

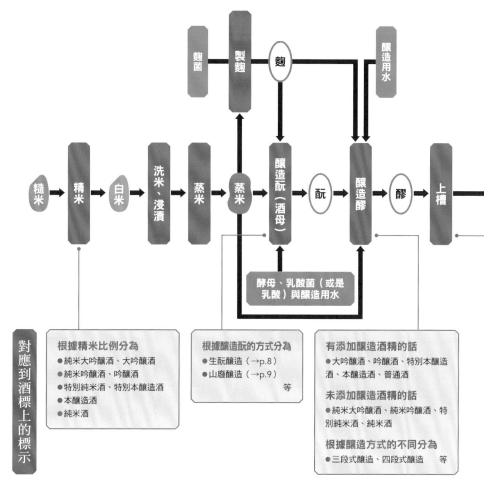

根據精米比例分為
- 純米大吟醸酒、大吟醸酒
- 純米吟醸酒、吟醸酒
- 特別純米酒、特別本醸造酒
- 本醸造酒
- 純米酒

根據醸造酛的方式分為
- 生酛醸造（→p.8）
- 山廢醸造（→p.9）
等

有添加醸造酒精的話
- 大吟醸酒、吟醸酒、特別本醸造酒、本醸造酒、普通酒

未添加醸造酒精的話
- 純米大吟醸酒、純米吟醸酒、特別純米酒、純米酒

根據醸造方式的不同分為
- 三段式醸造、四段式醸造　等

製麴工程

　　取出一部分的蒸米，讓麴菌繁殖的作業。進行製麴作業的空間稱為「麴室」。麴室內部必須經常保持在高溫狀態。直到麴完成為止大約需花費48小時。

上槽

壓搾並過濾醪，將清酒與酒粕分離的作業。最近有不少地方採用如照片所示的「藪田式（ヤブタ式）」自動壓搾機來進行這項作業。若是採用「懸掛酒袋來收集自然滴下的酒液」，以此手法搾取製成的商品則稱為「雫酒」或「袋吊」。

鮮搾的原酒。

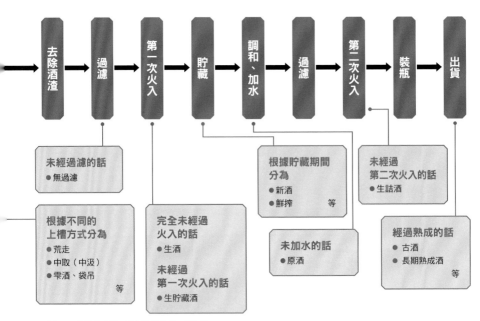

去除酒渣 → 過濾 → 第一次火入 → 貯藏 → 調和、加水 → 過濾 → 第二次火入 → 裝瓶 → 出貨

未經過濾的話
● 無過濾

根據不同的上槽方式分為
● 荒走
● 中取（中汲）
● 雫酒、袋吊　　等

完全未經過火入的話
● 生酒

未經過第一次火入的話
● 生貯藏酒

根據貯藏期間分為
● 新酒
● 鮮搾　　等

未加水的話
● 原酒

未經過第二次火入的話
● 生詰酒

經過熟成的話
● 古酒
● 長期熟成酒　　等

※荒走……指搾取之際，最初取得的第一道酒液。
※中取……於荒走的下一階段取得的酒液。

釀造醪

先將酒母、麴與水倒入釀酒槽中，再加入蒸米。攪拌均勻後靜置一天，等待酵母繁殖。通常分為初添→ 中添→留添這3個階段進行。

留添後，經過2週至1個月的時間，即開始進入正式的發酵。當泡沫不斷冒出，即可判斷正在進行發酵。

23

日本酒的風味

雖然有「甘口」、「辛口」之分，但味覺的感受因人而異，所以並不容易理解。因此，不妨參考以下的4種類型，據此來挑選自己喜歡的日本酒。

香氣高

香氣馥郁的類型

以充滿水果風味的香氣為特色，有各式各樣的風味，從味道輕快到味道濃醇的酒都有。建議以接近白酒的溫度飲用。

- 大吟釀
- 吟釀

適合搭配的料理
新鮮魚貝類薄片等味道簡單的料理。以檸檬或柚子等調味過的料理也OK。

用葡萄酒杯飲用，以享受香氣。

熟成的類型

古酒、長期熟成酒等。帶有香料和果乾般的複雜熟成香，分量感十足的鮮味與甜味和酸味緊密結合，形成強勁的味道。可用各種不同溫度飲用。

- 長期熟成古酒

適合搭配的料理
味道不輸給肉類等較油膩的料理。與乳酪或鯽魚壽司等經過熟成的料理十分對味。

用透明玻璃杯享受其美麗的色調。

味道清淡 ◄———————————————————► **味道濃郁**

輕快滑順的類型

香氣內斂，喝起來口感清涼。與任何料理都百搭。冰鎮或是加熱成燗酒都樂趣十足。

- 生酒
- 本釀造

適合搭配的料理
可佐白肉魚、懷石料理等發揮素材原味的料理。搭配水果塔等也很對味。

建議使用外觀裝飾看起來很清涼的酒器。

風味濃郁的類型

風味濃郁，可以感受到米粒原有的馥郁香氣與豐富的鮮味。建議以溫燗方式飲用。

- 純米酒
- 生酛系

適合搭配的料理
可輕鬆搭配乳製品、發酵食品等濃厚的料理。請享受各式各樣的組合，像是搭配關東煮、馬鈴薯燉肉、西餐、中菜等。

建議用當地的陶瓷器細細品味。

香氣低

Part 2

西日本的
日本酒圖鑑

在此介紹從靜岡至沖繩，
含括日本27個都道府縣的酒藏
以及推薦的品牌。
不妨從多達幾百款的日本酒裡，
挑出自己真命的一杯！

因產地不同而產生的日本酒特性

現今的日本，各個地區均釀出味道繽紛的日本酒，迎來了百家爭鳴的時代。
以下是按照風味特色標示的地圖，請以此作為參考，
嘗試品飲並比較不同地區的酒款，或許也別有一番樂趣。

按日本都道府縣區分，每位成人的清酒消費量排行榜

	都道府縣	清酒消費量 (L)		都道府縣	清酒消費量 (L)
1	新潟	12.4	37	福岡	4.6
2	秋田	9.3	37	大阪	4.6
3	山形	8.0	39	長崎	4.5
3	福島	8.0	39	千葉	4.5
3	富山	8.0	41	埼玉	4.4
6	長野	7.9	41	大分	4.4
6	石川	7.9	42	神奈川	4.1
8	島根	7.5	43	愛知	4.0
9	福井	7.4	44	熊本	2.9
10	鳥取	7.3	45	宮崎	2.3
			46	鹿兒島	1.3

（參照2014年度日本國稅廳「酒のしおり」）
※無沖繩的資料

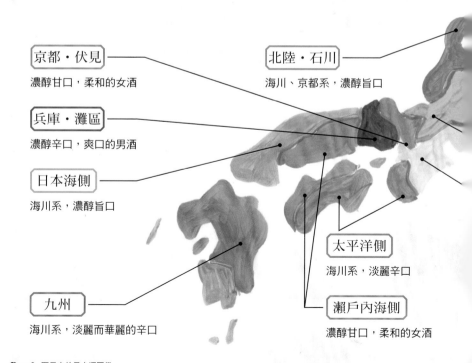

北陸・新潟

海川系，淡麗辛口

信州・飛驒・近江

山川系，濃醇旨口與甘口系

京都・伏見

濃醇甘口，柔和的女酒

北陸・石川

海川、京都系，濃醇旨口

兵庫・灘區

濃醇辛口，爽口的男酒

日本海側

海川系，濃醇旨口

太平洋側

海川系，淡麗辛口

九州

海川系，淡麗而華麗的辛口

瀨戶內海側

濃醇甘口，柔和的女酒

北海道

冷涼，淡雅舒暢的超輕快系

北東北

冷涼，又甜又濃，酒體厚重的濃醇旨口系

南東北

冷涼，介於淡麗與濃醇之間

關東

江戶前海川系，濃醇旨口

北陸・富山

海川系，介於淡麗辛口與
濃醇旨口之間

北陸・福井

海川系，介於淡麗辛口與濃醇旨口之間

東海・大阪・奈良

海川系，介於淡麗與略偏濃醇旨口之間

【參考《日本名酒大全》（友田晶子著）】

釀出銘酒的「飛驒譽」和「G酵母」的產地

位於山區的飛驒地區以濃醇辛口為主，木曾川流域的美濃地區則以濃厚甘口為主，因為氣候與風土的差異而孕育出不同的美酒。此外，白川鄉自古以來與神事有關的祭典等都與酒有很深的關係，因此平常禁止釀造的濁醪只有在祭典時會被允許釀製。「飛驒譽」是岐阜縣具代表性的酒米。近年來為釀造低酒精度清酒而研發的「G酵母」也同樣大受矚目。

代表性酒藏
- 御代櫻釀造（p.34）
- 三千盛（p.37）
- 平瀨酒造店（p.39）
- 白木恒助商店（p.43）

因伊勢志摩高峰會使矚目度急速攀升

擁有傲人的松阪牛、伊勢龍蝦等日本首屈一指的美食文化，同時也是致力於研發「三重酵母」和「低酒精酵母」等清酒酵母的地區。三重縣更因高峰會時提供銘酒給各國領袖享用而一夕成名。寒冷的季節會吹起「鈴鹿落山風」、「布引落山風」等寒風，而冬季的寒冷氣候最適合釀酒，因此酒質馥郁且多為甘口。

代表性酒藏
- 清水清三郎商店（p.63）
- 木屋正酒造（p.66）

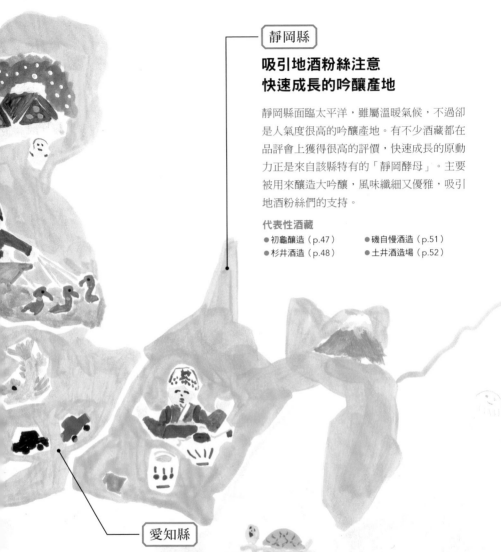

靜岡縣

吸引地酒粉絲注意
快速成長的吟釀產地

靜岡縣面臨太平洋，雖屬溫暖氣候，不過卻
是人氣度很高的吟釀產地。有不少酒藏都在
品評會上獲得很高的評價，快速成長的原動
力正是來自該縣特有的「靜岡酵母」。主要
被用來釀造大吟釀，風味纖細又優雅，吸引
地酒粉絲們的支持。

代表性酒藏

● 初龜釀造（p.47）　　● 磯自慢酒造（p.51）
● 杉井酒造（p.48）　　● 土井酒造場（p.52）

愛知縣

具有悠久的釀酒歷史
為釀造業十分興盛的地區

擁有木曾川、矢作川等清流，除了日本酒之外，味
醂、醬油與醋等釀造業也十分興盛。釀酒歷史更是
悠久，連《古事記》與《日本書紀》中皆有記載。
以生產適合搭配風味濃厚的八丁味噌等食物的旨口
酒為主。近年來還改良「山田錦」，誕生出該縣特
產的酒米「夢山水」，主要被用來釀造吟釀、大吟
釀酒。

代表性酒藏

● 萬乘釀造（p.54）
● 山忠本家酒造（p.57）
● 甘強酒造（p.61）

大吟釀 織田信長

■■■■ 這款也強力推薦！ ■■■■

岐阜

日本泉酒造

岐阜市

大吟釀酒

DATA			
原料米	山田錦	日本酒度	±0
精米比例	35%	酒精度數	17.3度
使用酵母	協會1801號		

以戰國武將為名的洗鍊辛口酒

全日本少數擁有地下酒藏的藏元。使用長良川的伏流水，並利用容易控管溫度的地下酒藏讓醪長期低溫發酵，細心地釀造少量的酒。這款大吟釀有如信長般昂尾俐落，並帶有奢華的吟釀香。建議以冷酒或冷飲方式享用。

ふなくちとり

純米吟釀無過濾生原酒

純米吟釀酒

原料米 麴米：飛驒譽／掛米：一般米／精米比例 60%／使用酵母 協會1801號・岐阜酵母／日本酒度 +3／酒精度數 17.5度

酵母活化的傳統木槽壓搾

帶有充滿果實風味的高雅吟釀香，加上是無過濾生原酒，口味非常芳醇。建議飲用冷酒或加冰塊。

大吟釀 篝火

■■■■ 這款也強力推薦！ ■■■■

岐阜

菊川

各務原市

大吟釀酒

DATA			
原料米	山田錦	日本酒度	+5
精米比例	40%	酒精度數	16～17度
使用酵母	ALPS酵母		

由美濃的豐富大自然培育出的地酒

明治4（1871）年創業。「篝火」一名取自擁有1200多年傳統的長良川鵜飼的英姿。仿效讓鵜飼和人合為一體的鵜匠技術，進行重視五味調和的釀酒作業。使用長良川清澈的伏流水，釀出的酒充滿果香風味。

特別純米 篝火 中山道鵜沼宿

特別純米酒

原料米 酒造好適米／精米比例 60%／使用酵母 協會9號／日本酒度 +1／酒精度數 15～16度

以吟釀釀造法釀出酒藏的代表性銘酒

採用長期低溫發酵的吟釀釀造法，讓細心釀製的特別純米酒慢慢熟成。豐盈的鮮味會擴散開來。建議以冷飲或溫燗方式享用。

光琳 純米大吟釀 翔鶴

■■■■ 這款也強力推薦！ ■■■■

岐阜

千代菊

羽島市

純米大吟釀酒

DATA			
原料米	山田錦	日本酒度	−3
精米比例	35%	酒精度數	14度
使用酵母	協會1401號		

迎接280週年的藏元所打造的頂級酒

在岐阜銘釀地的濃尾平原上持續經營280年的藏元。使用從地下128公尺汲取上來的長良川伏流水，並以講究產地與等級的「山田錦」作為原料，細心釀出奢華的好酒。酸度低、口感溫和且風味高雅。以冷飲方式品嚐可享受到均衡的香氣與滋味。

光琳 有機純米吟釀

純米吟釀酒

原料米 有機米初霜（ハッシモ）／精米比例 58%／使用酵母 協會901號／日本酒度 +1／酒精度數 15.3度

以合鴨農法栽種的無農藥原料米

通稱「金光琳」。散發出森林般的香氣後，隨之而來的是梨子等果香。特色是口感溫和且餘韻無窮。

白川鄉 純米濁酒

純米酒

DATA

原料米	曙（アケボノ）等
精米比例	70%
使用酵母	協會7號
日本酒度	－25
酒精度數	14～15度

滋味既濃厚又細緻

白川鄉的特殊祭典「濁醪祭」擁有約1300年的歷史，第6代老闆在此研發出整年都能飲用且能進行販賣，非常類似濁醪的濁酒。這家酒藏所釀造的酒中，有9成是濁酒類。滋味既濃厚又細緻。

這款也強力推薦！

白川鄉 純米生濁醪釀造

 純米酒

原料米 曙等／精米比例 70%／使用酵母 協會7號／日本酒度 －25／酒精度數 17度

重現「濁醪祭」裡的濁醪

以獨特製法釀造出的逸品，目標是竭力接近濁醪祭所用的神酒「濁醪」。口味濃醇且偏辛口。

白雪姬 純米大吟釀

純米大吟釀酒

DATA

原料米	岐阜縣特別栽培米	使用酵母	協會9號
		日本酒度	＋3
精米比例	50%	酒精度數	15度

由岐阜唯一女杜氏釀造的辛口酒

使用特殊栽培的蓮華米，這種米用種在田裡的蓮華草當肥料，並極力減少農藥和化學肥料的用量。釀造使用的總米量只有350公斤，由女杜氏使出渾身解數釀造出的一支酒。這款酒帶有米的淡淡甜味，屬於喝起來口感舒暢的辛口酒。

這款也強力推薦！

愛佐子的濁醪
（あさちゃんのどぶろく）

原料米 日本國產米／精米比例 不公開／使用酵母 協會9號／日本酒度 －30／酒精度數 12度

米粒的口感
好吃到讓人無法招架

酒名是取自杜氏渡邊愛佐子女士的名字。由於沒有壓榨過程，直接保留整顆米粒，因此可以享受到咀嚼米的口感。

竹雀 山廢純米酒

純米酒

DATA

原料米	山田錦五百萬石
精米比例	60%
使用酵母	協會7號
日本酒度	＋4
酒精度數	15～16度

可以搭配料理慢慢享用的鮮美滋味

從第一代老闆起就為了突顯米原有的美味，而致力於釀造能搭配料理享用的酒。「竹雀」是第6代老闆創立的新品牌。以粕川的伏流水為釀造用水，釀出調和酒米鮮味與酸味的清爽辛口酒。建議以冷飲至爛酒方式飲用。

這款也強力推薦！

竹雀 山廢純米吟釀雄町生

純米吟釀酒

原料米 雄町／精米比例 50%／使用酵母 協會9號／日本酒度 ＋4／酒精度數 16～17度

帶有山廢特有的俐落酸味

奢侈地使用非常稀有的岡山縣產「雄町」為酒米，並採取山廢釀造法。可以冷飲，加熱成溫爛則能享受到溫和的滋味。

岐阜 池田屋酒造

甕口

純米酒

DATA
原料米　不公開
精米比例　不公開
使用酵母　不公開
日本酒度　不公開
酒精度數　19～20度

自江戶時代延續至今的手工天然釀造

元祿2（1689）年創業。使用清流揖斐川的伏流水釀造優質的新米。堅持採用手工天然釀造，釀出的酒獲得第11屆日本全國新酒鑑評會的金賞。適合以冷酒方式飲用的「甕口」充滿果香，滋味十分濃厚鮮活。

揖斐郡揖斐川町

這款也強力推薦！

祝菊

純米酒

原料米 不公開／精米比例 60％／使用酵母 不公開／日本酒度 +3／酒精度數 16～17度

適合冰鎮後享用的辛口酒

芳醇的辛口酒。建議放入冰箱冰鎮一天後再飲用。有如清爽的白酒般，可以搭配和食也能搭配西餐。

岐阜 所酒造

房島屋 純米無過濾生原酒

純米酒

DATA
原料米　五百萬石　　日本酒度　+4
精米比例　65%　　　酒精度數　17.8度
使用酵母　協會9號

加熱成溫燗的滋味更豐盈

創業於明治時期，位在揖斐川最上游處的藏元。平成12（2000）年創立冠上屋號的新品牌「房島屋」，以「現代餐中酒」為主題進行釀造。這款無過濾純米酒帶有如柑橘類的清爽酸味，以燗煮方式飲用，更能感受到酒米的豐醇鮮味。

揖斐郡揖斐川町

這款也強力推薦！

房島屋 純米超辛口

純米酒

原料米 五百萬石／精米比例 65％／使用酵母 協會7號／日本酒度 +10／酒精度數 17.3度

可以搭配各種料理的餐中酒

不愧為致力於釀造餐中酒的藏元，這款超辛口的日本酒，冰鎮後不僅能突顯整體風味，還可以感受到鮮味。

岐阜 杉原酒造

吟撰 射美

本釀造酒

DATA
原料米　揖斐之譽　　日本酒度　±0
精米比例　60%　　　酒精度數　17度
使用酵母　SG18

風味溫和且無特殊味道的美酒

這家一年生產8千瓶酒的小酒藏，位在揖斐川與根尾川之間的穀倉地帶。「射美」意指在「揖斐」裡「射出美酒」。在釀造酒精裡加水30％，再冷凍貯藏數個月之後，便能完成不留強烈個性的順口滋味。充分傳達了藏元精心釀造的心意。

揖斐郡大野町

這款也強力推薦！

特別純米酒 射美

特別純米

原料米 揖斐之譽／精米比例 60％／使用酵母 SG18／日本酒度 −3／酒精度數 16度

以原創酒米釀出的夢幻美酒

由第5代老闆以原創酒米「揖斐之譽」釀出的自信之作。由於生產量少，連當地人都很難買到，因此被稱為「夢幻美酒」。

美濃菊 純米大吟釀 飛驒譽

岐阜

玉泉堂酒造

養老郡養老町

純米大吟釀酒

DATA

原料米	飛驒譽	日本酒度	+3
精米比例	50%	酒精度數	15～16度
使用酵母	熊本9號		

帶有「飛驒譽」深奧高雅的鮮味

傳說中「瀑布之水變成酒」的岐阜縣養老町裡，現今僅存的酒藏。以養老山系的伏流水作為釀造用水，並全量使用岐阜縣產「飛驒譽」釀成的這款大吟釀，可以品嚐到深奧高雅的酒米鮮味。以斗瓶圍方式熟成的酒帶有多層次的滋味。

這款也強力推薦！

醴泉 純米 山田錦

純米酒

原料米 兵庫縣特A地區產山田錦／精米比例 60%／使用酵母 熊本9號／日本酒度 +2／酒精度數 15度

口感爽口 搭配和食十分對味

不僅帶出酒米高雅的鮮味，溫和的餘韻還會在嘴裡久久不散。以15℃左右的涼冷方式飲用不僅美味，香氣也十分明顯。

岐阜

百春 純米上撰

岐阜

小坂酒造場

美濃市

純米酒

DATA

原料米	飛驒譽	日本酒度	+3
精米比例	60%	酒精度數	15.5度
使用酵母	協會9號		

口感舒暢、百喝不膩的辛口酒

這家酒藏於江戶時代的安永元（1772）年在擁有優質水與稻米的美濃山中創業。這款略偏辛口的純米酒喝起來十分順口。2016年獲得日本全國酒類鑑評會金賞。2015年在名古屋國稅局酒類鑑評會的吟釀酒和本釀造酒部門中獲得優等賞。

這款也強力推薦！

特別純米酒 山野豐 （さんやほう）

特別純米酒

原料米 岐阜縣產美濃錦／精米比例 60%／使用酵母 協會1801號／日本酒度 +2／酒精度數 15.5度

使用從栽種開始 參與的美濃錦釀造

只使用無農藥特產米「美濃錦」，可感受到來自大自然田野的香氣與風味。很適合使用葡萄酒杯，沒有下酒菜也一樣美味。

純米酒 半布里戶籍

岐阜

松井屋酒造場

加茂郡富加町

純米酒

DATA

原料米	飛驒譽
精米比例	70%
使用酵母	協會901號
日本酒度	+1.5
酒精度數	15.3度

酒名源自日本最古老的「戶籍」

包含江戶時代建造的2棟酒藏與主屋、酒造用具與文書資料等，約有3,600項文物被指定為「岐阜縣重要有形民俗文化財」。「半布里戶籍」一名源自奈良正倉院保存的最古老戶籍。濃縮了酒米的鮮味，滋味富有深度。

這款也強力推薦！

黑米酒

半布の里の黑米でおいしいお酒ができました。

原料米 古代米（黑米）／精米比例 不公開／使用酵母 協會901號／日本酒度 −4／酒精度數 15.3度

帶有古代米的淡粉紅色，看來十分美味

以「古代米（黑米）」作為原料的稀有日本酒。採用低精米方式釀出溫和的粉紅色。可以享受到芳醇的香氣。

御代櫻 純米大吟釀 美濃產五百萬石

純米
大吟釀酒

DATA			
原料米	岐阜縣產五百萬石	使用酵母	自社酵母
		日本酒度	+3
精米比例	45%	酒精度數	16度

用自家酵母釀造
岐阜縣產的「五百萬石」

如同櫻花的五片花瓣一般,以調和「甘・辛・酸・澀・苦」的五味五感為信念。該酒藏廢除杜氏季節性赴任的制度,改由當地出身的年輕杜氏為負責人,與熟練的藏人一起致力於釀酒。釀造用水是從酒藏腹地內的水井汲取清澈的木曾川伏流水,屬於適合釀酒的偏甜軟水,可以釀造出溫和柔軟的酒質。

這款純米大吟釀是藏元的自信之作,全量使用岐阜縣產的「五百萬石」釀成。具有高雅奢華的吟釀香,同時還能感受到酒米的鮮味,風味極富深度。建議稍微冰鎮後再飲用。

////// 這款也強力推薦! //////

御代櫻 醇辛純米酒

純米酒

原料米 岐阜縣產朝日之夢(あさひの夢)／精米比例 70%／使用酵母 協會901號／日本酒度 +7／酒精度數 15度

最適合熱燗
尾韻銳利的辛口純米酒

以「搭配料理一起享用」為概念所釀造的酒。使用岐阜縣產的「朝日之夢」與木曾川的伏流水釀造,喝起來清澈順口。這款酒屬於尾韻俐落的辛口酒,愈喝愈覺得鮮美。冷飲也很好喝,不過建議以上燗至熱燗方式飲用。

花美藏 超特選

純米
吟釀酒

DATA			
原料米	岐阜縣產飛驒譽	使用酵母	協會1801號
		日本酒度	+2
精米比例	50%	酒精度數	15.5度

用傳統酒袋壓榨而成的濃醇酒

江戶時代後期創業,原本是味醂專賣店。該酒藏的杜氏後來跟隨但馬杜氏、南部杜氏學習後,開始用擅長的手工麴釀造。使用飛驒川的超軟水釀造,再用傳統酒袋仔細壓榨出酒液。風味富有深度,口感十分滑順。建議以冷酒或溫燗方式飲用。

////// 這款也強力推薦! //////

花美藏 藏

純米酒

原料米 岐阜縣產飛驒譽／精米比例 60%／使用酵母 協會901號／日本酒度 -2／酒精度數 15.5度

入喉爽口
讓人想再喝一次

由美濃國的豐富大自然所孕育出的純米酒。尾韻俐落,喝起來也很好入喉。可以感受到酒米的鮮味,只要喝過一次就會上癮。

岐阜

藏元山田（蔵元やまだ）

加茂郡八百津町

純米大吟醸

純米大吟醸 玉柏

DATA

原料米	山田錦	日本酒度	+2
精米比例	35%	酒精度數	17度
使用酵母	香系酵母		

杜氏注入靈魂的最高傑作

自明治元（1868）年創業以來，秉持著「順喉、喝不膩、能長久陪伴人們的酒」為理念來釀酒。這款純米大吟釀是杜氏使出渾身解數釀出的最高傑作，將「山田錦」的特色發揮到最大極限。連續19年獲得名古屋國稅局酒類鑑評會的優等賞。

///////// 這款也強力推薦！/////////

純米 玉柏

純米酒

原料米 飛驒譽／精米比例 55%／使用酵母 香系酵母／日本酒度 +2／酒精度數 15度

帶有溫和的風味與清爽的酸味

以「飛驒譽」釀出的純米酒，酒米的溫和風味與清爽的酸味完美調和，喝起來很順口。建議加冰塊或以冷飲、冷酒方式飲用。

岐阜

花盛酒造

加茂郡八百津町

純米吟醸酒

純米吟醸 花盛（はなざかり） 無過濾生原酒荒走

DATA

原料米	飛驒譽	日本酒度	+1.5
精米比例	50%	酒精度數	17度
使用酵母	協會1801號·岐阜酵母		

對壓搾很講究的藏元的得意之作

「荒走」是壓搾醪時最初取得的第一道微濁酒。這款酒則是將壓搾機槽口流出的荒走直接裝瓶，再以冰溫貯藏而成。不只能感受到奢華的吟釀香，還能享受淬練獨特的風味與口感。平成27（2015）年獲得岐阜縣知事賞（純米部門）。

///////// 這款也強力推薦！/////////

特別純米 花盛（はなざかり） 無過濾生原酒雫

特別純米酒

原料米 飛驒譽／精米比例 55%／使用酵母 岐阜酵母／日本酒度 +1／酒精度數 17度

匯聚酒滴而成的少量限定酒

這是一款不使用壓搾機，只將醪裝入酒袋中吊起，收集滴落下來的酒液而成的逸品。

岐阜

布屋原酒造場

郡上市

元文

DATA

原料米	秋田小町（あきたこまち）	日本酒度	+3.5
精米比例	50〜70%（自行調整）		
酒精度數	15〜16度		
使用酵母	綜合櫻花·杜鵑·曇花·菊花而來的花酵母		

全日本唯一以全量花酵母釀造

第12代老闆身兼杜氏之職，使用從自然界的花朵分離出的清酒酵母來釀酒。尤其這款「元文」綜合了櫻花、杜鵑、曇花、菊花等花酵母，釀造出香氣芳醇、口感清爽俐落的酒質。

///////// 這款也強力推薦！/////////

花酵母 菊 大吟醸

大吟醸

原料米 秋田小町／精米比例 50%／使用酵母 菊花酵母／日本酒度 +2.5／酒精度數 15〜16度

充滿高貴奢華感的餐後酒

使用菊花酵母釀造的大吟釀。具有凜然奢華的香甜氣味。尾韻俐落、餘韻清爽。以冷飲至冷酒方式飲用，更能品味其香氣。

岐阜

岐阜　中島醸造　瑞浪市

小左衛門 特別純米 信濃美山錦

特別純米酒

DATA			
原料米	長野縣產美山錦	使用酵母	不公開
精米比例	55%	日本酒度	+6
		酒精度數	15.5度

後韻輕盈的全能好酒

元祿15（1702）年創業。代表性銘酒為「小左衛門」。具有蘋果般的清爽吟釀香，喝起來十分宜人。充滿酒米的濃郁鮮味，喝起來後韻卻很輕盈。不管搭配任何料理都很對味，可冷飲或以冷酒、燗酒等方式飲用，屬於全能好酒。

這款也強力推薦！

小左衛門 純米大吟釀

純米吟釀酒

原料米 山田錦・愛山／精米比例 40%／使用酵母 不公開／日本酒度 +4／酒精度數 16度

盡享優質米的鮮味與甜味

「山田錦」的銳利尾韻與「愛山」的溫和滋味優雅地並存，形成具有溫和吟釀香與高雅柔和口感的一支酒。

岐阜　若葉　瑞浪市

若葉 純米吟釀

純米吟釀酒

DATA			
原料米	雄町	日本酒度	+2
精米比例	50%	酒精度數	15.5度
使用酵母	岐阜酵母	日本酒的類型	薰酒

如嫩芽般強而有力的清爽口感

這家從江戶時代延續至今超過三百年的酒藏，位在土岐川與小里川之間的東美濃田園地帶。這款使用「雄町」釀造的純米吟釀帶有花草般的清淡香氣，口感濃郁，後韻卻很舒暢。建議以冷酒或人肌燗方式飲用，可搭配魚類料理或山菜。

這款也強力推薦！

若葉 純米

純米酒

原料米 飛驒譽・朝日之夢／精米比例 60%／使用酵母 岐阜酵母／日本酒度 +2／酒精度數 15.5度

很推薦女性享用高雅的晚酌酒

在淡淡的花草香之後，伴隨而來的是棉花糖和麥芽糖般的香氣。尾韻宜人，帶有豐盈的滋味。很適合每天晚上小酌一杯。

岐阜　千古乃岩酒造　土岐市

千古乃岩 純米吟釀原酒 坂折棚田米釀造

（さかおり棚田米仕込）

純米吟釀酒

DATA			
原料米	坂折棚田米	日本酒度	+7
精米比例	50%	酒精度數	17.5度
使用酵母	岐阜酵母		

讓人想加冰塊飲用的芳醇地酒

以獲選為日本棚田百選的坂折棚田產減農藥米為原料，再以越後杜氏傳承的技術精心釀造。「千古乃岩」的名稱取自藏元所在地的駄知町巨岩「稚兒岩」（兩者日文發音相同）。屬於原酒類，酒精度數偏高。建議加冰塊飲用。

這款也強力推薦！

千古乃岩 純米吟釀

純米吟釀酒

原料米 飛驒譽／精米比例 50%／使用酵母 岐阜酵母／日本酒度 +5／酒精度數 15.8度

以低溫慢慢釀造而成的濃醇酒

使用超軟水為釀造用水，並以低溫方式釀造而成。這是一款香氣沉穩、口感柔和，餘韻也十分清爽的濃醇辛口酒。

岐阜

三千盛

多治見市

三千盛 小仕込純米

純米大吟釀酒

DATA

原料米	兵庫縣產山田錦	使用酵母	岐阜酵母
		日本酒度	+16
精米比例	40%	酒精度數	15.3度

可以突顯料理美味
尾韻極佳的超辛口酒

自安永年間創業以來，持續推出辛口銘酒的藏元。「三千盛」是在以甘口為主流的昭和30年代，為追求理想的辛口而推出的品牌，因受到作家永井龍男的喜愛而廣為人知。

小仕込純米是「三千盛」品牌裡最頂級的酒。特色是具有洗鍊的香氣，以及藏元基於對辛口的堅持，所研發出的爽口後勁。這支酒愈喝愈能感受到鮮味，是喜愛辛口酒的人絕對會上癮的銘酒。除了和食之外，搭配肉類料理和義大利料理也很對味。建議以冷飲或溫燗方式享用。

這款也強力推薦！

三千盛 純米

純米大吟釀酒

原料米 掛米：岐阜縣產梗米・麴米：秋田縣產美山錦／精米比例 45%／使用酵母 岐阜酵母／日本酒度 +11／酒精度數 15.3度

去除多餘的鮮味
與料理調和的辛口酒

為了當成餐中酒搭配料理一起享用，特地降低米的鮮味，以便和適度的酸味調和成均衡的口味。雖然是超辛口酒，口感卻十分溫和。以冷飲方式品嚐，口感會更加輕快爽口，加熱成燗酒則能提升鮮味與豐盈感。

岐阜

三千櫻酒造

中津川市

三千櫻 純米 美鄉錦

純米酒

DATA

原料米	美鄉錦	日本酒度	−2
精米比例	55%	酒精度數	15.4度
使用酵母	協會1401號	日本酒的類型	薰酒

溫和的甜味與酸味形成絕佳平衡

這家藏元釀造的酒有9成都是純米酒。沒有「吟釀」和「大吟釀」，而且不論精米比例為何，一律標記為「純米」，理由是身兼杜氏的老闆希望能專心釀造餐中酒。這款以「美鄉錦」為原料的純米酒，溫和的甜味與酸味形成絕妙的平衡感。

這款也強力推薦！

三千櫻 純米 愛山

純米酒

原料米 愛山／精米比例 60%／使用酵母 協會1401號／日本酒度 −2／酒精度數 15.6度

具豐富鮮味的
溫和餐中酒

以自費買的水釀造的「愛山」純米酒，具有溫和的香氣與豐厚的鮮味。柔順的口感讓人百喝不膩，不妨搭配料理享用。

岐阜 岩村釀造 惠那市

女城主 純米吟釀

純米吟釀酒

DATA

原料米	飛驒譽	日本酒度	+3.5
精米比例	50%	酒精度數	15.7度
使用酵母	協會1501號		

具有如清澈空氣般的透明感

自天明7（1787）年創業以來，便以「玲瓏馥郁」為理念，持續釀造清澈芬芳的銘酒。「女城主」一名是取自戰國時代統治岩村城，被譽為絕世美女的「岩村殿」。口感舒暢，相當容易入口，整體風味充滿了透明感。

這款也強力推薦！

ゑなのほまれ Light

本釀造酒

原料米 飛驒譽・一見鍾情（ひとめぼれ）／精米比例 50～60%／使用酵母 協會7號／日本酒度 −2／酒精度數 14.6度

帶有甜甜的香氣與溫和的滋味

酒精度數較低，如香蕉般的甜甜香氣會在口中擴散開來。享用冷酒可感受到銳利風味，加熱成燗酒則會轉變為溫和的滋味。

岐阜 惠那釀造 中津川市

鯨波 純米吟釀

純米吟釀酒

DATA

原料米	一見鍾情
精米比例	50%
使用酵母	不公開
日本酒度	+1.5
酒精度數	16.5度

口感豐盈且酸度較低的吟釀酒

這家藏元位在標高600公尺的山區，四周環繞著大自然。第11代老藏身兼杜氏並採取家族式經營。「鯨波」一名來自雲朵飄浮在山間，猶如鯨魚在波浪裡游泳一般。這款純米吟釀的蘋果香氣與豐盈滋味十分平衡。

這款也強力推薦！

鯨波 純米

純米酒

原料米 飛驒譽／精米比例 60%／使用酵母 岐阜酵母／日本酒度 +2／酒精度數 15.5度

帶有水潤酸味略偏辛口的純米酒

帶有高雅的香氣與柔和水潤的酸味，風味十分宜人。略偏辛口的順喉感絕佳。可冷飲或以冷酒、溫燗方式搭配料理。

岐阜 川尻酒造場 高山市

熟成古酒 原酒 飛驒正宗
（ひだ正宗）

DATA

原料米	飛驒譽	日本酒度	不公開
精米比例	70%	酒精度數	20度
使用酵母	協會7號		

感受不出高酒精度的清爽口味

自天保10（1839）年起便在飛驒高山釀酒的藏元，致力於釀造長期貯藏的熟成古酒。貯藏後在高濃度下直接裝瓶的熟成古酒原酒，具有扎實的酸味與溫和的口感，可連酒瓶一起冰鎮。獲得平成27（2015）年IWC的銀賞。

這款也強力推薦！

熟成古酒 本釀造 天恩

本釀造酒

原料米 飛驒譽／精米比例 70%／使用酵母 協會7號／日本酒度 不公開／酒精度數 15度

易飲順喉的古酒

這款酒帶有如香蕉和鬆餅般的馥郁熟成香。可以感受到該酒藏特有的香草風味。酸味適中，非常容易入口。

岐阜
二木酒造
高山市

大吟釀 生酒 **冰室**

大吟釀酒

///// 這款也強力推薦！

上撰 **玉乃井**

吟釀酒

DATA

原料米	一般米	日本酒度	+4
精米比例	50%	酒精度數	17.4度
使用酵母	岐阜酵母	日本酒的類型	薰酒

吟釀酒藏所釀造的新鮮生酒

以吟釀造為主的藏元，提供活用飛驒高山風土醞出的四季銘酒。利用冬天進行釀製，並以藏元獨特的手法與管理方式釀造的新鮮生酒，帶有如水果般的吟釀香，口感非常清爽。爽口的辛辣味與甜味完美地調和。建議飲用冷酒。

原料米 一般米／精米比例 60%／使用酵母 岐阜酵母／日本酒度 +2／酒精度數 15.6度

以吟釀造細心釀出
口感濃厚的酒

以低溫慢慢發酵所釀成的酒，具有芳醇的香氣與濃厚的口感。一如飛驒當地的酒款，舒暢的辛辣味會在口中擴散開來。

岐阜
平瀨酒造店
高山市

久壽玉 飛驒譽純米大吟釀

純米大吟釀酒

///// 這款也強力推薦！

久壽玉 手工釀造純米

純米酒

DATA

原料米	飛驒譽	日本酒度	+1
精米比例	40%	酒精度數	16.5度
使用酵母	協會1801號		

充滿「飛驒譽」的鮮甜滋味

元和9（1623）年創業，已經延續十五代的酒藏。「久壽玉」因與百藥之長「藥玉」的日文同音而得名。這家酒藏利用飛驒地區山明水秀的大自然，僅釀造高品質的特定名稱酒。

將岐阜縣產的酒造好適米「飛驒譽」經過自家仔細精米後，再使用北阿爾卑斯山的伏流水釀造。這支酒雖然不具奢華感，但帶有清新的吟釀香，可以品嚐到心白較多的「飛驒譽」特有的鮮甜滋味。在口中擴散開來的清爽酸味也令人感到舒暢，而且餘韻十分溫和。不論冷酒或冷飲都好喝。

原料米 飛驒譽／精米比例 60%／使用酵母 協會901號／日本酒度 +4／酒精度數 15.5度

酒的鮮味與酸味
很適合搭配重口味料理

這是由擁有50年釀酒經驗的資深杜氏，只使用米和米麴釀出的酒。溫和順口的鮮味與細緻的酸味形成絕佳的平衡，很適合搭配朴葉味噌烤牛肉、山豬火鍋、白蘿蔔滷鰤魚等重口味料理。建議以冷酒和溫燗方式飲用，享受兩種不同的美味。

岐阜

飛驒自慢 鬼殺 純米原酒 怒髮衝天
（鬼ころし）

岐阜

老田酒造店

高山市

岐阜

純米酒

DATA			
原料米	飛驒譽	日本酒度	+8
精米比例	58%	酒精度數	18度
使用酵母	協會901號		

連鬼都會喝醉的豪邁辛口酒

「鬼殺」一詞來自明治時代飛驒高山的傳說，據說拉人力車的男人們喝過此酒後，「連像鬼一般壯碩的男人都會醉倒」，酒名因此而來。這款口感濃醇且餘韻無窮的超辛口酒，很適合搭配油膩的料理。建議以冷酒方式飲用。

////// 這款也強力推薦！ //////

飛驒自慢
鬼殺（鬼ころし）純米大吟醸原酒

純米大吟醸酒

原料米 飛驒譽／精米比例 50%
／使用酵母 協會1801號／日本酒度 +4／酒精度數 17度

雖是辛口酒
卻有濃郁芳醇的口感

這款酒保有原酒特有的濃厚感。在豐富飽滿的口感之中，仍帶有清爽的辛辣風味。

大吟醸 四星

岐阜

舩坂酒造店

高山市

大吟醸酒

DATA			
原料米	山田錦	日本酒度	+4
精米比例	40%	酒精度數	16.5度
使用酵母	協會1801號		

用葡萄酒杯感受酒的香氣

創業超過200年的藏元。這家酒藏位在充滿風情的飛驒高山老街，致力於守護傳統，同時亦努力開拓日本酒的嶄新魅力。這款酒具有大吟醸特有的奢華香氣與芳醇滋味。建議用葡萄酒杯享用，讓香氣擴散開來。

////// 這款也強力推薦！ //////

純米吟醸 深山菊

純米吟醸酒

原料米 飛驒譽／精米比例 60%
／使用酵母 協會1801號／日本酒度 −2／酒精度數 16.5度

尾韻俐落
口感舒暢的純米酒

帶有如白桃和西洋梨般的奢華果香。在酒米的鮮甜滋味中還能感受到淡淡的辛辣風味。建議在春夏時節以冷酒方式飲用。

純米大吟醸 飛驒之華

岐阜

平田酒造場

高山市

純米大吟醸酒

DATA			
原料米	飛驒譽	日本酒度	+5
精米比例	45%	酒精度數	15度
使用酵母	協會14號		

100%使用「飛驒譽」的淡麗辛口酒

利用飛驒寒冷的風土，並使用當地產酒米與自水井汲取的宮川伏流水來釀酒。以「培育酒而非製造酒」為理念，堅持手工釀造。這款以低溫慢慢釀造而成的純米大吟醸，屬於淡麗辛口酒。可以感受到「飛驒譽」淡淡的甜味。建議冰鎮後飲用。

////// 這款也強力推薦！ //////

原酒 藏酒 山之光
（やまのひかり）

原料米 飛驒譽等／精米比例 70%／使用酵母 協會701號／日本酒度 −2／酒精度數 19度

帶有原酒特有的
舒暢風味與圓潤風味

這款酒在飛驒當地也很有人氣，可以享受到原酒特有的扎實口感，以及通過喉嚨時的圓潤風味。

岐阜 原田酒造場 高山市

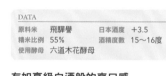

山車 純米吟釀 花酵母釀造

純米吟釀酒

DATA

原料米	飛驒譽	日本酒度	+3.5
精米比例	55%	酒精度數	15～16度
使用酵母	六道木花酵母		

有如高級白酒般的爽口感

這家酒藏於江戶末期的安政2（1855）年創業，持續以傳統的飛驒流嚴冬寒造方式釀酒，並致力於使用花酵母釀造具有特色的日本酒。這款以六道木花酵母釀成的純米吟釀，具有熱帶風味的水潤吟釀香，口感清爽又高雅。

///// 這款也強力推薦！ /////

山車 純米上澄

純米酒

原料米 秋田小町／精米比例60%／使用酵母 海棠花酵母／日本酒度 +3／酒精度數17～18度

用手工麴慢慢長期發酵

使用手工麴和海棠花酵母釀造。藉由在嚴冬裡長期低溫發酵，讓酒米的豐郁香氣與鮮味可以在口中慢慢擴散。

岐阜 奧飛驒酒造 下呂市

奧飛驒 特別純米

特別純米酒

DATA

原料米	飛驒譽	日本酒度	+1
精米比例	60%	酒精度數	15度
使用酵母	協會9號		

具有熟成感與圓潤的口感

這家藏元位在全年都有豐沛水流的馬瀨川和益田川之間，地處飛驒與美濃的交界。舊名是高木酒造，自享保5（1720）年創業至今。這款堅持使用飛驒川的伏流水和「飛驒譽」釀造的酒，具有熟成感與圓潤的口感。建議以冷酒或溫燗方式飲用。

///// 這款也強力推薦！ /////

初綠 純米吟釀無過濾生原酒

純米吟釀酒

原料米 山田錦／精米比例50%／使用酵母 協會1801號／日本酒度 +2／酒精度數 16度

帶有哈密瓜與青蘋果的清爽香氣

將嚴冬期壓榨出的酒，不經殺菌與加水等工程，直接以低溫貯藏。帶有哈密瓜與青蘋果風味的清爽吟釀香。

岐阜 天領酒造 下呂市

大吟釀酒

大吟釀 天祿拜領

DATA

原料米	山田錦	日本酒度	+4～6
精米比例	35%	酒精度數	15.3度
使用酵母	不公開		

香氣極高且口味清澈的美酒

只以酒造好適米釀造日本酒，並堅持自家精米與使用超軟水的天然水。「天祿拜領」100%使用兵庫縣產的「山田錦」，並以「袋搾」方式將酒袋裡自然滴落的酒液裝瓶，屬於奢侈的酒款。香氣極高且口味清澈。這款辛口酒建議冰鎮後飲用。

///// 這款也強力推薦！ /////

純米吟釀 飛驒譽 天領
（ひだほまれ）

純米吟釀酒

原料米 飛驒譽／精米比例50%／使用酵母 不公開／日本酒度 +3～5／酒精度數 15.3度

跨越季節後風味更加馥郁

奢華的香氣與酒米的鮮味會在口中擴散。加上使用超軟水釀造，尾韻俐落、入喉順暢。經過一個夏天後，風味會更加馥郁。

蓬萊 純米吟釀 家傳手工釀造

純米吟釀酒

DATA

原料米	飛驒譽	日本酒度	+3
精米比例	55%	酒精度數	15度
使用酵母	蓬萊酵母	日本酒的類型	薰酒

高雅又直接的味道

位在岐阜縣最北端的飛驒古川，堅持以傳統手工方式釀酒。這款少量釀造的純米吟釀是奢侈地將「飛驒譽」研磨後釀成，味道既高雅又直接。平成27（2015）年獲得日本全國酒類大賽純米吟釀部門第一名，同時還獲得其他無數獎項。

上撰 蓬萊

原料米 飛驒譽／精米比例 68%／使用酵母 協會9號／日本酒度 +3／酒精度數 15度

偏好熱燗的飛驒所孕育出的名酒

這支酒是創業以來有140年以上受到人們喜愛的「蓬萊」中的極品。這款淡麗旨口酒很適合在飛驒的嚴冬以熱燗飲用。

白真弓 純米大吟釀 譽

純米大吟釀酒

DATA

原料米	飛驒譽	日本酒度	−1
精米比例	40%	酒精度數	16度
使用酵母	不公開		

香氣十足又高雅的地酒

這家擁有300多年歷史的酒藏位在擁有好水、好米的飛驒古川。「白真弓」是取自《萬葉集》中與「斐太」有關的修飾語「白真弓」。這款以地酒頂點為目標釀造的大吟釀，具有高雅的香氣與充滿果香的口感。可稍微冰鎮後用葡萄酒杯飲用。

白真弓 吟釀山田錦

吟釀酒

原料米 山田錦／精米比例 55%／使用酵母 不公開／日本酒度 +4／酒精度數 15度

充滿水嫩豐盈的滋味

在溫和高雅的吟釀香中，有一股水嫩的果香在口中擴散。這款酒愈喝愈有味道，後韻十分清爽俐落。

長良川 純米酒

純米酒

DATA

原料米	岐阜縣產米	日本酒度	+5
精米比例	65%	酒精度數	14～15度
使用酵母	協會7號		

響徹音樂的酒藏所釀造的純米酒

由第5代老闆身兼杜氏。為了將活酵母的發酵力提升到最大極限，刻意在酒藏裡播放環境音樂，並利用傳統技法來釀造純米酒。這款略偏辛口的酒重視米的鮮味，帶有圓潤的口感與清爽的餘韻。稍微加熱後飲用，風味會更溫和。

長良川 超辛口+20

原料米 飛驒譽／精米比例 65%／使用酵母 協會7號／日本酒度 +20／酒精度數 18～19度

超清爽的嗆辣辛口酒

藏元自誇為「日本第一辛口」的自信之作。帶有完全發酵後產生的俐落尾韻與鮮味。建議以冷酒、冷飲或加冰塊方式飲用。

榮一 純米大吟釀

岐阜
林本店

各務原市

純米
大吟釀酒

DATA			
原料米	山田錦	日本酒度	±0
精米比例	40%	酒精度數	15度
使用酵母	不公開		

由創業者命名、長年受人喜愛的酒款

這家酒藏儘管深受日本酒文化的深奧與可能性所吸引，仍不忘持續追求日本酒的全新可能性，同時不只局限於日本，更將目標投向海外的愛酒人士。這款純米大吟釀具有高雅甘甜的果香，尾韻俐落且十分順口好喝。

這款也強力推薦！

百十郎 純米大吟釀 黑面

純米
大吟釀酒

原料米 麴米：山田錦‧掛米：五百萬石／精米比例 50%／使用酵母 不公開／日本酒度 +3／酒精度數 16度

源自在境川種下
櫻花樹的歌舞伎演員

「百十郎」是取自各務原市實際存在過的歌舞伎演員的名字。融合了奢華的香氣與溫和的酸味，建議當作餐中酒飲用。

岐阜

達磨正宗 十年古酒

岐阜
白木恒助商店

岐阜市

DATA			
原料米	日本晴	日本酒度	－6
精米比例	70%	酒精度數	18度
使用酵母	協會7號		

透過長期熟成釀出
入口即化的滋味

這家酒藏於天保6（1835）年創業，並從昭和40年代開始釀造古酒，主力商品是以日本酒慢慢熟成的古酒。

採用長良川支流武儀川的伏流水作為釀造用水。水質屬於適合釀酒的濃醇軟水，可以釀出口感圓潤的日本酒。原料米則使用以往日本人常吃的「日本晴」。這款風味均衡的「十年古酒」為藏元的代表性銘酒，是將熟成超過10年的古酒以獨特的手法混合而成。帶有類似水果乾的甜甜香氣，以及充滿刺激感的香味。這款酒的滋味豐厚，具有入口即化的濃厚甜味。

這款也強力推薦！

達磨正宗 敬未來（未来へ）

特別
純米酒

原料米 麴米：雄山錦‧掛米：日本晴／精米比例 70%／使用酵母 協會7號／日本酒度 不公開／酒精度數 17度

可以依喜好決定存放年數
在家自行熟成的古酒

只要將麴的比例增加為平常的1.5倍，並把釀造工程從3階段增為5階段，即使在家裡也能自行熟成美味的古酒。在家熟成10～20年後，色澤與風味都會更加深濃。很適合當成生日禮物或生產賀禮送入。

43

伴隨時間慢慢品酒，才是最美味的古酒喝法。

西日本的焦點酒藏

岐阜縣岐阜市

白木恒助商店

要談論古酒、熟成酒時，絕不能不提位在岐阜市、始終走在最前端的「白木恒助商店」這家酒藏。來聽聽他們對於花時間釀造的古酒魅力有何看法。

照片／野村優

從左到右分別為第7代女老闆白木滋里小姐、第6代老闆善次先生、杜氏壽先生。酒藏目前由滋里小姐與壽先生夫妻倆負責。

為追求「絕無僅有的酒」
最終找到的就是古酒

在昭和40年代提到日本酒時，一般都會認為「當然得是新酒才行」，後來隨著電視的普及，各大釀酒廠商紛紛推出廣告，導致地方上的日本酒銷量愈來愈差，於是第6代藏元白木善次先生賭上酒藏的獨特性與存活，決定轉以釀造古酒為主。當時古酒並不常見，白木恒助商店則一直持續釀造至今。

「雖然根據舊文獻內容來看，從鎌倉時代至江戶時代都有古酒存在，可惜沒有記載詳細的製作方法。因此只好今年嘗試釀造甘酒、明年改為釀造辛酒，試著改變酒質來進行貯藏，再花時間慢慢確認味道。」

目前以第7代女老闆之姿撐起酒藏的

人，正是善次先生的女兒白木滋里小姐。據說當時她看著父親只是將釀好的酒貯藏在釀酒槽裡而不出貨，對於此一「詭異行為」，年紀雖小的她仍忍不住擔心：「我們家會不會快倒了……」

貯藏3年的熟成酒閃耀著琥珀色的光澤，只要喝上一口，就能感受到不同於新酒的多層次美味，而這也是現在「達磨正宗熟成三年」這款酒的前身。

熟成方法共有2種，一種是將壓榨出來的酒直接貯藏在釀酒槽裡，另一種是將酒貯藏在釀酒槽裡熟成10～20年後，再裝瓶放進貨櫃裡貯藏的方法。瓶裝貯藏方式隨著時間的經過，瓶子上的標籤會逐漸老化，等到出貨時就會呈現很有年代感的味道。

因花時間貯藏古酒而產生的美味與蘊含其中的心意

儘管三年熟成的古酒相當美味，但要讓認為新酒才是王道的愛酒者接受，並理解古酒的優點，還是費了相當大的工夫。

「因當時很少有經過熟成的日本酒。

直到像侍酒師田崎真也先生等早已喝慣葡萄酒和雪莉酒的人，認為達磨正宗也很好喝，古酒才逐漸被一般大眾所接受。」

之後古酒逐漸被視為酒的種類之一，在海外的認知度也慢慢提升。古酒甚至如同新酒一般被介紹為正式的日本酒。

滋里小姐表示，現在有愈來愈多人會買古酒當成禮物送人，或是在特別的紀念日裡買來享用。

「我們酒藏的酒是特別花時間慢慢熟成的古酒。希望大家在飲用時，可以一邊感受隨著歲月累積的美味。」

為便於一眼看懂該款酒是何時釀造的，會將當時發生的狀況、事情等資訊記在各貯藏槽上。

身為第7代女老闆的滋里小姐主要負責行銷等工作。她與擔任杜氏的丈夫壽先生一起支撐著酒藏。

萩錦 大吟醸

靜岡

萩錦酒造

靜岡市駿河區

大吟醸酒

DATA	
原料米	山田錦
精米比例	40%
使用酵母	M310酵母
日本酒度	+4
酒精度數	16.9度

由南部杜氏釀造的頂級酒

這家酒藏創業於明治9（1876）年。以安倍川水系的湧泉為釀造用水，並由推出無數得獎酒的南部杜氏小田島健次先生釀造。這款極品大吟醸帶有華麗馥郁的吟醸香及圓潤的風味，與不帶刺激性的酸味形成絕妙的平衡。

////////// 這款也強力推薦！//////////

萩錦 純米吟醸

純米吟醸酒

原料米 山田錦／精米比例 50%／使用酵母 M310
酵母／日本酒度 ±0／酒精度數 15.8度

活用軟水質釀造的純米吟醸酒

將兵庫縣產「山田錦」精米磨成50%，再以長期低溫發酵方式釀成的純米吟醸酒。打造出藏元理想中的豐郁滋味。

臥龍梅 開壜十里香 純米大吟醸 愛山

靜岡

三和酒造

靜岡市清水區

純米大吟醸酒

DATA			
原料米	愛山	日本酒度	+4
精米比例	40%	酒精度數	16～17度
使用酵母	協會10號系		

帶有豐富的香氣與清新的口感

「臥龍梅」一名來自德川家康種植在清見寺裡，擁有馥郁香氣的梅樹。使用以清流和香魚聞名的興津川伏流水為釀造用水，並由南部杜菅原富男先生釀製。以稀有米「愛山」釀成的純米大吟醸，可享受到柔和清新的風味與奢華的香氣。

////////// 這款也強力推薦！//////////

臥龍梅 純米吟醸 山田錦55%

純米吟醸酒

原料米 山田錦／精米比例 55%／使用酵母 協會10號系／日本酒度 +5／酒精度數 16～17度

帶有芳醇的含香與豐郁的滋味

「臥龍梅」的經典酒款之一。芳醇的含香會在口中擴散開來，風味既豐郁又清新，屬於餘韻清爽俐落的辛口酒。

正雪 特別本醸造

靜岡

神澤川酒造場

靜岡市清水區

特別本醸造酒

DATA			
原料米	山田錦 譽富士	使用酵母	自社酵母
		日本酒度	+4
精米比例	60%	酒精度數	15～16度

果香四溢、尾韻俐落的辛口酒

這家藏元位在東海道第17個宿場町的由比町。「正雪」是來自江戶時代出生於此地的軍事學者由井正雪之名。這款帶有果香、尾韻俐落的辛口酒是以「山田錦」和靜岡縣酒米「譽富士」為原料，並使用神澤川的伏流水釀造。冷酒或冷飲皆宜。

////////// 這款也強力推薦！//////////

正雪 純米吟醸

純米吟醸酒

原料米 山田錦／精米比例 50%／使用酵母 自社酵母／日本酒度 +3／酒精度數 15～17度

由現代名工釀造風味深奧的逸品

知名杜氏毫不妥協，灌注所有心力釀出的這款純米吟醸，充滿哈密瓜般清爽高雅的果香。風味深奧，可品嚐到米的鮮甜滋味。

純米吟釀 綠之英君

DATA	
原料米	五百萬石
精米比例	55%
使用酵母	靜岡HD-101
日本酒度	+7
酒精度數	15～16度

帶有森林清爽香氣的酒

這家酒藏買下櫻野澤山，以山中湧現的優質水作為釀造用水，同時只使用靜岡酵母來釀造主力商品的純米酒。「綠之英君」一如其名，具有森林般的清爽香氣。酒米扎實的鮮味與溫和的口感會在口中擴散開來。

特別純米 譽富士

原料米 譽富士／精米比例 60%／使用酵母 靜岡NEW-5／日本酒度 －2／酒精度數 15～16度

堅持靜岡風格的純米酒

高雅的香甜氣味降低了酸味與澀味，形成溫和圓潤的口味。建議以冷飲或溫燗方式，搭配靜岡特產的櫻花蝦與魩仔魚等一起享用。

初龜 急冷美酒

DATA			
原料米	山田錦	使用酵母	自社酵母
精米比例	麴米65%	日本酒度	不公開
	掛米68%	酒精度數	15～16度

奢侈地使用山田錦釀造 極致美味的普通酒

這家靜岡首屈一指的老字號酒造於寬永12（1636）年創業，從大正時代起就在各品評會上獲得極高的評價。自平成26（2014）年起，將旗下從普通酒到大吟釀所有酒款的麴米全部換成「山田錦」。並以忠於基本、細心釀酒為座右銘。「急冷美酒」是將經過火入的酒以殺菌器急速冷卻，因而得名。這是一款全量使用「山田錦」，並以自家酵母釀造的頂級普通酒。帶有淡淡的甜味與溫和的吟釀香，即使是大吟釀派的人也會覺得很順口，CP值相當高。從冷飲至燗酒都美味，很適合搭配油脂較多的生魚片。

初龜 吟釀 龜印

原料米 麴米：山田錦・掛米：雄山錦／精米比例 55%／使用酵母 自社酵母／日本酒度 不公開／酒精度數 15～16度

清涼感十足 口感非常清爽

這款酒帶有吟釀特有的舒暢口感與清爽的酸味。香氣溫和，不會蓋過料理本身的風味，可搭配料理一杯接一杯地飲用，喝再多也不會膩。入喉的輕快感很適合初次挑戰日本酒的人。建議以冷飲方式飲用。

喜久醉 純米吟醸

純米吟釀酒

DATA

原料米	山田錦	日本酒度	+6
精米比例	50%	酒精度數	15〜16度
使用酵母	靜岡酵母		

清新的口感既輕快又順喉

以清流大井川水系豐沛的南阿爾卑斯山伏流水為釀造用水，同時只使用靜岡酵母釀造純靜岡風格的酒。這款以「山田錦」釀造的純米吟釀，帶有清爽的鮮味與溫和清新的口感。輕快的順喉感十分具有靜岡的特色。記得放進冰箱保存。

/////// 這款也強力推薦！ ///////

喜久醉 特別純米

特別純米酒

原料米 山田錦・日本晴／精米比例 60%／使用酵母 靜岡酵母／日本酒度 +6／酒精度數 15〜16度

喝再多也不會膩
爽口的餐中酒

藏元堅持釀造的靜岡流餐中酒，喝起來爽口順喉。香氣溫和並帶有清爽的鮮味，口感也很柔和。適合當作日常酒飲用。

杉錦 生酛特別純米酒

特別純米酒

DATA

原料米	山田錦	日本酒度	+5
精米比例	60%	酒精度數	15.5度
使用酵母	靜岡HD-1		

帶有生酛特有的深奧風味與溫和感

這家藏元有85%的酒都是以生酛、山廢釀造。這款以生酛釀造的純米酒是將「山田錦」精米磨成60%，再用靜岡酵母釀成近似吟釀的風味。最後以瓶裝貯藏方式冷藏保存，因而保有新鮮的酒質。這是一款酸味富有深度、甜度適中的均衡好酒。

/////// 這款也強力推薦！ ///////

杉錦 山廢純米 玉榮

純米酒

原料米 玉榮／精米比例 65%／使用酵母 協會701號／日本酒度 +8／酒精度數 15.5度

熟成時間愈久
風味愈濃郁深厚

藉由熟成度帶出「玉榮」富有個性的深層風味，釀造出具有獨特濃郁滋味的辛口酒。

志太泉 純米吟醸燒津酒米研究會

純米吟釀酒

DATA

原料米	山田錦	日本酒度	+4.5
精米比例	55%	酒精度數	15〜16度
使用酵母	靜岡酵母NEW-5		

適合搭配燒津鮮魚享用的爽快辛口酒

「志太泉」一名隱含著藏元「志」在釀造如「太」「泉」般湧出好水的美酒。這款酒使用與當地農家組成的燒津酒米研究會共同栽培的「山田錦」，以及靜岡酵母釀造而成。屬於具有清爽吟釀香與明顯酸味的辛口酒。

/////// 這款也強力推薦！ ///////

志太泉 純米吟醸播州山田錦

純米吟釀酒

原料米 山田錦／精米比例 50%／使用酵母 靜岡酵母HD-1／日本酒度 +4／酒精度數 15〜16度

優良水質是亮點
口感柔順的純米吟醸

這款酒充滿高雅端正的吟釀香。柔順溫和的滋味正是來自水質清澈的釀造用水。即使搭配湯品飲用也很美味。

靜岡

小夜衣 純米大吟釀

靜岡　森本酒造　菊川市

純米大吟釀酒

DATA

原料米	山田錦	日本酒度	+4.0
精米比例	40%	酒精度數	15～16度
使用酵母	協會1401號		

香氣溫和，適合搭配料理的甘口酒

這家酒藏自能登杜氏退休後，從1996年起成為自釀酒藏，2014年開始僅釀造純米酒。酒名「小夜衣」是取自《新古今和歌集》和《源氏物語》中加有棉絮的夜衣。這款純米大吟釀為香氣溫和的甘口酒。建議以冷飲方式搭配當季料理品嚐。

這款也強力推薦！

小夜衣之詩 純米吟釀生原酒

純米吟釀酒

原料米 靜岡產米／精米比例 麴米50%、掛米55%／使用酵母協會901號／日本酒度 +0.5／酒精度數 17～18度

酸味恰到好處
尾韻俐落的旨口酒

「小夜衣之詩」是全年都有生產的生原酒。具有適度的酸味，屬於尾韻俐落的旨口酒。

葵天下 大吟釀

靜岡　山中酒造　掛川市

大吟釀酒

DATA

原料米	兵庫縣產山田錦	使用酵母	AK-24
		日本酒度	+2
精米比例	40%	酒精度數	15度

一如其名是取得天下的名酒

近江商人至靜岡所開設的酒藏。「葵天下」是藏元意欲取得天下而於1985年推出的酒，後來果然連續在各大新種品評會上獲獎。1999年起改為自家釀造。這款大吟釀是以「山田錦」與赤石山系的伏流水釀成，香氣豐富且口味富有深度。

這款也強力推薦！

葵天下 純米吟釀

純米吟釀酒

原料米 兵庫縣產山田錦／精米比例 48%／使用酵母 協會9號等／日本酒度 +6／酒精度數 15度

餘韻清爽
適合女性的純米酒

這款酒帶有溫和且甜的淡淡吟釀香，可以充分感受到酒米豐盈的鮮味。餘韻清爽，很適合女性飲用。

白隱正宗 譽富士純米酒

靜岡　高嶋酒造　沼津市

純米酒

DATA

原料米	譽富士	日本酒度	+2～4
精米比例	60%	酒精度數	15～16度
使用酵母	靜岡酵母NEW-5		

堅持以靜岡產原料釀造的地酒

這家酒藏於文化元（1804）年在東海道第13個宿場町的原創業。以手工細心釀造適合搭配當地食物的酒款。這款地酒是以靜岡首度生產的酒造好適米「譽富士」為原料，並使用靜岡酵母釀成。酒質輕快順喉，味道十分扎實。冷飲或燗酒皆宜。

這款也強力推薦！

白隱正宗 純米酒生酛譽富士

純米酒

原料米 譽富士／精米比例 65%／使用酵母 靜岡酵母NEW-5／日本酒度 +6／酒精度數 15～16度

滋味扎實又濃厚的
純米酒

以傳統生酛釀造法釀製的純米酒。具有濃厚的鮮味與適度的酸味，口感扎實又好喝。加熱成燗酒更能感受其強勁的風味。

今宵就喝燗酒 花之舞
（今宵は燗だね）

純米吟釀酒

DATA			
原料米	靜岡縣產 山田錦	使用酵母	協會701號
		日本酒度	+4
精米比例	60%	酒精度數	14.5度

傳統山廢釀造的燗酒專用酒

這家酒藏創業於元治元（1864）年，堅持只用靜岡縣產的原料來釀造。以自然發酵的乳酸菌進行山廢釀造後，再將原酒花1年以上的時間慢慢低溫熟成，完成飽含鮮味與濃醇風味的純米吟釀。這是一款燗酒的專用酒，加熱喝更能突顯美味。

這款也強力推薦！

花之舞 純米吟釀生原酒

純米吟釀酒

原料米 靜岡縣產山田錦／精米比例 60%／使用酵母 靜岡酵母／日本酒度 +5／酒精度數 18.5度

風味新鮮又帶有日本酒特有香氣的生酒

不進行割水（加水）和火入作業，並用比一般網目更粗的過濾器過濾，保留日本酒原有的新鮮風味與香氣。

高砂 純米大吟釀

純米大吟釀酒

DATA			
原料米	兵庫縣產山田錦	日本酒度	+5
精米比例	35%	酒精度數	15～16度
使用酵母	靜岡酵母	日本酒的類型	薰酒

徹底展現能登流技術的輕快辛口酒

這家酒藏創業於天保元（1830）年。以富士山的伏流水作為釀造用水，代代由能登流杜氏進行擅長的山廢釀造、再釀造等作業。這款辛口純米大吟釀是將「山田錦」磨到只剩下芯，再精心釀造而成，具有輕盈的香氣與順喉感。建議冷飲。

這款也強力推薦！

高砂 山廢純米吟釀

純米吟釀酒

原料米 山田錦／精米比例 55%／使用酵母 靜岡酵母／日本酒度 −3／酒精度數 15～16度

很受女性歡迎容易入口的山廢釀造

獨特的酸味具有溫和的口感。淡淡的甜味與酒米濃厚的鮮味會在口中擴散開來。適合搭配雞肉火鍋與海鮮蔬菜鍋等料理。

特別純米酒 富士山

特別純米酒

DATA			
原料米	山田錦 五百萬石	使用酵母	協會1401號
		日本酒度	+4
精米比例	60%	酒精度數	14度

以靈峰富士的湧泉釀造的柔和風味

這家酒藏創業於寬保3（1743）年，釀酒理念是：活用富士山柔軟的湧泉，並透過能登杜氏的傳統技法釀造適合搭配料理的酒。釀造用水的水質讓這款酒帶有柔和的口感。喝起來既清爽又順喉，不論冷飲或溫燗都很美味。

這款也強力推薦！

特別本釀造 富士山

特別本釀造

原料米 五百萬石・越息吹（越いぶき）／精米比例 60%／使用酵母 靜岡NEW-5／日本酒度 不公開／酒精度數 15度

風味富有深度的辛口酒可襯托出料理的美味

雖然屬於大辛口酒，風味卻富有深度，而且從冷飲至燗酒都好喝，可品嚐各種溫度。建議平常用餐時喝，或晚餐時小酌一杯。

辛口 拳骨（げんこつ）

本釀造酒

DATA			
原料米	日本晴	日本酒度	+7
精米比例	65〜70%	酒精度數	15.5度
使用酵母	靜岡酵母		

藏元講究的美味辛口酒

這家藏元於慶應2（1866）年建立在可以眺望富士山的上野之鄉，擅長釀造尾韻俐落的淡麗辛口酒，並持續釀造適合當作餐中酒的日本酒。以「昔日父親」為形象的「辛口 拳骨」是這家酒藏的代表性辛口酒。口味清爽淡麗，可搭配各種料理。

富士正 朝霧藏出 特別純米酒

特別純米酒

原料米 石川縣產五百萬石／精米比例 60%／使用酵母 不公開／日本酒度 +2〜3／酒精度數 15.5度

帶有芳醇的鮮味與清爽俐落的餘韻

這款純米酒是以石川縣產的「五百萬石」為原料，芳醇的鮮味會在口中擴散開來，餘韻也很清爽。加熱成爛酒十分美味。

靜岡

磯自慢 純米大吟釀

純米大吟釀酒

DATA			
原料米	東条 山田錦	使用酵母	自社酵母
		日本酒度	+3
精米比例	40%	酒精度數	16〜17度

追求極致品質且奢侈無比的酒

創業於天保元（1830）年，為燒津市唯一的酒藏。以釀造高品質的酒為目標，在堅守傳統的同時也持續挑戰新的釀酒方式。

以南阿爾卑斯山系的名水為釀造用水，並使用兵庫縣特A地區東条秋津產的「山田錦」特上米為原料米。甚至指定稻米產地，輪流以「古家」、「常田」、「西戶」的稻米進行釀造，每年販賣3次極優質的日本酒。這款酒充滿白桃和哈密瓜的溫和果香，並帶有融合五味的深奧風味。除了日本料理之外，也很適合搭配法國料理與義大利料理，還可以配上甜點一起享用。建議以冷飲方式使用葡萄酒杯飲用。

磯自慢 純米吟釀

純米吟釀酒

原料米 東条·山田錦／精米比例 50%·55%／使用酵母 自社酵母／日本酒度 +4／酒精度數 15.8度／日本酒的類型 爽酒

帶有爽口酸味很適合搭配料理的純米酒

這款酒的吟釀香不會太濃，柔和的甜味會在口中擴散開來。後韻的酸味十分爽口，最適合當作餐中酒飲用。除了以燒津當地的新鮮魚類為主的日本料理外，也很適合搭配法國料理、義大利料理與甜點。

開運 祝酒 特別本釀造

DATA			
原料米	麴米：山田錦	使用酵母	靜岡酵母
	掛米：生拔		協會701號
	（はえぬき）	日本酒度	+5
精米比例 60%		酒精度數	15〜16度

輕快爽口的日常酒

自被尊為「能登四天王」的波瀨正吉去世後，當地出身的杜氏繼承傳統，持續釀造具有能登風格的日本酒。

「開運」是明治5（1872）年創業時，為了祈求當地的小貫村能夠繁榮發展而取的品牌名稱。其中的「祝酒」是酒藏的招牌商品，從創業開始就是經典酒款。標籤上印有吉祥的招福熊手（昔日的打掃農具竹耙），很適合當成賀禮或禮物送人。這款尾韻輕快俐落的辛口酒適合所有人飲用，屬於萬能的日常酒。以冷酒方式飲用十分爽口，冷飲或加熱成燗酒則能品嚐到更加溫和的口感與鮮味。

開運 純米吟釀山田錦

原料米 山田錦／精米比例 50%／使用酵母 靜岡酵母／日本酒度 +3／酒精度數 16〜17度

不輸給大吟釀的清新風味

採用和大吟釀相同的長期低溫發酵方式進行釀造。釀造用水是使用戰國時代武田與德川的古戰場「高天神城遺址」的湧泉。這款純米酒帶有鮮嫩的果實氣香，尾韻清爽俐落。適合搭配魚貝類和肉類料理。建議冰鎮後飲用。

若竹 讓女人哭泣 純米大吟釀
（おんな泣かせ）

DATA			
原料米	麴米：山田錦	使用酵母	靜岡HD-1
	掛米：五百萬石	日本酒度	+3
精米比例 50%		酒精度數	16〜17度

口感滑順的長期熱銷酒款

天保3（1832）年創業，並在昭和50（1975）年將古文書中記載的「鬼殺」復活。「讓女人哭泣」是昭和55（1980）年以來的名酒。以大井川的伏流水與「山田錦」、「五百萬石」釀造。帶有淡淡的吟釀香與透明感，口感滑順。建議冰鎮後飲用。

若竹 純米大吟釀PREMIUM

原料米 靜岡縣產譽富士／精米比例 40%／使用酵母 靜岡HD-1／日本酒度 +3／酒精度數 17度

自淡麗中散發的豐富滋味

以靜岡縣酵母釀造的頂級酒。淡麗中帶有豐富的鮮味，味道富有深度。最適合以15℃左右的冷酒飲用，屬於限量商品。

吟醸 **名古屋城本丸御殿**

吟醸酒

DATA

原料米	愛知縣產夢山水	使用酵母	不公開
精米比例	50%	日本酒度	+5
		酒精度數	15.7度

期望重建本丸御殿而釀造的酒

自弘化2（1845）年創業以來，始終由越後杜氏負責釀造。由於名古屋城與該酒藏在1945年皆被燒毀，在期望本丸御殿重建之下，而將這款酒取名為「名古屋城本丸御殿」。香氣極高、風味馥郁，喝起來很清爽。建議冰鎮後飲用。

純米吟醸 **虎變**

純米吟醸酒

原料米 愛知縣產夢山水／精米比例 50%／使用酵母 不公開／日本酒度 +1／酒精度數 16度

**對釀酒滿懷心意
所釀成的純米吟醸**

這是為了表達對當地的愛所推出的新品牌酒。擁有奢華的鮮味，喝起來卻十分爽口。酒米香的餘韻久久不散。

鷹之夢 純米酒

純米酒

DATA

原料米	五百萬石 夢山水	使用酵母	不公開
精米比例	60%	日本酒度	+7
		酒精度數	15～16度

冷酒爽口、爛酒溫和

這家酒藏創業於明治20（1887）年，是頂讓江戶時代建造的酒藏而來。「鷹之夢」是取自當地「大高」的諧音。這款純米酒具有均衡的鮮味與酸味。以冷酒方式飲用，口感十分俐落爽口。加熱成爛酒，則能感受到柔和的風味與宜人的香氣。

Concept No.Zero

純米原酒

純米酒

原料米 五百萬石／精米比例 60%／使用酵母 FIA-2／日本酒度 +12／酒精度數 18～19度

**徹底堅持理念
少量生產**

Zero意指「起始」。在扎實的酸味之後，伴隨而來的是在口中擴散的溫和香氣與鮮味。

神之井 大吟醸 荒走（荒ばしり）

大吟醸酒

DATA

原料米	兵庫縣產山田錦	使用酵母	協會1801號
精米比例	35%	日本酒度	+5
		酒精度數	16.8度

適合搭配魚類料理的爽口酒

安政3（1856）年創業，目標是在當地出身的杜氏帶領下，以少人數手工釀造「受當地喜愛的酒」。這款大吟醸的香氣極高、尾韻俐落，自2000年起已獲得12次日本全國新酒鑑評會的金賞。建議冰鎮後搭配炸大眼牛尾魚、白肉魚生魚片一起享用。

神之井 NAGOYA CLOUD
特別純米

特別純米酒

原料米 愛知縣產愛知之香（あいちのかおり）／精米比例 60%／使用酵母 FIA-3／日本酒度 +3／酒精度數 15度

**最適合搭配
名古屋美食的純米酒**

這是款口感柔和的偏辛口酒。很適合搭配日式、中式、西式等各種料理。建議稍微冰鎮，或以熱爛方式搭配名古屋美食享用。

釀人九平次
山田錦 EAU DU DÉSIR

純米吟釀酒

DATA

原料米	山田錦	日本酒度	不公開
精米比例	50%	酒精度數	不公開
使用酵母	不公開		

具柑橘類香氣與
蜂蜜般的甜味

所有的酒皆以吟釀以上的規格採少量生產方式釀造。「釀人九平次」是第15代老闆久野九平治先生與杜氏佐藤彰洋先生，為追求日本酒的魅力與可能性而推出的品牌。2015年在兵庫縣黑田庄町的田高地區取得自家酒藏用的稻田後，便致力於生產原料米。EAU DU DÉSIR的意思就是「希望之水」。這款酒帶有清爽的柑橘類香氣，含一口在嘴裡便會充滿蜂蜜般的甜味，接著伴隨而來的是溫和的酸味。很適合搭配清淡卻帶有濃郁滋味的馬肉，以及口感綿密的海膽等料理。建議冰鎮後用葡萄酒杯飲用。

這款也強力推薦！

釀人九平次
別誂

純米大吟釀

原料米 山田錦／精米比例 35%／使用酵母 不公開／日本酒度 不公開／酒精度數 不公開

口味細緻又奢華的
大吟釀

「釀人九平次」系列的代表作。充滿果實風味的優雅吟釀香。風味清新，口味十分細緻奢華。適合搭配鵝肝醬等濃醇的肉類料理，以及使用乳製品烹調的香濃料理。建議冰鎮後飲用。

盛田 純米吟釀 無過濾

純米吟釀酒

DATA

原料米	愛知縣產夢吟香	日本酒度	+3
精米比例	58%	酒精度數	15～
使用酵母	MO3・協會1601號		16度

釀造適合愛知縣飲食文化的酒

自寬文5（1665）年創業以來，持續釀造扎根當地飲食文化的酒款。原本是釀造醬油和味噌的商家，因此努力釀造適合溜味噌等愛知縣飲食的酒。為保留酒米原有的鮮味，特地以無過濾方式釀出這款純米吟釀，香氣十分溫和。建議溫燗。

這款也強力推薦！

盛田 純米 AR4

純米酒

原料米 愛知縣產若水／精米比例 68%／使用酵母 櫻酵母／日本酒度 －44／酒精度數 12～13度

如白酒般
充滿果實風味的地酒

這款純米酒是使用與愛知產業科學技術綜合中心共同研發的名大櫻酵母釀造而成。口味酸酸甜甜並充滿水果風味。

愛知
丸井
江南市

樂之世 本釀造

本釀造酒

DATA	
原料米	山田錦等
精米比例	70%
使用酵母	協會7號
日本酒度	+1
酒精度數	15.5度

帶有山廢釀造特有濃厚芳醇風味的本釀造酒

寬政2(1790)年創業。以木曾川的伏流水為釀造用水，並由但馬杜氏以傳統的山廢釀造法釀酒。「樂之世」一名來自舊丹羽郡樂田村的地名。這款本釀造酒充滿山廢釀造的濃厚芳醇風味，加熱成燗酒可以增加甜度。

這款也強力推薦！

樂之世 本釀造原酒

本釀造原酒

原料米 山田錦等／精米比例 70%／使用酵母 協會7號／日本酒度 +1／酒精度數 20度

充滿懷舊滋味的日本酒

利用山廢酵母使米確實發酵，完成豐郁濃醇的滋味。建議以溫燗或冷酒方式，搭配紅燒魚等料理一起品嚐。

愛知

愛知
勳碧酒造
江南市

勳碧 純米大吟釀 無過濾原酒

純米大吟釀酒

DATA			
原料米	山田錦	日本酒度	+2.5
精米比例	50%	酒精度數	16.8度
使用酵母	協會10號		

整體風味充滿酵母的香氣

全程採手工釀造的酒。藏元堅守上一代杜氏的教導，以日式鍋釜進行蒸米作業。釀造用水是從100公尺的地下汲取木曾川的伏流水，完全不添加任何東西。這款酒充滿10號酵母深奧的香氣。建議以冷飲或冷酒方式飲用。

這款也強力推薦！

勳碧 冰溫熟成酒 純米吟釀原酒

純米吟釀酒

原料米 麴米：夢吟香·掛米：愛知之香／精米比例 60%／使用酵母 M310酵母／日本酒度 +3~4／酒精度數 17.2度

鮮味四溢
藏元最有人氣的酒

這款酒的香氣內斂，酸味與苦味較低，豐盈的鮮味會在口中慢慢擴散開來。這是酒藏最有人氣的酒。

愛知
內藤釀造
稻澤市

木曾三川 純米大吟釀 桃源鄉

純米大吟釀酒

DATA			
原料米	山田錦	日本酒度	±0
精米比例	35%	酒精度數	15度
使用酵母	協會1801號		

帶有爽口的甜味與鮮味，適合搭配料理

創業於文政9（1826）年。自2011年起，由自家員工以少量生產方式進行釀造。這款「桃源鄉」是餐中酒，非常重視酒質，將「山田錦」精磨後，再以木曾川的伏流水釀成。充滿高雅的吟釀香與清新的甜味。鮮味十分爽口，很適合搭配料理。

這款也強力推薦！

木曾三川 純米酒

純米酒

原料米 夢山水／精米比例 60%／使用酵母 協會1401號／日本酒度 −3／酒精度數 15度

堅持使用愛知縣的
米和水釀造的地酒

淡淡的香氣中帶有酒米的鮮味，口感十分清爽。從釀麴到裝瓶一律以手工採少量生產方式釀造。為藏元的人氣酒款。

55

長珍 純米大吟釀 祿

純米大吟釀酒

DATA

原料米	山田錦	日本酒度	不公開
精米比例	40%	酒精度數	16度
使用酵母	不公開		

尾韻俐落、香氣高雅，酒藏的代表酒款

這家酒藏以「重質不重量」為座右銘，創業一百幾十年來，仍堅持以手工釀酒。「長珍」一名隱含了「能長長久久受到世人珍愛的美酒」之意。這款「祿」具有高雅溫和的含香，而且尾韻俐落。從冷飲至溫爛都很好喝。

這款也強力推薦！

長珍 特別純米酒

特別純米酒

原料米 山田錦・五百萬石等／精米比例 60%／使用酵母 不公開／日本酒度 不公開／酒精度數 16度

具有熟成所產生的沉穩風味

這款純米酒具有扎實的酒米鮮味與熟成所帶來的沉穩風味。可搭配魚類&肉類料理與燉煮料理。從冷飲至熱爛皆宜。

SUSHISAKE 神鶴 純米大吟釀

純米大吟釀酒

DATA

原料米	山田錦	日本酒度	+4〜5
精米比例	40%	酒精度數	15.5度
使用酵母	協會1801號		

為突顯壽司美味所釀造的酒

為了突顯代表日本飲食文化的壽司美味，而釀出這款最頂級的日本酒。能抑制魚類特有的腥味，也能突顯壽司食材原有的美味。這款純米大吟釀是使用木曾川的水與「山田錦」為原料，花費時間慢慢釀成的最頂級清酒。具有清爽的果香。

這款也強力推薦！

SUSHISAKE 神鶴 大吟釀

大吟釀酒

原料米 山田錦／精米比例 40%／使用酵母 協會1801號／日本酒度 +4〜5／酒精度數 16.5度

爽口的大吟釀同樣適合搭配壽司

這款酒添加了釀造酒精，酒精度數比純米大吟釀酒高。特色是帶有奢華的香氣與淡麗的風味。

千瓢 大吟釀

大吟釀酒

DATA

原料米	山田錦	日本酒度	+3
精米比例	40%	酒精度數	16度
使用酵母	不公開		

酒名來自秀吉馬印的奢華酒款

江戶末期創業。保有一部分當時的酒藏，而且目前仍在使用。以「釀造能讓人開心喝醉的酒」為目標，全家同心協力一起釀酒。「千瓢」取自鄉土英雄豐臣秀吉馬印上的「千成瓢簞」。具有奢華的吟釀香與濃醇的風味，建議以冷酒方式飲用。

這款也強力推薦！

千瓢 純米吟釀

純米吟釀酒

原料米 飛驒譽／精米比例 60%／使用酵母 不公開／日本酒度 +2／酒精度數 17度

冷酒、爛酒皆美味的純米吟釀

這款釀酒帶有淡淡的香氣與酒米扎實的鮮味。酸味適中，喝起來帶有甜味且十分清爽。不論冷酒或加熱成爛酒都美味。

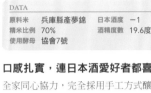

平勇 正宗 黑松 原酒

愛知
渡邊酒造

愛西市

DATA			
原料米	兵庫縣產夢錦	日本酒度	−1
精米比例	70%	酒精度數	19.6度
使用酵母	協會7號		

口感扎實，連日本酒愛好者都喜愛

全家同心協力，完全採用手工方式釀酒的酒藏。將蒸籠放進日式鍋釜裡蒸米，並以手工方式進行釀造麴與醪的作業。這款原酒可以感受到酒米扎實的鮮味，是連日本酒愛好者都喜愛的口味。很適合加入冰塊享用。

〜〜〜 這款也強力推薦！ 〜〜〜

香穗之酒 特別純米酒

特別純米酒

愛知

原料米 愛知縣產若水／精米比例 60%／使用酵母 協會9號／日本酒度 +2／酒精度數 15.8度

用愛知的米和滿滿愛情釀造的酒

以愛知縣產的酒造好適米「若水」為原料的「香穗之酒」，是由愛知的人與風土共同釀出的酒。米的鮮味會在口中擴散開來。

義俠 純米原酒60%

純米酒

愛知
山忠本家酒造

愛西市

DATA			
原料米	東条特A地區產山田錦	使用酵母	協會9號
		日本酒度	+4
精米比例	60%	酒精度數	16.8度

帶有酒米扎實鮮味的強勁酒款

這家酒藏的釀酒理念是「將米擁有的力量徹底發揮出來」。不但自行精米，還充分掌握每一年的稻米特徵，以每10公斤分裝後進行手洗，堅持採用昔日傳承下來的製法。

「義俠」純米原酒60%是深受地酒粉絲與日本酒愛好者支持的經典款。全量使用兵庫縣東条特A地區產的「山田錦」，並以木曾御岳的地下伏流水為釀造用水，釀出擁有扎實酒米鮮味的強勁酒款。愈喝愈能感受到富有深度的味道與鮮明的酸味。從冷飲至溫燗，不論以哪種溫度飲用都無損鮮味，非常好喝。

〜〜〜 這款也強力推薦！ 〜〜〜

義俠 純米吟釀原酒 侶

純米吟釀酒

原料米 東条特A地區產山田錦／精米比例 60%／使用酵母 協會10號／日本酒度 −1／酒精度數 13.9度

雖是原酒卻是低酒精度數的旨口酒

雖然是原酒，但酒精度數不高，喝起來口感很輕快又能感受到鮮味。散發溫和的吟釀香，充滿活用「山田錦」特色的馥郁風味。酸味帶來後韻。從冷飲至溫燗，可享受不同溫度的風味。

愛知 山田酒造

純米酒 **最愛**

純米酒

DATA

原料米	若水	日本酒度	+4
精米比例	60%	酒精度數	15.9度
使用酵母	協會1801號		

加冰塊或加熱成爛酒都美味的純米酒

這家酒藏創業於明治4（1871）年。在自古就盛行釀酒的海部・津島地區，專門釀造特定名稱酒。「最愛」是使用愛知縣的酒造好適米「若水」與木曾川的伏流水釀造而成，具有高雅的香氣與深奧的風味。加冰塊或加熱成爛酒都很美味。

海部郡蟹江町

這款也強力推薦！

純米吟釀 **醉泉**

純米吟釀酒

原料米 山田錦／精米比例 50%／使用酵母 協會1801號／日本酒度 +4／酒精度數 17.1度

重視鮮味的深奧風味

這款純米吟釀被評為「味吟釀」，屬於「風味」略勝香氣一籌，重視吟釀酒原有的「鮮味」勝過輕快口感的酒。

愛知 中埜酒造

超特撰 **國盛** 中埜 純米大吟釀

純米大吟釀酒

DATA

原料米	山田錦	日本酒度	+2
精米比例	40%	酒精度數	15度
使用酵母	吟釀酵母		

藏元自豪的最頂級芳醇麗酒

這家酒藏於弘化元（1844）年，在以「知多酒」聞名的銘釀地知多半島創業。國盛具有「祈禱國家繁榮與酒藏釀酒業興盛」之意。這款純米大吟釀是以山田錦為原料米，具有調和的芳醇香氣與豐盈的滋味。

半田市

這款也強力推薦！

特撰 **國盛** 彩華 大吟釀

大吟釀酒

原料米 酒造好適米／精米比例 50%／使用酵母 吟釀酵母／日本酒度 +3／酒精度數 15度

適合在晚酌時加冰塊飲用的大吟釀

這款藏元追求釀造出「香氣豐郁、口味深奧、尾韻俐落的酒款」。這款大吟釀的香氣極高，帶有果香般的吟釀香，十分爽口。

愛知 丸一酒造

純米大吟釀 **星泉 五百萬石**
（ほしいずみ）

純米大吟釀酒

DATA

原料米	五百萬石	日本酒度	+3
精米比例	50%	酒精度數	15～16度
使用酵母	協會16號		

清澈水質帶來的清涼滋味

這家酒藏於大正6（1917）年，在自古就是知名優質米產地的知多半島阿久比町創業。由於此地有豐沛清澈的地下水湧出，因此又被稱為「螢之鄉」。這款具有奢華香氣的純米大吟釀，特色是口味清爽、尾韻俐落。

知多郡阿久比町

這款也強力推薦！

純米 **星泉**（ほしいずみ）

純米酒

原料米 若水／精米比例 60%／使用酵母 協會17號／日本酒度 +1／酒精度數 15～16度

風味輕快溫和的地酒

「星泉」是從水井汲取釀造用水時，因星星映照在水面而得名。帶有淡淡的吟釀香，風味輕快溫和。

生道井 純米吟醸 衣浦若水

<table>
<tr><th colspan="2">DATA</th></tr>
<tr><td>原料米　愛知縣產若水</td><td>日本酒度　+1</td></tr>
<tr><td>精米比例　60%</td><td>酒精度數　16度</td></tr>
<tr><td>使用酵母　FIA-2</td><td></td></tr>
</table>

與知多半島的新鮮魚貝類十分對味

安政2（1855）年創業。採用傳統方式釀酒，像是使用杉木蒸籠蒸米，並用木槽搾酒。以和當地農家契作栽培的若水為原料米，釀出具有奢華香氣與酒米鮮味的酒。不僅適合搭配知多半島的新鮮魚貝類，和牛排等肉類料理也十分對味。

愛知
原田酒造
知多郡東浦町

這款也強力推薦！

生道井 純米吟醸 美好相逢
（よき出逢いを）

原料米 JA南砺產五百萬石／精米比例 60%／使用酵母 協會17號／日本酒度 +1／酒精度數 15度

搭配義大利料理也很對味的爽口酒

以富山縣JA南砺產的「五百萬石」為原料米，不僅提引出酒米的鮮味，還帶有清爽的香氣。很適合搭配和食與義大利料理。

愛知

純米吟醸 清須

<table>
<tr><th colspan="2">DATA</th></tr>
<tr><td>原料米　日本國產米</td><td>日本酒度　+1</td></tr>
<tr><td>精米比例　58%</td><td>酒精度數　15度</td></tr>
<tr><td>使用酵母　協會酵母</td><td></td></tr>
</table>

口味清爽，適合搭配清淡的料理

嘉永6（1853）年創業，致力於釀造適合日常飲用的酒款。「清須」獲得「最適合用葡萄酒杯品飲的日本酒大獎2015」的金賞。屬於口感滑順、酸味柔和輕快的辛口味。建議冰鎮後搭配毛豆、涼拌豆腐等清淡料理一起享用。

愛知
清洲櫻釀造
清須市

這款也強力推薦！

濃姬之里 隱吟醸
（隠し吟醸）

原料米 日本國產米／精米比例 60%／使用酵母 ALPS酵母／日本酒度 +1／酒精度數 15度

可當日常酒飲用 如珠玉般的吟醸酒

具有吟醸酒特有的芳醇果香，屬於口感清爽的淡麗酒。風味高雅，可當作日常酒飲用。

純米大吟醸 若水穗

<table>
<tr><th colspan="2">DATA</th></tr>
<tr><td>原料米　若水</td><td>日本酒度　+2.5</td></tr>
<tr><td>精米比例　45%</td><td>酒精度數　16.5度</td></tr>
<tr><td>使用酵母　自社酵母</td><td></td></tr>
</table>

以當地的米、水、技術孕育出的自豪酒款

文化2（1805）年創業。酒藏所在地的安城市擁有優質的米和水源，加上冬季風土與氣候很適合釀酒，為日本一大銘釀地。為釀造不輸他人的地酒，以當地產的若水米與從水井汲取的矢作川伏流水來釀酒。具有酒米奢華豐郁的滋味。

愛知
神杉酒造
安城市

這款也強力推薦！

人生劇場 山廢純米

原料米 若水／精米比例 70%／使用酵母 協會701號／日本酒度 +7／酒精度數 18.5度

意識味噌文化 所釀出的濃醇風味

採用與八丁味噌等當地飲食文化十分契合的山廢釀造法。這款酒帶有金黃色澤，鮮味與酸味融合成濃醇的風味。

相生（あいおい） 大吟醸 相生乃松

愛知
相生UNIBIO
西尾市

大吟醸酒

DATA

原料米	山田錦	日本酒度	−1.5
精米比例	40%	酒精度數	16.5度
使用酵母	協會1801號		

帶有豐郁的鮮味，適合搭配割烹料理

在三河地區經營超過140年的老字號味醂釀造商，以特有的發酵技術與傳承下來的製法來釀造日本酒。這款大吟醸很適合搭配割烹料理等和食，而精米後帶有的鮮味與清淡的料理也十分對味。建議當作餐後酒飲用。

▨▨▨▨ 這款也強力推薦！ ▨▨▨▨

相生（あいおい） 吟醸 古原酒

吟醸酒

原料米 五百萬石・雄町・夢山水／精米比例 55%／使用酵母 協會1401號・協會1801號／日本酒度 +2／酒精度數 17.5度

這款熟成酒適合搭配具有特色的食材

將吟醸原酒花5年時間，利用低溫貯藏方式進行熟成。這款酒的特色是具有歲月帶來的琥珀色調。

純米吟醸原酒 尊皇

愛知
山崎（山﨑）
西尾市

純米吟醸酒

DATA

原料米	夢山水	日本酒度	+2
精米比例	60%	酒精度數	17.5度
使用酵母	不公開		

很適合搭配重口味的料理

位在風光明媚的三河灣國定公園中心的幡豆地區。以絕不妥協的職人精神利用大自然資源來釀造美酒。「尊皇」是藏元的招牌酒。以愛知縣的酒造好適米「夢山水」與三根山麓的伏流水釀造的這款濃醇酒，最適合搭配名古屋的鰻魚飯和土雞料理。

▨▨▨▨ 這款也強力推薦！ ▨▨▨▨

夢山水十割 奧

純米吟醸酒

原料米 夢山水／精米比例 60%／使用酵母 不公開／日本酒度 +2／酒精度數 18.5度

具有奢華感與濃醇感的自信傑作

全量使用與奧三河的農家契作栽培的「夢山水」，目標是釀出濃醇的酒。這款酒具有奢華的香氣與濃稠的滋味。

大吟醸 德川家康

愛知
丸石釀造
岡崎市

大吟醸酒

DATA

原料米	山田錦	日本酒度	+4
精米比例	40%	酒精度數	17.3度
使用酵母	不公開		

如家康般威風凜凜的大吟醸

這家擁有超過320年歷史的酒藏位在家康的故鄉岡崎，據說這裡也是八丁味噌的發源地。將最頂級的「山田錦」經過高精白處理後，以低溫慢慢發酵，釀出不輸「德川家康」名號、香氣馥郁且高雅的酒。獲得10次日本全國新酒鑑評會金賞。

▨▨▨▨ 這款也強力推薦！ ▨▨▨▨

純米吟醸 三河武士

純米吟醸酒

原料米 夢吟香／精米比例 55%／使用酵母 協會701號／日本酒度 +3／酒精度數 16.5度

鮮味與酸味互相平衡在口中慢慢擴散

採用愛知縣的新品種酒米「夢吟香」為原料米釀造而成。這是一款可以充分品嚐到酒米鮮味以及香氣的酒。

清酒 四天王 純米吟釀 頑固者
（いっこく）

DATA

原料米	愛知縣產米	日本酒度	+4
精米比例	60%	酒精度數	15.5度
使用酵母	協會9號		

頑固地追求美味
釀製而成的純米酒

文久2（1862）年創業當時為味醂釀造商，直到昭和29（1954）年才開始釀造清酒四天王，至今仍然堅守創業當時傳承下來的製法。可以從被指定為重要文化財的舊本社和酒藏等雄偉建築看出歷史。

「いっこく」意指頑固者。一如酒名所示，這是一款頑固地追求美味所釀造的酒。帶有豐盈的滋味與順喉的清爽鮮味，水潤的酸味會在口中久久縈繞不去。冰鎮過後可使甜味與鮮味增加，加熱成溫爛則會呈現圓潤的風味。適合搭配豆腐和豆皮、白肉魚生魚片等口味清淡的料理。

▨▨▨▨ 這款也強力推薦！ ▨▨▨▨

清酒 四天王

本釀造 名古屋正宗

原料米 愛知縣產米／精米比例 70%／使用酵母 協會9號／日本酒度 +6／酒精度數 15度

不輸給名古屋料理的
濃口酒

以愛知縣產的酒米「若水」為原料，在寒冷的伊吹落山風吹拂下釀成的本釀造酒。這款濃口酒突顯出清酒的鮮味，很適合搭配雞翅和味噌烏龍麵等口味較重的名古屋料理一起享用。

四海王 純米大吟釀 山田錦BY

DATA

原料米	山田錦	日本酒度	+2
精米比例	50%	酒精度數	15度
使用酵母	協會14號		

口感輕快卻帶有深奧的滋味

明治45（1912）年在渥美半島的福江，向武家宅邸借用井水釀酒而創業。1952年搬遷至現址，並從地下150公尺處汲取井水來釀酒，井水的水源是來自天龍川。這款花半年時間以低溫熟成的純米大吟釀帶有柔滑的口感，風味既輕快又扎實。

▨▨▨▨ 這款也強力推薦！ ▨▨▨▨

四海王 純米大吟釀 夢吟香50%

原料米 夢吟香／精米比例 50%／使用酵母 協會18號／日本酒度 +1／酒精度數 15度

柔和的口感
讓人一杯接一杯

這款酒可以享受到每一粒米的柔和鮮味，加上使用富含礦物質的軟水為釀造用水，讓人忍不住一杯接一杯。

愛知

酛酛（酛々）純米大吟釀

伊勢屋商店

豐橋市

純米大吟釀酒

DATA			
原料米	夢吟香	日本酒度	±0
精米比例	50%	酒精度數	15～16度
使用酵母	協會1801號		

使用家康也喝過的湧泉釀造的地酒

使用據說德川家康曾喝過的「榮川之泉」為釀造用水，並由第4代老闆以傳承自但馬杜氏的技術，釀造能搭配料理一起享用的地酒。「酛酛」擁有純米大吟釀特有的果香與風味，冰鎮之後更能感受到水潤的口感。

////// 這款也強力推薦！//////

純米酒 不老門

純米酒

原料米 豐橋產一般米／精米比例 65%／使用酵母 FIA-1／日本酒度 +4／酒精度數 15～16度

創業後持續釀造至今代表酒藏的純米酒

自大正9（1920）年創業時便持續釀造，為酒藏的代表品牌之一。這款偏辛口的酒很適合搭配料理，不論冷酒或燗酒都好喝。

愛知

別撰 蓬萊泉

關谷釀造

北設樂郡設樂町

DATA			
原料米	一般米	使用酵母	不公開
	酒造好適米	日本酒度	不公開
精米比例	60%	酒精度數	15度

添加自製燒酒釀製的講究酒款

元治元（1864）年於奧三河創業。目標是以自行精米方式釀造高品質的酒，近年來更致力於自行栽種酒米。將採吟釀釀造法以低溫發酵的原酒，添加自製的燒酒而非釀造酒精，完成這款鮮味十足，讓人百喝不膩的酒。

////// 這款也強力推薦！//////

蓬萊泉 純米大吟釀 空

純米大吟釀酒

原料米 山田錦／精米比例 麴米40%・掛米45%／使用酵母 不公開／日本酒度 不公開／酒精度數 15度

費工費時釀出的藏元名品

在果實與花朵般芳醇的吟釀香後，緊接而來的是酒米的鮮味與豐富的甜味。口感十分清爽舒暢。

愛知

金鯱 大吟釀

盛田金鯱酒造

半田市

大吟釀酒

DATA			
原料米	山田錦	日本酒度	+2
精米比例	40%	酒精度數	16～17度
使用酵母	協會1801號		

繼承具歷史的酒藏後繼續細心釀酒

2010年繼承嘉永元（1848）年創業的天埜酒造後，持續在具有歷史的酒藏，以手工方式結合全新技術來釀酒。使用知多半島的伏流水為釀造用水，並以「山田錦」為原料釀造的這款大吟釀，具有奢華的香氣與輕快柔和的口感。以冷酒飲用最美味。

////// 這款也強力推薦！//////

金鯱 山田錦 吟釀

吟釀酒

原料米 山田錦／精米比例 60%／使用酵母 協會1401號等／日本酒度 +5／酒精度數 15～16度

帶有淡淡的香氣與輕快的順喉感

以吟釀釀造法慢慢釀成的這款酒，帶有淡淡的香氣與舒暢的順喉感。可用冷酒方式飲用，加熱溫燗可使味道更溫和。

三重

清水清三郎商店

鈴鹿市

作 雅乃智 中取

純米大吟釀

DATA

原料米	山田錦	日本酒度	+1
精米比例	50%	酒精度數	16度
使用酵母	自社酵母		

充滿花香與纖細優雅的風味

明治2（1869）年創業。繼承伊勢杜氏的傳統，並由出身鈴鹿的杜氏負責釀酒。這款「作」的名字帶有「由相遇的人共同釀製的酒」之意。使用伊勢平原的優質米與鈴鹿山系清澈的伏流水釀造而成。

「作 雅乃智 中取」是去除壓搾過程中最先取得的荒走與最後取得的責，只取中間最清澈的中取部分裝瓶。充滿花香與纖細優雅的風味。淡淡的辛味與溫和的甜味會在口中化開並慢慢地消失。建議冰鎮後當作餐前酒或乾杯酒飲用。

作 穗乃智

純米酒

原料米 日本國產米／精米比例 60%／使用酵母 協會14號／日本酒度 +3／酒精度數 15度

帶有香甜氣味且尾韻俐落的辛口純米酒

這支酒是「作」系列中的經典酒款，直接呈現出米的美味。含一口在嘴裡，像香蕉一般的甜甜香氣便會擴散開來。這款辛口純米酒擁有適中的口感，不僅順喉且後韻清爽俐落。

三重

後藤酒造場

桑名市

青雲 純米大吟釀

純米大吟釀酒

DATA

原料米	三重縣產山田錦	使用酵母	自社酵母
		日本酒度	+2
精米比例	40%	酒精度數	16～17度

充滿吟釀香的桑名酒

這家酒藏於大正6（1917）年在木曾三川的河口城市「桑名」創業。原料米主要使用三重縣產的「山田錦」與「神之穗」，目標是釀出能品嚐到酒米鮮味的酒。這款由藏元杜氏夫婦親手釀造的純米大吟釀，具有豐富的吟釀香與柔和的鮮味。

颯 純米吟釀 神之穗

純米吟釀酒

原料米 神之穗／精米比例 55%／使用酵母 自社酵母／日本酒度 +2／酒精度數 16度

神之穗的鮮味在口中擴散開來

這款純米吟釀酒是以三重縣特有的酒米「神之穗」釀造，具有清爽的順喉感與溫和的鮮味。建議以冷酒方式飲用。

噴井 大吟醸

DATA

原料米	三重縣產 山田錦	使用酵母	自社酵母
精米比例	40%	日本酒度	+5
		酒精度數	16度

冰鎮後清爽的辛味更明顯

這家酒藏位在鈴鹿山脈山腳下的櫻地區，這裡有鈴鹿山脈豐富的伏流水流經花崗岩，屬於優質水源地。天保元（1830）年，出身富農的第一代老闆開始以進貢米釀酒。這款以精米過的米釀造的大吟釀，正是酒藏的代表作。

這款也強力推薦！

噴井 純米

原料米 神之穗／精米比例 65%／使用酵母 協会7號／日本酒度 +5／酒精度數 15度

俳句中曾吟詠過
以名水釀造的地酒

這款酒是以名水與三重產的「神之穗」釀造。清爽的口感中仍能感受到濃郁風味。冰鎮後很美味，加熱成爛酒則可加深風味。

海女神 純米吟釀酒

DATA

原料米	山田錦	日本酒度	+2
精米比例	50%	酒精度數	15度
使用酵母	不公開		

提供日本酒給伊勢志摩高峰會使用

自弘化3（1846）年創業當時，便是三重縣內最大的綜合酒商。「海女神」100%使用「山田錦」，並以長期低溫發酵方式釀造，帶有淡淡的清爽甜味。建議冰鎮後飲用。另一款「宮之雪」純米酒是提供給伊勢志摩高峰會使用的酒款。

這款也強力推薦！

宮之雪 酒魂 純米大吟釀酒

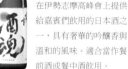

原料米 山田錦／精米比例 40%／使用酵母 不公開／日本酒度 +2.5／酒精度數 15度

具有奢華香氣的
高峰會餐酒

在伊勢志摩高峰會上提供給嘉賓飲用的日本酒之一，具有奢華的吟釀香與溫和的風味。適合當作餐前酒或餐中酒飲用。

初日 中取 大吟釀

DATA

原料米	三重縣產 山田錦	使用酵母	不公開
		日本酒度	+4
精米比例	40%	酒精度數	17～未滿18度

具優質透明感的爽口大吟釀

利用伊勢釀造的技法與但馬杜氏的技術，以釀製「受當地人喜愛的故鄉銘酒」為座右銘。釀造用水是使用久居台地湧出的布引山系雲出川的伏流水。這款大吟釀只取優質的中取部分，帶有清爽的吟釀香與清透的風味。

這款也強力推薦！

初日 中取 純米大吟釀

原料米 三重縣產山田錦／精米比例 40%／使用酵母 不公開／日本酒度 +3／酒精度數 16～未滿17度

品質極佳的
奢侈酒款

這款奢侈的純米大吟釀是使用三重縣生產的「山田錦」釀造，在壓搾酸的過程中只取中取部分裝瓶。具有溫和的香氣。

三重

元坂酒造

多氣郡大台町

酒屋八兵衛 純米酒

純米酒

DATA	
原料米	五百萬石
精米比例	60%
使用酵母	MK-1
日本酒度	+5
酒精度數	15.5度

散發酒米溫和鮮味的地酒

這家酒藏創業於文化2（1805）年，採藏元兼杜氏的制度，以釀造純米酒為主。這款純米酒使用「五百萬石」與宮川的伏流水釀造而成，可以品嚐到酒米原有的鮮味與溫和的口感。尾韻乾淨俐落。加熱成爛酒也很美味。

░░░░░░ 這款也強力推薦！ ░░░░░░

酒屋八兵衛 山廢純米酒

純米酒

三重

原料米 五百萬石・山田錦／精米比例 60%／使用酵母 MK-1／日本酒度 +5／酒精度數 15～16度

風味富有深度，讓人喝不膩的餐中酒

風味富有深度，山廢特有的酸味會在口中擴散。尾韻俐落且帶有濃郁感，讓人喝再多也不膩。從冷飲至溫爛皆宜。

三重

伊勢萬

伊勢市

伊勢慶酒 托福（おかげさま）

DATA			
原料米	不公開	日本酒度	不公開
精米比例	40%	酒精度數	15～未滿16度
使用酵母	不公開	日本酒的類型	爽酒

來伊勢參拜時很受歡迎的伴手禮地酒

這家伊勢市內唯一的藏元，位在伊勢神宮內宮前的托福橫丁（おかげ橫丁）。使用流經神宮神域的五十鈴川伏流水來釀造伊勢地酒。這款「托福」是很有人氣的伊勢伴手禮，口感溫和、後韻清爽，風味十分高雅。建議以冷酒方式飲用。

░░░░░░ 這款也強力推薦！ ░░░░░░

天下之辛口 老綠

原料米 不公開／精米比例 不公開／使用酵母 不公開／日本酒度 不公開／酒精度數 15～16度

江戶時代延續至今的清爽辛口酒

這款尾韻俐落的辛口酒，不論冷飲或加熱成爛酒都很美味。入喉口感清爽，很適合搭配風味清淡的海鮮等料理。

三重

大田酒造

伊賀市

半藏 大吟釀 伊賀山田錦

大吟釀酒

DATA			
原料米	三重縣產山田錦	日本酒度	+4
精米比例	40%	酒精度數	16度
使用酵母	協會9號系	日本酒的類型	爽酒

具有哈密瓜香氣的高雅大吟釀

這家酒藏位在以「忍者的故鄉」而聞名的伊賀，採手工方式少量釀酒。這款大吟釀使用伊賀產的「山田錦」為原料，徹底以手工方式精心釀造。具有哈密瓜的香氣，風味十分高雅。連續3年獲得「最適合用葡萄酒杯品飲的日本酒大獎」金賞。

░░░░░░ 這款也強力推薦！ ░░░░░░

半藏 純米大吟釀 神之穗

純米大吟釀酒

原料米 神之穗／精米比例 50%／使用酵母 MK-3／日本酒度 +2／酒精度數 15度

MADE IN三重的清爽美酒

使用三重縣研發出的酒米「神之穗」與三重酵母，釀出扎根當地的純米大吟釀。帶有柔和的風味與俐落的尾韻。

而今 特別純米

特別
純米酒

DATA

原料米	麴米：山田錦	
	掛米：八反錦·五百萬石	
精米比例 60%		日本酒度 ±0
使用酵母 自社酵母		酒精度數 16度

天然的鮮味與酸味互相調和
喝起來舒服宜人的一支酒

文政元（1818）年創業。將超過200年歷史的酒藏保留下來，以傳統製法進行少量釀造。這款「而今」是第6代藏元杜氏在平成17（2005）年推出的新款，名稱隱含「不受過去與未來限制，竭盡全力活在當下」之意。使用「山田錦」等數種米，並活用不同酒米的特性釀造而成。這款經典的特別純米酒，特色是口感水潤，並帶有清爽的香氣。天然的鮮味與酸味互相調和，很適合搭配料理一起享用。建議稍微冰鎮後再飲用。

這款也強力推薦！

而今 純米大吟釀

純米
大吟釀酒

原料米 山田錦／精米比例 40%／使用酵母 自社酵母／日本酒度 ±0／酒精度數 16度

口感濃密
後韻輕快俐落

這支純米大吟釀被譽為而今系列中最頂級的酒款，散發出果實般的奢華香氣，並帶有水潤濃密的口感。甜味、酸味與鮮味完美調和，後韻十分輕快俐落。建議稍微冰鎮一下，在紀念日或特別的日子裡享用。

純米吟釀 義左衛門

純米
吟釀酒

DATA

原料米	米：日本國產米	使用酵母	自社酵母
	米麴：日本國產米	日本酒度	+2
精米比例 60%		酒精度數	15度

十幾種酵母釀出風味纖細的吟釀酒

這家酒藏創業於嘉永6（1853）年。「義左衛門」一名取自第7代老闆義左衛門的名字。使用十幾種酵母釀造，完成充滿高雅香氣，風味纖細且富有深度的酒款。可以突顯料理的美味，餘韻也很清爽。

這款也強力推薦！

純米吟釀 真秀

純米
吟釀酒

原料米 五百萬石／精米比例 53%／使用酵母 自社酵母／日本酒度 +1.5／酒精度數 16度

大自然恩賜孕育出的
巧妙風味

使用酒藏自有的天然乳酸菌，花時間慢慢培養酒母後釀出的酒。具有溫和的香氣與濃郁深奧的風味。

天下錦 純米大吟醸

三重
福持酒造場
名張市

純米大吟釀酒

DATA

原料米	三重縣產 山田錦	使用酵母	MK-3
精米比例	40%	日本酒度	−2～−3
		酒精度數	15.5度

名張的地酒，風味輕盈且富含果香

這家酒藏全量使用三重縣產的「山田錦」來釀酒。位在風光明媚的宇陀川北岸，堅持使用軟水釀造出「輕快」、「美味」、「清爽」的酒。這款使用三重縣酵母釀造的純米大吟釀充滿了果香，風味十分溫和圓潤。建議以冷酒或冷飲方式飲用。

これ款也強力推薦！

天下錦 本釀造無過濾生原酒

本釀造酒

原料米 三重縣產山田錦／精米比例 70%／使用酵母 協會701號／日本酒度 −2／酒精度數 19度

各種溫度都好喝的豐富滋味

這款生原酒不經過火入作業，也沒有使用活性碳過濾，風味十分清新且滋味豐富。從冷飲至熱燗，適合以各種溫度飲用。

三重

瀧自慢 滝水流 辛口一徹純米

三重
瀧自慢酒造
名張市

純米酒

DATA

原料米	山田錦 五百萬石	使用酵母	協會9號系
精米比例	60%	日本酒度	＋9
		酒精度數	15度

風味清爽、適合搭配和食的極品辛口酒

這家從明治時代延續至今的藏元位於伊賀盆地，這裡的氣候冷熱溫差大，並擁有優質的水與米。使用獲選為「平成名水100選」的赤目四十八滝的伏流水，並由少數精銳以傳統方式釀酒。這款辛口純米酒充滿米的鮮味，並擁有絕佳的尾韻。

これ款也強力推薦！

瀧自慢 純米大吟醸

純米大吟釀酒

原料米 山田錦／精米比例 45%／使用酵母 協會9號系／日本酒度 ＋2／酒精度數 16度

想和季節料理一起品嘗風味高雅的純米大吟釀

具有果實與花朵般的奢華吟釀香。喝起來口感十分溫和，柔和的甜味與苦味會在口中瀰散。建議稍微冰鎮後飲用。

COLUMN

酒器

讓氣氛更熱鬧的器皿

享受日本酒不可或缺的要素就是器皿。器皿所散發的氛圍是選擇酒器時的重要因素之一。倘若器皿富有情緒或玩心，還能讓飲酒時的心情更加高昂。這不僅只是理論，使用自己喜歡或外型魅力十足的酒器，不僅可以增添風味，還能使杯裡瓊漿玉液的滋味更上層樓。

這款是「鬼面盃」，外側設計成鬼臉，內側則為多福娃娃。意味著「將福氣納於掌心，鬼則屏除在外」，是相當吉祥的酒杯。

想要靜靜喝酒時，可用洋溢風情的酒壺與豬口杯優雅地品飲。

創造出「而今」的
老闆兼杜氏・大西唯克的
過往與今後。

西日本
的
焦點酒藏

三重縣名張市
木屋正酒造

喝到美味的酒時，總讓人忍不住心想：
「這瓶酒到底是什麼樣的人釀出來的？」
而對釀酒的人產生興趣。「而今」是三重
的酒中被評為特別好喝的酒。究竟老闆兼
杜氏的大西唯克先生，對釀酒抱持什麼態
度呢？

照片／野村優

68

木屋正酒造的老闆兼杜氏大西唯克先生。不同於外表溫和的態度與親切的笑容，他對釀酒擁有絕不妥協的信念。

「目前所做的事並非就是終點」
將乳製品大廠的教誨持續運用在釀酒上

關西地區的知名酒藏「木屋正酒造」。持續抓住愛酒人士芳心且大獲好評的代表品牌「而今」，是由現任老闆兼杜氏的大西唯克先生所親手打造的。

「甜味與酸味相融得宜，在水潤的口感之後可感受到舒暢的尾韻。我想釀造的酒就是即使不太喝日本酒的人，也會對這不同的風味感到驚奇。」

大西先生是在平成13（2001）年繼承酒藏。他畢業於東京大學理工系機械工學科。由於一開始就考量到未來可能會繼承家裡的酒藏，因此畢業之後便到乳製品大廠上班，希望學習發酵食品的製造方法等相關知識。在公司的經營方針下，剛畢業的大西先生被分發到乳製品工廠服務。他以一名工廠員工的身分，努力地學習專家製作產品時的態度。

「我被教導要懂得思考，不論是哪一項作業，都要思考為什麼要這麼做？還被教導目前所做的事並非終點，要隨時思考並找出可以改善的地方。」

大西先生將這項教誨徹底活用在釀酒的現場。

「自己想釀出什麼風味的酒？怎麼做才能釀出這種風味？對自己到目前為止能做的事，要隨時自問自答。」

員工衣服的背上印有「木屋正」的店名。目的是要每一名員工感受到自己背負著要維持住這間酒藏的酒味。

大西先生表示：「我想永遠站在第一線。」目前他也致力於培育年輕人。

即使「而今」誕生並穩坐人氣寶座
他仍野心勃勃地「想以釀酒者展現自己的特色」

4年後大西先生辭掉工作回到老家，並進入廣島的酒類綜合研究所。他與同世代的酒藏繼承人一起進行研修，學習從釀酒到經營的相關知識，學成後才開始負責老家的酒藏，不過一開始並不順利。

「頭2年，我跟著但馬杜氏學習釀酒的技術。但因為彼此對釀酒的看法完全不同，始終無法相互理解。」

大西先生以在工廠學到的經驗為基礎，試圖「將釀酒的資訊全部數據化，以便進行可視化管理」，不過但馬杜氏注重的是長年累積的經驗所培養出的直覺與感性。大西先生回顧當時狀況時表示，雖然現在已能明白「兩者都很重要」，可惜當時就是無法共享彼此的想法。

平成16（2004）年成為老闆兼杜氏後，大西先生終於推出符合自己想法的「而今」。並瞬間引爆人氣，確立了品牌酒的地位。「而今」一名來自禪語，意指不受過去

與未來限制，竭盡全力地活在當下。

大西先生表示成為杜氏之後，深感「責任、喜悅與懊悔都加倍了」。而目前的自己正站在新的分岔點。

「透過數字進行管理，在某種程度上仍需要彈性。以往自己只顧著思考如何改善味道上的缺點，但今後除了這個問題之外，我也想以釀酒者的身分展現出自己的特色。」

除了堅守主要的味道之外，大西先生也正慢慢嘗試新的挑戰。

「看到飲用者喝了之後驚呼『哇～！好好喝』，就是我最開心的時候。」

「而今」今後仍會持續推出令人驚豔的味道，而大西先生的挑戰精神也值得期待與持續關注。

東海
各式各樣的日本酒

在此介紹東海的古酒、濁酒與氣泡日本酒。

氣泡酒

岐阜縣 **天領酒造**

sma sma（すますま）

「すますま」是飛驒方言，意思是「無所不在」。意指碳酸氣泡會在整個口中擴散開來，屬於甘口酒。

岐阜縣 **蒲酒造場**

Janpan～日本～

這款喝起來像香檳的純米酒具有甘爽的口感，喝下後碳酸氣泡會在口中跳躍。充滿高級感的酒瓶設計也很美麗。

濁酒

愛知縣 **盛田**

ねのひ 藏搾 濁酒

這款濁酒的味道十分均衡，不會太濃，也不會太甜。口感清爽，十分易飲，很適合搭配重口味的料理。

三重縣 **瀧自慢酒造**

純米 濁生酒

這款濁生酒沒有經過火入作業，可以品嚐到生醪的風味，還能享受在瓶中二次發酵所產生的碳酸氣泡感。

古酒

岐阜縣 **平田酒造場**

飛驒之華 醉翁

這款略偏甘口的酒，因為長期熟成而轉變成美麗的琥珀色。很適合搭配重口味的中華料理和肉類料理。

愛知縣 **神之井酒造**

長期瓶熟成酒 大吟釀

使用兵庫縣產的山田錦（精米比例35％）釀造，並裝在瓶中熟成10年以上，形成滋味豐郁、帶有金黃色澤的酒。加熱成爛酒可享受釋放出的芳醇香氣。

近畿的酒

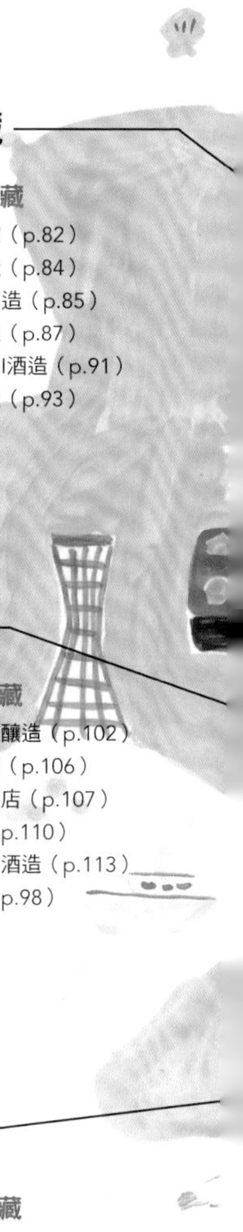

京都府

數一數二的銘釀地，大酒商在此設有酒藏

知名的銘釀地伏見擁有清澈的伏流水，而京都府裡將近50家的藏元，約有半數都集中在伏見地區。酒質的特色是柔軟水潤，相對於灘的「男酒」，這裡的酒被稱為「女酒」。近年來還出現使用京都產酒米「祝」和「京之輝」釀造的純米吟釀酒。

代表性酒藏
- 北川本家（p.82）
- 松本酒造（p.84）
- 玉乃光酒造（p.85）
- 藤岡酒造（p.87）
- HAKUREI酒造（p.91）
- 木下酒造（p.93）

兵庫縣

獨領風騷，日本第一的銘釀地

這裡是日本國內規模最大的日本酒生產地。尤其是灘地區，有5個地區聚集了許多酒藏，自古就被稱為灘五鄉，整個縣內約有80家藏元。擁有孕育出濃醇辛口酒質的六甲山伏流水，和以六甲落山風聞名的寒冷氣候，這裡同時也是酒米之王「山田錦」的產地，獨領風騷，不容仿效。

代表性酒藏
- 明石酒類釀造（p.102）
- 本田商店（p.106）
- 下村酒造店（p.107）
- 香住鶴（p.110）
- 辰馬本家酒造（p.113）
- 澤之鶴（p.98）

大阪府

江戶時代大有來頭的「下行酒」

自江戶時代就被稱為「天下的廚房」，釀酒文化隨著料理一起發展。從上方運到江戶的酒稱為「下行酒」，非常受歡迎。當時攝津、河內與和泉三州是知名的銘釀地，十分繁榮。目前大阪府內有16家酒藏。酒質清爽、風味深奧。

代表性酒藏
- 吳春（p.94）
- 山野酒造（p.96）
- 西條（p.97）

和歌山縣

使用「和歌山酵母」並重視釀酒品質

在和歌山、海南、御坊沿海一帶，以及紀之川流域約有30家酒藏。以釀造業來說，這裡是享譽盛名的醬油發源地。加上紀州梅十分有名，因此同時也是知名的梅酒產地。這裡的氣候溫暖，對釀造日本酒來說並非有利的環境，不過近年因研發出「和歌山酵母」，使得高品質的「紀州酒」逐漸打開知名度。

代表性酒藏
- 世界一統（p.121）
- 平和酒造（p.123）
- 九重雜賀（p.125）

滋賀縣

因研發共同品牌
而提升知名度的近江酒

關西代表性的米倉，也很盛行栽種酒米，培育出「玉榮」、「山田錦」、「吟吹雪」、「滋賀渡船6號」等酒米供縣內藏元使用。由縣內19家酒藏加盟組成的「近江銘酒藏元之會」，致力於研發以縣內特有酵母釀造出共同品牌的純米酒等，努力提升近江酒的品牌知名度。

代表性酒藏
●富田酒造（p.74）　　●上原酒造（p.79）

奈良縣

供奉日本酒神的
清酒發源地

這裡有供奉日本最古老酒神的大神神社，被認為是「日本清酒的發源地」。縣內共有29家藏元。近年來為重現昔日的繁華風采，開始利用日本酒原型的「菩提酛」來釀造酒母，並使用當地傳承的酒米「露葉風」，致力於釀出奈良酒獨特的風味。

代表性酒藏
●今西清兵衛商店（p.114）　●千代酒造（p.117）
●梅乃宿酒造（p.116）　　　●北村酒造（p.119）

七本鎗 純米14號酵母

滋賀
富田酒造
長濱市

滋賀

純米酒

DATA			
原料米	滋賀縣產 玉榮	日本酒度	＋4
		酒精度數	15度
精米比例	60%	日本酒的類型	醇酒
使用酵母	協會1401號		

具歷史的酒藏釀出
能以各種溫度品嚐的經典酒

這家全日本難得一見的老字號酒藏創業於天文年間，擁有超過460年的歷史。使用與當地農家契作栽培的原料米，以及從酒藏內汲取的井水來釀酒，為十分重視「在地化」的地酒釀造商。這款深受人們喜愛的純米酒為酒藏的經典酒款，酒米豐富的鮮味與扎實的酸味形成絕妙的平衡，擁有完成度很高、讓人百喝不膩的滋味。從冷酒至熱燗都十分美味，可以隨著溫度變化享受不同的風味，非常適合當成日常酒來飲用。

///// 這款也強力推薦！/////

七本鎗 純米 渡船

純米酒

原料米 滋賀縣產渡船6號／精米比例77%／使用酵母 協會901號／日本酒度 ＋7／酒精度數 15度／日本酒的類型醇酒

不過度精米
活用原料米特色的酒

早在明治28（1895）年就已誕生，卻因不易栽培而中斷種植的酒米「渡船」，直到平成16（2004）年被偶然發現種子才再度復活。為了保留夢幻酒米的鮮味，刻意將精米比例控制在77%，釀出這款具有酒米溫和鮮味與宜人酸味的純米酒。

純米吟釀 道灌

滋賀
太田酒造
草津市

純米
吟釀酒

DATA			
原料米	滋賀縣產山田錦	日本酒度	＋4
精米比例	55%	酒精度數	15.3度
使用酵母	協會901號	日本酒的類型	醇酒

由太田道灌的子孫釀造的近江銘酒

酒藏的祖先可追溯到負責建造江戶城的太田道灌。江戶末期為了有效利用領地上優質的近江米而開始釀酒，今日甚至將技術應用在釀造葡萄酒上。冠上祖先名的「道灌」純米吟釀具有適度的酸味與鮮味。建議以冷酒或溫燗方式當作餐中酒。

///// 這款也強力推薦！/////

特別純米 生原酒 道灌 渡船

特別
純米酒

原料米 滋賀縣產渡船6號／精米比例 60%／使用酵母 協會1401號／日本酒度 ＋2／酒精度數 17.8度

融合生原酒的甜味
與扎實的酸味

除了保留生原酒特有的酒米鮮甜滋味之外，還帶有扎實的酸味，整體風味十分清爽。

天井川 本釀造原酒 東海道草津宿

本釀造酒

古川酒造

草津市

DATA

原料米 日本晴	日本酒度 ±0
精米比例 70%	酒精度數 19.6度
使用酵母 協會701號	

使用當地米以手工釀出強勁的滋味

這家酒藏位在東海道草津宿，與宿場共同走過相同的歷史。堅持以傳統的手工製法釀酒。這款本釀造原酒是使用無添加任何農藥與化學肥料的酒米「天井川」釀成，建議飲用冷酒。即使冰塊融化也絲毫不減強勁的鮮味，因此也可加冰塊享用。

天井川 純米吟釀原酒 東海道草津宿

純米吟釀酒

原料米 玉榮／精米比例 50%／使用酵母 協會701號／日本酒度 +2／酒精度數 17.4度

品嚐冰鎮後的淡淡香氣與鮮味

採用低溫靜置方式熟成。具有淡淡的香氣，含一口在嘴裡，鮮味便會慢慢地擴散。建議以冰鎮方式享受纖細的風味。

滋賀

美富久 純米酵房

純米酒

美富久酒造

甲賀市

DATA

原料米 吟吹雪	日本酒度 −2
精米比例 70%	酒精度數 15度
使用酵母 MFK	

將燗酒放涼後品嚐山廢的鮮味與酸味

這家酒藏是以鈴鹿山系的伏流水為釀造用水，並採傳統的山廢釀造法以手工持續釀酒。這款純米酵房極力避免使用碳過濾，藉以保有山廢獨特的熟成鮮味。建議加熱成燗酒後稍微放涼，盡情品嚐山廢具有的酸味。

三連星 純米吟釀 生原酒

純米吟釀酒

原料米 滋賀縣產渡船6號／精米比例 55%／使用酵母 協會1801號・近畿虹酵母／日本酒度 +0.5／酒精度數 16度

將新鮮的香氣冰鎮後享用

由第4代老闆所推出的品牌「三連星」。具有純米吟釀酒特有的清爽果香與酸味。

笑四季 特別純米 黑標

特別純米酒

笑四季酒造

甲賀市

DATA

原料米 日本晴	日本酒度 +2
精米比例 50%	酒精度數 16度
使用酵母 自社酵母	

時尚的正統派酒款

這家酒藏以「將獨創又美味的酒與感動傳達給更多人」為座右銘，非常重視特色與美學，並灌注熱情在釀酒作業上。這款酒藏的經典品牌，比起香氣更重視釀出帶有「清新甜味」的酒質。建議充分冰鎮後再飲用。

笑四季 MONSOON山田錦

原料米 山田錦／精米比例 50%／使用酵母 自社酵母／日本酒度 不公開／酒精度數 17度

將新時代的日本酒加入冰塊享用

將原料米磨掉50%，精米比例幾乎到達大吟釀酒的等級。如此奢侈的風味建議加入冰塊飲用。

旭日 福 純米大吟釀

DATA

原料米	山田錦	日本酒度	＋4
精米比例	40%	酒精度數	15度
使用酵母	協會1801號	日本酒的類型	醇酒

淡麗辛口的純米大吟釀酒

這家酒藏負責釀造新嘗祭中獻給宮中的御神酒。使用滋賀縣產的酒造好適米與從酒藏中湧出的清水，並以道地的手工技術精心釀造。這款略偏淡麗辛口風味的純米大吟釀酒，建議以冷酒或冷飲方式飲用，更能享受其香氣與風味。

旭日 短稈渡船 純米大吟釀

原料米 短稈渡船／精米比例 50%／使用酵母 協會1801號／日本酒度 −1／酒精度數 17度

重現夢幻酒米釀出味道富有深度的酒

使用夢幻酒米「短稈渡船」的純米大吟釀。略偏辛口，帶有淡淡的香氣與豐郁的滋味。可冷飲或飲用冷酒，也可加入冰塊。

淺茅生 特別純米 酒造三百三拾年

DATA

原料米	滋賀縣產米	日本酒度	＋2左右
精米比例	60%	酒精度數	15～16度
使用酵母	不公開		

創業超過350年的酒藏推出的代表性餐中酒

這家酒藏自萬治元（1658）年創業以來，在稻米流通的中繼點大津，持續釀酒超過350年。品牌「淺茅生」之名是來自後水尾天皇的皇子贈送給酒藏的和歌。具有沉穩的吟釀香且後韻舒暢。這種恰到好處的風味最適合當作餐中酒飲用。

淺茅生 特別純米 渡船六號

原料米 滋賀縣產渡船6號／精米比例 60%／使用酵母 不公開／日本酒度 ＋3左右／酒精度數 15～16度

適合搭配肉類等料理的燗酒

使用滋賀縣產的「渡船6號」釀造的純米酒。具有獨特的酸味與濃郁感，適合搭配肉類料理或重口味料理。建議加熱成燗酒。

北國街道 純米吟釀

DATA

原料米	有機栽培米	使用酵母	協會9號
	山田錦	日本酒度	＋8
精米比例	60%	酒精度數	17.2度

日本第5古老的酒藏釀造的純米吟釀

滋賀縣裡歷史最悠久、全日本第5古老的酒就位在北國街道上，持續釀酒超過480年以上。使用當地的米與從酒藏水井中汲取的伊吹山伏流水來釀酒。這款辛口純米吟釀是以當地的有機栽培米「山田錦」釀造而成，建議冰鎮後再飲用。

桑酒 Liqueur

原料米 糯米・麴・桑葉／精米比例 80%／使用酵母 不公開／日本酒度 −9／酒精度數 14.5度

不加砂糖甜味溫和的桑酒

近江名產的桑酒是將桑葉、糯米和麴浸泡在燒酒中，並採傳統味醂的製法釀造。建議加入冰塊或以蘇打水稀釋。

松之花 大吟醸 藤樹

川島酒造

高島市

DATA

原料米	滋賀縣產山田錦	日本酒度	±0
精米比例	40%	酒精度數	16.4度
使用酵母	明利酵母	日本酒的類型	薰酒

風味與香氣十分均衡的大吟釀

這家深具歷史的酒藏考量到飲用者的健康，在釀酒作業上一心追求道地的風味。非常重視釀造者與飲用者之間的關係，由衷希望能藉由釀酒來守護地區文化。這款大吟釀酒的風味與香氣十分均衡，建議冰鎮後搭配清淡的料理品嚐。

這款也強力推薦！

松之花 特別純米 醉後知樂

特別純米酒

原料米 滋賀縣產玉榮／精米比例 60%／使用酵母 協會9號／日本酒度 +6／酒精度數 15.4度／日本酒的類型 醇酒

風味扎實，適合搭配重口味料理的酒款

使用近江生產的酒米「玉榮」釀造，扎實的酒質很適合搭配重口味料理。從人肌燗至溫燗都很美味。

滋賀

香之泉 天釀 大吟釀

滋賀

竹內酒造

湖南市

大吟釀酒

DATA

原料米	兵庫縣特A地產山田錦
精米比例	40%
使用酵母	明利酵母
日本酒度	+5
酒精度數	16.5度

榮獲世界菸酒食品評鑑會金賞的大吟釀

在擁有豐富大自然與充滿人情味的宿場町石部誕生以來，長年以近江地之姿受到人們的喜愛。目標是希望讓飲用者感受到每一滴酒都存在釀造者的心意。這是一款具有溫和甜味與新鮮酸味，風味十分均衡的辛口酒。

這款也強力推薦！

唯唯（唯々）豐潤純米

 純米酒

原料米 滋賀縣產日本晴／精米比例 60%／使用酵母 協會901號／日本酒度 −2／酒精度數 17.8度

米的甜味與酸味完美調和的純米酒

這款純米酒使用滋賀縣產的「日本晴」釀造，米的甜味與酸味達到完美平衡。加熱成燗酒可感受到豐郁的滋味。

大治郎 純米吟釀 生酒

滋賀

畑酒造

東近江市

純米吟釀酒

DATA

原料米	滋賀縣產山田錦	使用酵母	協會9號
		日本酒度	+4
精米比例	55%	酒精度數	17.5度

散發強勁酸味與鮮味的純米吟釀

這家酒藏創業於大正3（1914）年，平成11（1999）年推出冠上藏元兼杜氏之名的品牌「大治郎」。只使用當地契作農家與自有農田栽種出來的酒米釀造。這款純米吟釀生酒的鮮味會在舌尖上慢慢散開，酸味十分強勁，建議冰鎮後飲用。

這款也強力推薦！

大治郎 山廢純米 火入

 純米酒

原料米 滋賀縣產吟吹雪／精米比例 60%／使用酵母 協會7號／日本酒度 不公開／酒精度數 17.5度

帶有山廢特有的酸味 建議加熱成燗酒的純米酒

這款山廢純米酒帶有恰到好處的熟成風味。鮮味濃郁，並具有山廢特有的酸味。尾韻十分俐落，最適合加熱成燗酒飲用。

薄櫻 純米酒

純米酒

DATA

原料米	滋賀縣產吟吹雪	使用酵母	AK12號
精米比例	60%	日本酒度	+3
		酒精度數	15度

使用講究環境的農產物認證米釀成的酒

酒藏第一代老闆藤兵衛因為看見神社內綻放美麗的櫻花，為祈求能釀出淡櫻花色的美酒而以此命名。這款純米酒使用鈴鹿山系湧出的水與經過嚴選的農產物認證米釀成，帶有溫和的口感與適度的酸味。不論冷飲或加熱成爛酒都好喝。

///// 這款也強力推薦！ /////

近江藤兵衛 純米無過濾生原酒

原料米 滋賀縣產吟吹雪／精米比例 60%／使用酵母 AK12號／日本酒度 +4.5／酒精度數 17度

可冷飲或加冰塊飲用味道濃厚卻很順口的酒

這款純米酒是使用講究環境並獲得滋賀縣認證的米「吟吹雪」釀成。建議飲用冷酒或加入冰塊品嚐濃厚的鮮味。

近江龍門 特別純米

特別純米酒

DATA

原料米	日本晴	日本酒度	+3
精米比例	60%	酒精度數	15度
使用酵母	不公開		

獲得爛酒大賽金賞的特別純米酒

這家酒藏創業於大正6（1917）年。活用當地的水與米來釀酒，特色是具有熟成後的調和風味，味道十分溫和。共獲得2次日本全國新酒鑑評會的金賞。這款得過金賞的特別純米酒是使用滋賀縣的米「日本晴」釀造，建議冰鎮後搭配和食享用。

///// 這款也強力推薦！ /////

錦藍 大吟釀

大吟釀酒

原料米 山田錦／精米比例 40%／使用酵母 明利酵母／日本酒度 +4／酒精度數 16度

帶有哈密瓜與西洋梨果香的大吟釀酒

很適合搭配生魚片、酥炸山菜與香煎扇貝等料理。帶有哈密瓜與西洋梨的果香，以及清爽的酸味，建議冰鎮後飲用。

一博 純米吟釀 生酒

純米吟釀酒

DATA

原料米	滋賀縣產山田錦	使用酵母	協會14號
精米比例	55%	日本酒度	+4
		酒精度數	16.8度

相隔15年重新開業的酒藏所釀造的酒

這家酒藏創業於江戶後期，曾在平成12（2000）年停業，直到平成27（2015）年秋天才復業。只使用與當地農家契作栽培的米，並採少量生產方式細心地釀酒。這款純米吟釀酒的生酒可以感受到酒米的芳醇鮮味，建議冰鎮後飲用。

///// 這款也強力推薦！ /////

一博 純米 薄濁（うすにごり）

純米酒

原料米 滋賀縣產吟吹雪／精米比例 60%／使用酵母 協會14號／日本酒度 +3／酒精度數 16.8度

帶有果香與甜味的純米酒

這款使用滋賀縣的米「吟吹雪」釀造而成的薄濁純米酒，具有清爽俐落的尾韻，建議以冷酒方式品嚐這支酒的果香與甜味。

喜樂長 能登杜氏藝 純米大吟釀

純米
大吟釀酒

DATA			
原料米	山田錦	日本酒度	+3
精米比例	40%	酒精度數	17度
使用酵母	協會14號		

也能搭配西餐的純米大吟釀酒

這家酒藏創業於文政3（1820）年。堅持保有「不易流行」的精神，在求新求變的同時仍不忘本質，以釀出高品質又有特色的酒為目標。除了和食之外，這款純米大吟釀也很適合搭配充滿香草和香辛料風味的西餐。建議冷飲。

這款也強力推薦！

喜樂長 辛口純米吟釀

純米
吟釀酒

原料米 山田錦／精米比例 55%／使用酵母 協會14號／日本酒度 +14／酒精度數 17.5度

不論搭配和食或西餐
都能自然融合的餐中酒

具有酒米原有的溫醇鮮味與清爽順喉的口感，餘韻則帶有辛辣的滋味。不論搭配和食或西餐，都能大大提升料理的美味。

滋賀

不老泉 山廢釀造 純米吟釀 備前雄町（生）

純米
吟釀酒

DATA			
原料米	雄町	日本酒度	+4
精米比例	55%	酒精度數	17.4度
使用酵母	藏付（天然）酵母		

以傳統手法忠實釀造
具傳統風味的旨口酒

這款酒值得矚目的是「旨口」風味，而非日本酒主要的辛口或甘口風味。這家酒藏為了以手工釀出傳統的旨口酒，採取全日本罕見、完全不添加酵母的獨特山廢釀造法，並用木槽天秤壓搾出酒液，再以木桶釀造。

「不老泉」的山廢釀造純米吟釀是將「雄町」精米磨成55%，不添加任何酵母，只靠藏付酵母來釀造，為完整體現酒藏座右銘的一款酒。含一口在嘴裡，米的濃郁風味與甜味便會擴散開來，之後則會留下清爽的餘韻。

這款也強力推薦！

不老泉

山廢釀造 純米吟釀 中汲（生）

純米
吟釀酒

原料米 山田錦／精米比例 55%／使用酵母 藏付（天然）酵母／日本酒度 +4／酒精度數 17度

將山廢釀造酒
壓搾而成的奢侈風味

將以藏付天然酵母釀出的酒，只取中汲部分裝瓶。不僅具有中汲特有的香氣與芳醇的滋味，也帶有山廢釀造獨特的清爽口感與俐落的尾韻。不論冷飲或加熱成爛酒都很美味，不妨以各種不同的溫度品嚐看看，絕對能帶來十足的滿足感。

萩乃露 純米吟醸 源流 渡舟（無過濾生酒）

滋賀

福井彌平商店

高島市

純米吟釀酒

DATA			
原料米	滋賀縣產渡船6號	使用酵母	協會9號系
		日本酒度	＋1
精米比例	55%	酒精度數	17度

跨越時代復甦的夢幻酒米「渡船」

這家酒藏以「釀造供人品味的酒而非喝醉的酒」為座右銘，仔細地進行熟成管理，並以嚴謹的作業方式釀酒。使用戰後消失很久的「山田錦」的親米「渡船」為原料米，釀出充滿強勁風味的酒款。

多賀 上撰

滋賀

多賀

犬上郡多賀町

DATA			
原料米	滋賀縣產米	日本酒度	－1
精米比例	72%	酒精度數	15度
使用酵母	協會酵母		

適合搭配和食且百喝不膩的酒

共獲得12次日本全國新酒鑑評會金賞。使用含有大量礦物質、可以帶給酵母活力的鈴鹿山系的芹川地下水進行釀造，特色是帶有濃郁的鮮味。這款酒的品牌名稱取自多賀大社，風味舒暢，喝再多也不會膩，最適合搭配和食。

////////// 這款也強力推薦！ //////////

多賀秋之詩 純米酒

純米酒

原料米 滋賀縣多賀町產秋之詩／精米比例 70%／使用酵母 混合酵母／日本酒度 ±0／酒精度數 16度

滿懷多賀鄉土愛釀成的純米酒

這款純米酒是使用滋賀縣多賀町生產的品牌米「秋之詩」釀造。充滿米的鮮味且風味非常濃郁，不過尾韻俐落，十分易飲。

COLUMN

酒器　考慮酒與空氣的接觸

酒器的表面積愈廣，香氣揮發與氧化速度都會變快。給人硬實深沉印象的酒款，倒入片口酒杯中使之接觸空氣，喝起來的口感就會變得圓潤。反之，若是香氣馥郁的酒款，則會導致香氣快速逸散。

與空氣接觸面積大的平盃，香氣較易擴散開來。

只要轉而倒入片口酒杯中，新酒硬實的口感就會變得圓潤。

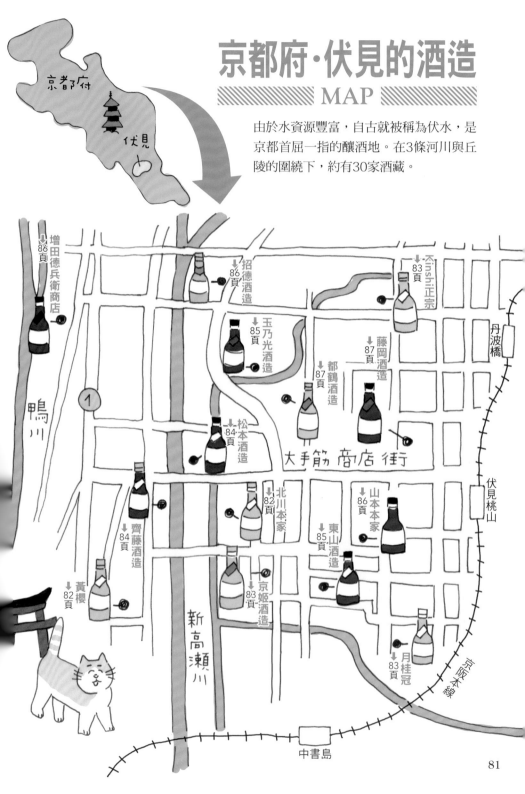

京都府・伏見的酒造
MAP

由於水資源豐富，自古就被稱為伏水，是京都首屈一指的釀酒地。在3條河川與丘陵的圍繞下，約有30家酒藏。

京都府

伏見

↓86頁 增田德兵衛商店

↓86頁 招德酒造

↓85頁 玉乃光酒造

↓83頁 Kinshi正宗

丹波橋

↓87頁 藤岡酒造

↓87頁 都鶴酒造

鴨川

↓84頁 松本酒造

大手筋商店街

伏見桃山

①

↓84頁 齊藤酒造

↓82頁 北川本家

↓86頁 山本本家

↓82頁 黃櫻

↓83頁 京姬酒造

↓85頁 東山酒造

↓83頁 月桂冠

新高瀨川

京阪本線

中書島

富翁 純米吟釀 丹州山田錦

DATA	
原料米	京都府河北農園產山田錦
精米比例	55%
使用酵母	京之琴
日本酒度	+1
酒精度數	15度

堅持「京都」風味的純米吟釀酒

明曆3（1657）年創業。這家擁有350年以上歷史的老字號酒藏擁有豐潤的水源，一路與京都豐富的飲食文化並肩走過漫長的歲月。在釀酒理念上，不受傳統束縛，而是積極導入近代技術與設備，在日本全國新酒鑑評會上已連續3年獲得金賞，前後共得獎17次。

米使用京都府內的河北農園生產的「山田錦」，酵母使用京都研發出的「京之琴」，水則使用名水「伏水」。這款堅持在京都這塊土地上釀造的純米吟釀酒，建議稍微冰鎮或是以溫燗方式飲用，以品嚐米的溫和香氣與鮮味。

乾風 吟釀 八反錦

原料米 廣島縣產八反錦／精米比例49%／使用酵母 協會9號／日本酒度+4／酒精度數 15度

適合當作餐中酒
搭配料理一起享用的吟釀酒

重視品質，以少量生產方式釀造的「乾風」，使用精米磨成49%的酒造好適米「八反錦」釀出風味奢侈的吟釀酒。這款清爽的辛口酒帶有纖細柔和的風味，令人百喝不膩，建議當作餐中酒搭配京都料理或調味細膩的和食一起享用。為了讓飲用者感受到「第2杯酒尤其美味」而用心釀造，此極品若只喝一杯就結束的話未免可惜。這款酒也是頗具人氣的餐中酒。

黃櫻 黃櫻 S 純米大吟釀

DATA			
原料米	山田錦	日本酒度	+1
精米比例	50%	酒精度數	16度
使用酵母	自社酵母		

可享受到奢華香氣的純米大吟釀酒

使用京都的名水「伏水」，以及100%最頂級的酒造好適米「山田錦」。將米精磨至50%後，再以10℃的低溫長期發酵，釀出這款帶有果實般的吟釀香與酒米原有鮮味的純米大吟釀酒。

黃櫻 生酛山廢特別純米酒 山田錦

原料米 山田錦／精米比例 65%／使用酵母 自社酵母／日本酒度 ±0／酒精度數 15度

用傳統「生酛系山廢酒母」釀造的純米酒

使用「生酛系山廢酒母」以及最頂級的酒米「山田錦」釀造，帶有獨特的高雅香氣與強烈的鮮味。冷飲或溫燗皆宜。

匠 山田錦 大吟釀

大吟釀酒

DATA		
原料米	山田錦	日本酒度 +2
精米比例	50%	酒精度數 15度
使用酵母	協會1808號等	

帶有吟釀香與俐落尾韻的大吟釀酒

大正7（1918）年創業。1997年起轉為以手工方式少量釀造吟釀酒的專門酒藏。使用自腹地內的水井湧出的清水來釀酒，具有溫和的鮮味與細緻的風味。這款100%使用「山田錦」的大吟釀帶有高雅的吟釀香與俐落的尾韻，喝再多也不會膩。

這款也強力推薦！

匠 純米吟釀

純米吟釀酒

原料米 不公開／精米比例 60%／使用酵母 協會1808號等／日本酒度 ±0／酒精度數 15度

可品味淡淡吟釀香的純米吟釀酒

獲得「最適合用葡萄酒杯品飲的日本酒大獎」金賞。最大的魅力在於帶有淡淡的吟釀香與柔和的口感，適合搭配料理享用。

京都

純米大吟釀 松屋久兵衛

純米大吟釀酒

DATA		
原料米	山田錦	日本酒度 +1
精米比例	35%	酒精度數 16～17度
使用酵母	不公開	

冠上第一代釀造者之名的純米大吟釀

這家酒藏創業於天明元（1781）年，是知名釀造地伏見經營超過200年的酒藏。所有特定名稱酒皆堅持以手工釀造。「松屋久兵衛」的純米大吟釀是將「山田錦」精米磨成35%，並冠上第一代釀造者的名字。酒質清澈並帶有奢華的香氣。

這款也強力推薦！

純米吟釀 金鵄正宗

純米吟釀酒

原料米 京都府產祝／精米比例 55%／使用酵母 不公開／日本酒度 +3／酒精度數 15～未滿16度

用京都產的「祝」釀造的純米吟釀酒

100%使用復活的京都酒米「祝」釀造而成。具有濃郁溫和的香氣與高雅的甜味，風味十分均衡，餘韻也很清爽。

月桂冠 超特撰 鳳麟純米大吟釀

純米大吟釀酒

DATA		
原料米	山田錦	使用酵母 不公開
	五百萬石	日本酒度 不公開
精米比例	50%	酒精度數 16度

連續獲得世界菸酒食品評鑑會最高金賞

寬永14（1637）年以「笠置屋」一名於伏見創業。在樽酒時代販賣沒有添加防腐劑的瓶裝酒，後來又導入日本最早的四季釀造系統，持續釀造高品質的日本酒。這款連續5年獲得世界菸酒食品評鑑會最高金賞的純米大吟釀，建議冰鎮後飲用。

這款也強力推薦！

月桂冠 大吟釀

大吟釀酒

原料米 京都府產京之輝／精米比例 50%／使用酵母 不公開／日本酒度 不公開／酒精度數 未滿15度

以京都府產的米與名水「伏水」釀造

100%使用京都府產的米「京之輝」釀造的大吟釀酒。這是一款充滿奢華吟釀香、具有清爽風味的淡麗辛口酒。

英勳 古都千年 純米大吟釀

純米
大吟釀酒

DATA			
原料米	京都府產祝	日本酒度	±0
精米比例	45%	酒精度數	15度
使用酵母	M310酵母		

連續14年獲得金賞的酒藏所釀的酒

明治28（1895）年創業。以京都特產的酒
造好適米「祝」為主，使用京都的米和水
釀出京都風味。連續14年獲得日本全國
新酒鑑評會金賞，擁有歷代最長的得獎紀
錄。這款純米大吟釀帶有果香般的吟釀
香，風味高雅且富有深度，建議冷飲。

英勳 古都千年 純米吟釀

純米
吟釀酒

原料米 京都府產祝／精米比例
55%／使用酵母 協會1801號
／日本酒度 +3／酒精度數 15
度

100%使用京都酒米「祝」的純米吟釀

這款純米吟釀不但具有適
度的吟釀香與清爽俐落的
口感，滋味也非常豐富。
建議稍微冰鎮或加熱成溫
爛飲用。

澤屋松本（澤屋まつもと） 守破離 山田錦

純米
大吟釀酒

DATA			
原料米	兵庫縣產	使用酵母	自社酵母
	山田錦	日本酒度	+2
精米比例	50%	酒精度數	15度

適合用較大酒杯品嚐的純米酒

寬政3（1791）年以「澤屋」一
名創業。這家酒藏建造在高瀨川
岸邊，已被日本經濟產業省列為
近代化產業遺產。澤屋松本的招
牌品牌「守破離」，具有以全新
感性重新創造傳統之意。杜氏一
心秉持著「守破離」的精神來釀
造日本酒，希望能讓飲用者感受
到酒米產地特有的風味。

這款純米大吟釀雖是原酒，不過
口感輕盈且充滿鮮味，建議冰鎮
至5～15℃，再用較大的酒杯飲
用，以品嚐酒米豐郁的滋味。

澤屋松本（澤屋まつもと） 守破離 雄町

純米
吟釀酒

原料米 岡山縣產備前雄町／精米比例
55%／使用酵母 自社酵母／日本酒度
+3／酒精度數 15度

以岡山縣備前產「雄町」為賣點的一瓶酒

將幾乎已成為強勁風味代名詞的
「雄町」，精米磨成55%後釀出
的純米吟釀酒。酒質既高雅又時
尚，含一口在嘴裡，便能感受酒
米扎實的鮮味中隱含著酸味。建
議冰鎮至5～15℃，再用較大的
酒杯慢慢品嚐。

京都

玉乃光酒造

京都市伏見區

玉乃光 純米大吟釀 備前雄町100%

純米大吟釀酒

DATA			
原料米	岡山縣產雄町	使用酵母	協會901號
		日本酒度	＋3
精米比例	50%	酒精度數	16.2度

讓純米酒復活的酒藏
所釀造的純米大吟釀酒

這家酒藏創業於延寶元（1673）年。為了降低酒的價格而添加酒精等物質的添加酒在昭和39（1964）年達到全盛時期，該酒藏則以「只用米釀造的純米酒才是真正的日本酒」為理念，努力讓純米酒復活。直至今日仍堅持只釀造純米吟釀酒以及純米大吟釀酒。

這款純米大吟釀100%使用岡山縣產的米「雄町」釀造，帶有果香和天然的酸味，並與雄町米特有的鮮味形成絕佳的平衡，風味略偏辛口，特色是具有滑順不膩的口感。

///////// 這款也強力推薦！ /////////

玉乃光 純米吟釀 祝100%

純米吟釀酒

原料米 祝／精米比例 60%／使用酵母 協會901號／日本酒度 ＋0.5／酒精度數 16.2度

充分發揮京都產酒米
「祝」實力的一瓶酒

京都產的酒造好適米「祝」是適合釀造吟釀酒的優質米，但因為收穫量很少，有一段時期曾銷聲匿跡，直到昭和63（1988）年在伏見酒造組合的呼籲下才復活。這款酒的特色是具有獨特的香氣與淡淡的甜味。

京都

京都

東山酒造

京都市伏見區

坤滴 純米酒

純米酒

DATA			
原料米	山田錦	日本酒度	±0
精米比例	60%	酒精度數	16度
使用酵母	東山吟釀2號酵母		

堅持釀造純米酒的酒藏所釀的酒

這家酒藏為了追求日本酒原有的鮮味而開始釀造純米酒。不僅使用講究的酒米，杜氏更以傳承的技術來釀酒，藉由將過濾控制在最小限度，保留原有的風味與香氣。「坤滴」使用鳥取縣田中農場的「山田錦」，具有奢華的香氣與深奧的風味。

///////// 這款也強力推薦！ /////////

魯山人 特別純米原酒

特別純米酒

原料米 祝／精米比例 60%／使用酵母 東山1號酵母／日本酒度 ＋2／酒精度數 18度

用「祝」釀造出
百喝不膩的滋味

這款特別純米原酒是以京都產的酒造好適米「祝」釀造。擁有獨特豐富的鮮味與高雅的香氣，喝再多也不會膩。

神聖 大吟釀

大吟釀酒

DATA		
原料米	日本國產米	日本酒度 +5
精米比例	50%	酒精度數 16度
使用酵母	不公開	

吟釀香讓人印象深刻的大吟釀酒

這家伏見的老字號酒藏於延寶5（1677）年在湧出名水「白菊水」的地區創業。該酒藏認為日本酒是京都飲食文化的一環，為了搭配京都料理而持續釀造京都的餐中酒。這款散發吟釀香的大吟釀酒具有深奧的風味，建議冰鎮後搭配生魚片等料理。

這款也強力推薦！

松之翠 純米大吟釀

純米大吟釀酒

原料米 日本國產米／精米比例 50%／使用酵母 不公開／日本酒度 +5／酒精度數 16度

被運用在茶會上的純米大吟釀酒

這款香氣極高且風味扎實的純米大吟釀，被表千家而妙齋千宗左宗大師運用在茶會上。建議以冷酒或溫燗方式飲用。

月之桂 大極上中汲 濁酒

本釀造酒

DATA		
原料米	五百萬石	使用酵母 協會701號
	祝之輝	日本酒度 −1～+1
精米比例	60%	酒精度數 17度

氣泡酒、濁酒的始祖

延寶3（1675）年創業，為伏見最古老的酒藏之一。剛開始以販賣「濁酒」和「氣泡清酒」聞名，釀酒時非常注重酒的季節性與特色。昭和39（1964）年推出這款日本最早的濁酒，建議以冷酒方式飲用。

這款也強力推薦！

月之桂 祝80% 純米酒

純米酒

原料米 祝／精米比例 80%／使用酵母 協會901號／日本酒度 +5／酒精度數 16度

不過度精米 保有鮮味的純米酒

使用與當地農家簽約生產的無農藥栽培米。這款純米酒刻意不採用高精白方式，充分保留米的鮮味，以各種溫度飲用都美味。

招德 純米大吟釀 花洛

純米大吟釀酒

DATA		
原料米	祝	日本酒度 ±0
精米比例	50%	酒精度數 15度
使用酵母	京之琴	

講究純米酒的酒藏所釀的純米大吟釀

這家酒藏創業於正保2（1645）年，大正中期為追求名水而遷至伏見。該酒藏認為「純米酒才是清酒原有的樣子」，從昭和40年代起便致力於製造並推廣純米酒。這款使用京都的米、水與酵母釀造的純米大吟釀，具有奢華的香氣與溫和的口感。

這款也強力推薦！

招德 純米酒 花洛 生酛

純米酒

原料米 五百萬石、日本晴／精米比例 60%／使用酵母 協會701號／日本酒度 +3／酒精度數 16度

以傳統技術「生酛釀造」釀成的純米酒

以利用天然乳酸菌的生酛方式釀造，風味深奧，建議加熱成爛酒飲用。適合搭配海膽、牡蠣與花蛤等具有濃郁鮮味的料理。

都鶴 純米大吟釀

京都
都鶴酒造

京都市伏見區

純米大吟釀酒

DATA

原料米	麴米：五百萬石	使用酵母	京之琴
	掛米：京之輝	日本酒度	+3
精米比例	50%	酒精度數	15度

適合冰鎮後享用的純米大吟釀酒

「都鶴」這款品牌酒的名稱誕生於天保11（1840）年，主要是結合自古被視為長壽象徵的「鶴」，以及擁有1000年歷史的京「都」而來。這款純米大吟釀具有溫和的香氣與順喉的口感，最適合以冷飲方式品嚐。

\\\\\\\ 這款也強力推薦！\\\\\\\

都鶴 純米吟釀

純米吟釀酒

原料米 麴米：祝‧掛米：京之輝／精米比例 60%／使用酵母 京之華／日本酒度 −3／酒精度數 15度

風味高雅的京都純米吟釀酒

使用京都產的米「祝」和「京之輝」，以及京都產的酵母「京之華」釀造，屬於100%的京都地酒。帶有高雅奢華的風味。

京都

蒼空 純米酒 美山錦

京都
藤岡酒造

京都市伏見區

純米酒

DATA

原料米	美山錦	日本酒度	+1
精米比例	60%	酒精度數	15.7度
使用酵母	宮城A		

只釀造純米酒的酒藏所釀的標準款日本酒

這家酒藏於明治35（1902）年在京都市的東山區創業。大正7（1918）年搬遷到伏見之後仍繼續釀酒，不過平成6（1994）年因第3代老闆猝死而暫停釀酒事業。第5代老闆便利用這段期間到各地的酒藏修業以累積經驗，並於平成14（2002）年重新開業，由老闆自己擔任杜氏。之後推出新品牌「蒼空」，持續以手工方式僅釀造純米酒。

這款使用伏見名水與「美山錦」釀造的純米酒，幾乎可說是酒藏的代表銘酒。含一口在嘴裡便能感受到米的扎實鮮味，餘韻十分清爽。

\\\\\\\ 這款也強力推薦！\\\\\\\

蒼空 純米吟釀酒 山田錦

純米吟釀酒

原料米 山田錦／精米比例 55%／使用酵母 宮城A／日本酒度 ±0／酒精度數 16.2度

將「山田錦」精米磨成55%釀成的純米吟釀

這款使用「山田錦」釀造的純米吟釀酒，具有清新的吟釀香與溫和的口感，風味十分均衡。採用威尼斯的玻璃工坊製作的酒瓶裝酒，美麗的透明感設計與品牌名稱「蒼空」非常契合。最適合送給喜愛喝日本酒的人。

松竹梅 白壁藏 「澪」氣泡清酒

DATA

原料米	日本國產米	日本酒度	－70
精米比例	不公開	酒精度數	5度
使用酵母	不公開		

清爽的氣泡口感是一款帶來新感覺的清酒

「松竹梅 白壁藏」是為了回歸並體現釀酒的初衷，而於平成13（2001）年新設立的酒藏。融合傳統手工釀造的原理與全新設備，以製造特定名稱酒為主。這款充滿麝香葡萄風味的氣泡清酒，帶有令人舒暢的全新氣泡口感。

////// 這款也強力推薦！//////

松竹梅 白壁藏 生酛純米

純米酒

原料米 五百萬石／精米比例 70%／使用酵母 不公開／日本酒度 ＋2／酒精度數 15度

可如葡萄酒般享用的生酛釀造純米酒

這款純米酒帶有傳統「生酛釀造」特有的多層次風味。口感圓潤、風味十分柔和，建議冰鎮後以葡萄酒杯飲用。

聚樂第 純米大吟釀

純米大吟釀酒

DATA

原料米	山田錦	日本酒度	＋2.5
精米比例	40%	酒精度數	16度
使用酵母	自社酵母		

具有果實般吟釀香的純米大吟釀酒

明治26（1893）年在二条城的北側創業，2014年與2015年連續獲得日本全國新酒鑑評會的金賞。釀造用水是取用和千利休用來泡茶的「銀明水」相同水脈的地下水。這款使用「山田錦」釀造的純米大吟釀，具有果實般的吟釀香，風味高雅。

////// 這款也強力推薦！//////

古都 純米吟釀

純米吟釀

原料米 五百萬石・祝等／精米比例 60%／使用酵母 京工技221／日本酒度 ＋3／酒精度數 15度

適合以冷酒或燗酒飲用口感圓潤的純米吟釀酒

使用京都的酒米「祝」等釀成的純米吟釀酒。具有淡淡的吟釀香與圓潤的口感，入喉清爽俐落。

五紋神藏 辛口純米無過濾生原酒

純米酒

神藏
純米辛口無過濾生原酒
Enthusiasm is contagious!
KAGURA

DATA

原料米	京都府產祝
精米比例	65%
使用酵母	自社酵母
日本酒度	＋3
酒精度數	17.5度

也適合以溫燗方式品嚐的純米無過濾生原酒

這家酒藏創業於享保11（1726）年。四周環繞著東山三十六峰與鴨川等豐富的大自然。採用最新設備並注重品質，曾獲得國際葡萄酒競賽的銀賞。這款純米無過濾生原酒具有均衡的香氣與風味。

////// 這款也強力推薦！//////

富士千歲 鮮搾原酒 (しぼりたて原酒)

本釀造酒

しぼりたて
鮮搾原酒

原料米 五百萬石／精米比例 70%／使用酵母 協會7號／日本酒度 ＋1／酒精度數 18.5度

口味豐郁濃醇的鮮搾原酒

這款「富士千歲」的鮮搾原酒是自創業以來便有的傳統銘酒。味道非常濃稠，建議加入冰塊或以冷酒方式飲用。

京都 羽田酒造
京都市右京區

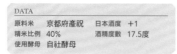

初日之出 大吟釀 冰溫圍 原酒

大吟釀酒

DATA			
原料米	京都府產祝	日本酒度	+1
精米比例	40%	酒精度數	17.5度
使用酵母	自社酵母		

以－5℃冰溫貯藏的大吟釀原酒

這家酒藏使用桂川上游的伏流水與講究的酒米，堅持以手工方式少量生產地酒。利用腹地內的自社稻田，由藏人自行栽種酒米「祝」。這款以－5℃冰溫貯藏的大吟釀原酒，特色是擁有強勁又奢華的滋味。

///// 這款也強力推薦！/////

初日之出 吟釀 木桶釀造（木桶仕込）

吟釀酒

原料米 京都府產祝／精米比例 55%／使用酵母 京之琴／日本酒度 +5／酒精度數 16度

用傳統杉木桶釀造的吟釀酒

這款吟釀酒是使用京都產的酒米「祝」，並以傳統的杉木桶釀造而成。具有果實的風味，建議以冷飲或冷酒方式飲用。

京都 長老酒造
船井郡京丹波町

清酒長老 純米吟釀

純米吟釀酒

DATA			
原料米	京都府產	使用酵母	協會901號
	五百萬石	日本酒度	+2
精米比例	55%	酒精度數	15～16度

可當餐中酒飲用的純米吟釀酒

這家酒藏使用京丹波・長老山系的伏流水與京都產的酒造好適米來釀酒。不一味追求香氣，而是以風味佳、每晚都能小酌且喝不膩為目標所釀出來的酒。這款純米吟釀酒帶有溫和的鮮味與淡淡的香氣，建議冰鎮後與料理一起享用。

///// 這款也強力推薦！/////

清酒長老 丹波一滴

純米酒

原料米 京都府產祭晴／精米比例 70%／使用酵母 協會901號・協會701號／日本酒度 +3／酒精度數 15～16度

女性與日本酒入門者都能接受的純米酒

具有純米酒特有的米鮮味與舒暢的口感，推薦給喝不慣日本酒的女性與入門者嘗試。

京都 大石酒造
龜岡市

翁鶴 生酛純米酒

純米酒

DATA			
原料米	五百萬石	使用酵母	協會9號
	一般米	日本酒度	－1
精米比例	65%	酒精度數	15.5度

很適合搭配和食的生酛釀造純米酒

這家富有歷史的酒藏創業於江戶時代的元祿年間，已持續釀酒超過300年。由經驗豐富的丹波杜氏採用生酛釀造法，以手工方式釀製「丹波地酒」。這款生酛純米酒將米的鮮味發揮到最大極限，建議以溫燗方式當作餐中酒飲用。

///// 這款也強力推薦！/////

美山 Tengori（てんごり）

本釀造酒

原料米 五百萬石／精米比例 70%／使用酵母 協會9號／日本酒度 －1／酒精度數 16.3度

連葡萄酒界也掛保證的味道

這款酒共獲得4次國際葡萄酒競賽日本酒部門的銅賞。對日本酒的入門者來說很容易入口，搭配西餐也很對味。

六歡 特別純米酒 花（はな）

DATA

原料米	京都府產 山田錦	使用酵母	協會901號
精米比例	55%	日本酒度	+6
		酒精度數	15.5度

由女杜氏釀造，風味溫和的特別純米酒

這家酒藏創業於享保2（1717）年。由女杜氏以總米量500公斤以下的小量生產方式細心釀造。採用傳統木槽搾酒，並由藏人以手工方式進行一貫作業。這款特別純米只使用福知山產的「山田錦」釀造，建議以冷酒或冷飲方式品嚐米的鮮味。

福知三萬二千石 特別純米酒

原料米 京都府產祝 ／精米比例 55%／使用酵母 協會901號 ／日本酒度 +4.5／酒精度數 15.5度

適合搭配生魚片等鮮魚料理的特別純米酒

這款特別純米酒具有京都酒米「祝」特有的豐郁滋味。加熱成溫燗可品嚐到米的鮮味與溫和的口感，不妨搭配生魚片享用。

京之春 特別純米酒

DATA

原料米	阿波山田錦	日本酒度	+5
精米比例	60%	酒精度數	15度
使用酵母	協會6號		

講究純米酒的女杜氏所釀造的特別純米

這家酒藏創業於寶曆4（1754）年，位在丹後半島東側的伊根町。畢業於東京農業大學釀造學科的女杜氏在堅守傳統之餘，也持續釀造符合現代人需求的酒。這款特別純米是使用頂級的「阿波山田錦」釀造，建議以冷飲、溫燗與熱燗方式品嚐。

伊根滿開 古代米釀造

原料米 京之輝・紫小町／精米比例 70%・90%／使用酵母 協會7號／日本酒度 −45／酒精度數 14度

如玫瑰紅酒般酸酸甜甜的米製酒

如玫瑰紅酒般的酸甜果味與米的鮮味互相調和。可搭配肉類料理、中菜與義大利麵等。建議飲用冷酒或是加入冰塊、蘇打水。

池雲 純米酒

DATA

原料米	祭晴	日本酒度	+3
精米比例	65%	酒精度數	15～17度
使用酵母	協會601號		

生產量不滿100石的小酒藏釀造的純米酒

這家酒藏創業於明治12（1879）年，曾停業20多年，直到平成18（2006）年才再度復業。為了追求理想的日本酒，採家族經營方式嚴謹地釀酒。這款使用「祭晴」釀造的純米酒，建議加熱成燗酒，以充分品嚐米的鮮味。

池雲 純米吟釀 祝

原料米 祝／精米比例 60%／使用酵母 協會901號／日本酒度 +2／酒精度數 15～17度

使用京都的酒米「祝」釀出的純米吟釀酒

這款純米吟釀只使用京都栽種的酒造好適米「祝」釀造，風味柔和且充滿鮮味。建議冷飲。

特別
純米酒

香田 特別純米酒

DATA			
原料米	山田錦	日本酒度	+3
精米比例	70%	酒精度數	14～15度
使用酵母	不公開		

以優質契作栽培米釀造的 絕品特別純米酒

這家酒藏創業於天保3（1832）年，四周環繞著日本海以及大江山連峰由良岳，自然環境十分豐富。由於使用從栽種階段就很講究的優質米，因此被認為是稍事研磨也能釀出美味的酒，以講究的酒米與源自由良岳的水進行釀酒，曾5度獲得日本全國新酒鑑評會的金賞。

香田地區自古便以生產優質米聞名，這款酒因為使用這裡生產的「山田錦」而得名。口感滑順，沉穩的餘韻會在口中擴散開來。冰鎮後飲用更能感受到高雅的奢華風味。

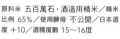

這款也強力推薦！

酒吞童子

山廢本釀造

本釀
造酒

原料米 五百萬石・酒造用精米／精米比例 65%／使用酵母 不公開／日本酒度 +10／酒精度數 15～16度

從冷飲至熱燗都好喝的 山廢釀造大辛口酒

這款酒藏出貨量第一名的代表性銘酒，是採用以天然乳酸菌釀製的傳統山廢釀造法，充分突顯出米原有的鮮味，尾韻俐落且富有深度。苦味與酸味調和，屬於雜味較少的辛口酒。建議以冷飲至熱燗的不同溫度來飲用。

京都

純米酒

白木久 純米無過濾生原酒SHIRAKIKU

DATA			
原料米	京丹後產越光米	使用酵母	不公開
精米比例	60%	日本酒度	+3
		酒精度數	17.8度

用「越光米」釀造的純米生原酒

這家酒藏創業於安永6(1777)年，以「美味的米自然能釀出美味的酒」為主題，使用越光米等食用米來釀造。屬於完全不使用酒米的罕見酒藏。這款使用「越光米」的純米無過濾生原酒，帶有麝香葡萄般的香氣與豐郁的滋味。

這款也強力推薦！

銀舍利 （銀シャリ）純米酒

純米酒

原料米 京都府京丹後產笹錦（ササニシキ）／精米比例 60%／使用酵母 不公開／日本酒度 +3／酒精度數 16.2度

具有荔枝香氣的 笹錦純米酒

使用京丹後當地產的「笹錦」釀造的純米酒。特色是具有荔枝的香氣，口感清爽俐落。

吉野山 大吟釀

大吟釀酒

DATA
原料米　祝・山田錦
精米比例　50%
使用酵母　協會14號
日本酒度　+5
酒精度數　17度

以手工少量釀造的小酒藏所釀製的大吟釀酒

這家酒藏創業於寬政元(1789)年，位在丹後半島的中央。據說腹地內的小河裡棲息著澤蟹和杜父魚。採用手工釀製少量的酒，且所有的酒都用傳統木槽壓搾。這款大吟釀具有適度的吟釀香與柔和的口感，十分順口。

//// 這款也強力推薦！ ////

吉野山 特別純米

特別純米酒

原料米　五百萬石／精米比例 60%／使用酵母 協會9號／日本酒度 +3／酒精度數 15.7度

鮮味豐富又濃醇的特別純米酒

將「五百萬石」精米磨成60%釀成的特別純米酒，具有豐富的鮮味與濃醇感。建議以冷飲或溫燗方式搭配料理享用。

彌榮鶴 龜之尾藏舞

純米吟釀酒

DATA
原料米　龜之尾　　日本酒度　不公開
精米比例　60%　　酒精度數　15度
使用酵母　協會1801號

用夢幻米「龜之尾」釀造的純米酒

這家酒藏以純米酒為主，目標是釀造出能感受到稻米生產者與釀酒者存在的酒，以便讓大家品嚐安全又安心的日本酒。釀酒時會依米的品種將特色發揮到最大極限。這款純米酒是使用「龜之尾」釀造，屬於口感滑順的甘口酒。

//// 這款也強力推薦！ ////

彌榮鶴 祝藏舞

純米酒

原料米 祝／精米比例 73%／使用酵母 協會701號／日本酒度 不公開／酒精度數 15度

芳醇又濃郁的特別純米酒

藏舞（純米酒）系列是使用京都產的酒米「祝」釀造，屬於香氣清爽、風味芳醇的辛口酒。建議以冷酒或溫燗方式飲用。

久美之浦 祝 純米酒

純米酒

DATA
原料米　祝　　　日本酒度　+6
精米比例　65%　　酒精度數　15度
使用酵母　協會14號

用京都酒米「祝」釀造的辛口純米酒

這家酒藏位在京都府西北側、面對日本海的久美濱町，因為可以盡覽一望無際的久美濱灣而取名為「久美之浦」。使用丹後當地產的米，採手工方式釀造。這款只使用「祝」釀造的純米酒，屬於風味厚重的辛口酒。建議以溫燗方式享用。

//// 這款也強力推薦！ ////

杜氏之獨言 純米吟釀

純米吟釀酒

原料米 京都府產越光米／精米比例 60%／使用酵母 協會14號／日本酒度 +2／酒精度數 15度

使用特A「越光米」釀造的純米吟釀酒

這款純米吟釀酒是使用丹後當地產的「越光米」與「遊基之水」釀成。建議稍微冰鎮後再飲用，品嚐越光米的鮮味。

玉川 自然釀造純米酒（山廢）無過濾生原酒

京都

木下酒造

京丹後市

純米酒

DATA		
原料米	兵庫縣產北錦	使用酵母 藏付酵母
精米比例	66%	日本酒度 +3
		酒精度數 19～21度

對日本酒充滿愛的
英國人杜氏釀造的山廢純米

這家酒藏創業於天保13（1842）年。原本是以釀造適合當地人飲用的一般酒為主，後來英國人Philip Harper成為杜氏後，才讓玉川這個品牌的酒煥然一新。致力於採用自然釀造法，秉持不斷挑戰的精神，終於釀出口味道地的日本酒，並獲得很高的評價。陸續推出多款富有特色的酒，包括以江戶時代製法釀造的超甘口酒「Time Machine1712」。這款純米酒（山廢）無過濾生原酒含有豐富的酸味與胺基酸，風味濃郁而深奧，尤其是細緻的酸味令人印象深刻。建議以燗酒方式搭配海鮮一起享用。

///// 這款也強力推薦！ /////

玉川

純米吟釀 Ice Breaker 無過濾生原酒

純米吟釀酒

京都

原料米 滋賀縣產日本晴 60%／使用酵母 協會9號／日本酒度 +1／酒精度數 17～18度

加入冰塊可享受
口味變化樂趣的純米吟釀酒

「Ice Breaker」意指「緩和當場氣氛」，這款酒是在5月～8月販賣的人氣純米吟釀無過濾生原酒。只要加入冰塊花時間慢慢品嚐，就能隨著冰塊的溶化，享受溫度、酒精度數與口味逐漸產生變化的樂趣。

德次郎 特別純米酒

京都

城陽酒造

城陽市

特別純米酒

DATA	
原料米	京都府產五百萬石
精米比例	55%
使用酵母	京之琴
日本酒度	+5
酒精度數	15度

可以搭配各種料理的特別純米酒

這家酒藏十分講品質，使用京都產酒米與自酒藏地下100公尺處湧出的木津川伏流水，並採手工作業少量釀造。這款酒帶有宜人的鮮味與酸味，可用不同的溫度品嚐，搭配各式料理都很對味。

///// 這款也強力推薦！ /////

城陽 特別純米酒

特別純米酒

原料米 京都府產祝／精米比例 60%／使用酵母 協會1001號／日本酒度 +5／酒精度數 15度

能以各種溫度品嚐的特別純米酒

這款酒具有京都酒米「祝」特有的鮮味與清爽的酸味。可依料理以冷酒、冷飲或燗酒等方式飲用，屬於搭配度很廣的餐中酒。

93

吳春 特吟

大吟釀酒

DATA			
原料米	赤磐雄町	日本酒度	±0
精米比例	50%	酒精度數	16～17度
使用酵母	不公開		

文豪谷崎潤一郎深愛的名酒

江戶中期創業。酒藏所在地的池田市綾羽，直到今日仍保有許多富有歷史風情的建築物，來到這裡宛如回到江戶時代。前任社長與小說家谷崎潤一郎素有私交，據說還曾幫忙校對過其代表作《細雪》、《卍》，也曾一起對酌過「吳春」。

「吳春」特吟是將很難栽種的晚收品種「赤磐雄町」磨掉約一半後，再以低溫發酵方式釀造，接著放進低溫貯藏庫裡熟成後才出貨，屬於非常稀有的逸品，經常賣到缺貨。這款酒帶有內斂沉穩的果香，鮮味與溫和的澀味和圓潤的風味十分調和。

////// 這款也強力推薦！ //////

吳春 本丸

本釀造酒

原料米 麴米：山田錦、八反錦・掛米：朝日／精米比例 65％／使用酵母 不公開／日本酒度 ±0／酒精度數 15～16度

輕盈口感中隱含鮮味的日本酒

如日本酒度所示，既非甘口也非辛口，帶有絕妙的均衡風味。口感滑順，喝再多也不會膩，可享受在口中擴散開來的淡淡鮮味與餘韻。

あやめさけ 蒼庵

大吟釀酒

DATA			
原料米	兵庫縣產	使用酵母	不公開
	山田錦	日本酒度	+3
精米比例	40%	酒精度數	16度

具沉穩吟釀香的大吟釀酒

這家酒藏為守護攝津富田鄉的釀酒傳統，而於文政5（1822）年創業。持續釀造深受當地人喜愛的地酒，但為符合現代人的需求也開始研發獨特的商品。這款大吟釀酒「蒼庵」，沉穩的吟釀香與鮮味十分均衡，建議冰鎮後飲用。

////// 這款也強力推薦！ //////

國乃長 大吟釀

大吟釀酒

原料米 兵庫縣產山田錦／精米比例 50％／使用酵母 不公開／日本酒度 +3／酒精度數 16度

帶有果香且口味深奧的大吟釀酒

這款使用「山田錦」的大吟釀具有果香與深奧的風味，建議以冷酒或冷飲方式飲用。可搭配和食、醋拌料理與起司等食材。

秋鹿 純米吟醸 歌垣

純米吟醸酒

DATA

原料米	山田錦	日本酒度	+5
精米比例	60%	酒精度數	16度
使用酵母	協會9號		

從種米開始的酒藏所釀的純米吟醸酒

「從種米到釀酒採一貫作業」的酒藏。使用自營田培育的有機栽培酒米並只釀造純米酒。可當作餐中酒，不少酒款都能加熱成美味的爛酒。全日本都有熱情的粉絲支持。這款純米吟醸酒具有圓潤的風味與含香，建議以溫爛或冷飲方式飲用。

////// 這款也強力推薦！//////

秋鹿 純米大吟醸 一貫醸造
（一貫造り）

純米大吟醸酒

原料米 山田錦／精米比例 40%／使用酵母 協會9號／日本酒度 +8／酒精度數 16度

從酒米栽培採一貫作業釀造而成的純米大吟醸

這款純米大吟醸酒是用自營田栽種的有機酒米「山田錦」釀造而成。特色是具有清爽的吟香與豐富的滋味。

元朝 純米吟醸

純米吟醸酒

DATA

原料米	五百萬石	日本酒度	+2
精米比例	58%	酒精度數	15〜16度
使用酵母	協會9號		

講究吟醸酒的酒藏所釀的純米吟醸酒

文化7（1810）年創業，位在保有老街建築的紀州街道上。這家酒藏是岸和田現存企業中最古老的寺田財閥旗下的酒造公司，也是至今仍持續經營的唯一酒業者。這款純米吟醸酒使用「五百萬石」釀造，可冷飲或以冷酒、溫爛方式享受香氣與甜味。

////// 這款也強力推薦！//////

篁 吟醸生酒

吟醸酒

原料米 山田錦／精米比例 50%／使用酵母 協會9號／日本酒度 +3／酒精度數 17〜18度

搭配肉類料理也很對味濃郁卻不失清爽的酒款

以「山田錦」釀造的吟醸生酒。可搭配肉類料理，特色是帶有濃郁的鮮味與俐落的尾韻。建議以冷酒方式搭配料理飲用。

莊之鄉 大吟醸

大吟醸酒

DATA

原料米	山田錦 特等米	使用酵母	不公開
		日本酒度	+3
精米比例	35%	酒精度數	16.8度

可用香檳杯品嚐的大吟醸

大正10（1921）年創業。這家一年生產量只有200石的小酒藏，以「重質不重量」為信念，堅持採用傳統手工作業釀酒。目標是釀出具有日本酒原有鮮味的酒。這款大吟醸帶有沉穩的風味與香氣，可用香檳杯品嚐，很適合搭配清淡的料理。

////// 這款也強力推薦！//////

莊之鄉 純米酒

純米酒

原料米 五百萬石／精米比例 65%／使用酵母 協會901號／日本酒度 +5／酒精度數 15.5度

可用各種溫度品嚐風味輕盈的酒款

酒藏具代表性的純米酒。活用酒米特色釀出的風味既輕快又順口，入喉乾淨俐落。建議以冷酒或溫爛等各種不同溫度來品嚐。

利休梅 純米吟醸

大阪 大門酒造 交野市

純米吟醸酒

DATA			
原料米	五百萬石	日本酒度	+3
精米比例	55%	酒精度數	15.8度
使用酵母	協會901號		

完全採吟醸釀造法的酒藏所釀的酒

這家酒藏於文政9（1826）年在交野的無垢根村創業，這裡是京都朝廷公卿進行狩獵與賞花的地方。完全採用吟釀釀造法，持續釀造具有溫和鮮味的酒。這款風味單純的純米吟釀，可搭配沙拉、火腿、貝類與豆腐料理等。建議以10～35℃飲用。

///// 這款也強力推薦！/////

無垢根 純米大吟醸 無垢根殘月
（むくね）

純米大吟醸酒

原料米 山田錦／精米比例 50%／使用酵母 協會901號／日本酒度 +3／酒精度數 16.3度

只用當地的米和水釀出的純米大吟醸

這款純米大吟釀使用交野鄉產的酒米，具有爽快的香氣與鮮味，尾韻俐落。建議以10～35℃搭配鹽烤魚、炸物與八寶菜享用。

片野櫻 大吟醸 玄櫻

大阪 山野酒造 交野市

大吟醸酒

DATA			
原料米	山田錦	日本酒度	+4
精米比例	38%	酒精度數	15.6度
使用酵母	M310酵母		

兼具果香與芳香的大吟醸

江戶末期在大阪、京都與奈良的交界處創業。一年雖然只生產500石左右，但從商品的製造到貯藏、出貨等過程，全程皆嚴格控管品質，從平成17（2005）年起已獲得6次日本全國新酒鑑評會的金賞，實力深厚。製造量中約有8成是特定名稱酒，其中有4成是以原酒方式出貨，顯見酒藏對原酒的堅持與自信。這款甘口的大吟醸酒具有濃郁的果香與多層次的風味，蘊含南部杜氏的精湛技術，建議以冷飲方式慢慢感受其豐郁的芳香。

///// 這款也強力推薦！/////

片野櫻

山廢釀造純米酒 無過濾生原酒

純米酒

原料米 山田錦／精米比例 65%／使用酵母 協會6號／日本酒度 +4／酒精度數 17.5度

加熱成爛酒也很美味的山廢釀造純米生原酒

這款純米無過濾生原酒具有日本酒原料米「山田錦」的鮮味，以及山廢釀造所產生的適度酸味與深濃的風味。除了冷飲之外，加熱成爛酒可享受令人舒暢的酸味與豐富的滋味。

天野酒 僧房酒

DATA		
原料米　山田錦		日本酒度　－97
精米比例　90%		酒精度數　15.4度
使用酵母　協會7號		

豐臣秀吉深愛的銘酒
由南部杜氏發揮技術復刻

享保3（1718）年創業。自古以來，由寺院製造及管理的僧房酒都有很高的品質，並且以清酒的源頭而著稱，西條便是來自於天野山金剛寺釀造的僧房酒。在南部杜氏的堅持下，西條與只會釀造辛口酒的酒藏劃清界線，傾全力持續釀造重視鮮味的酒。

這款酒如僧房酒之名所示，盡可能忠實重現室町～戰國時代的製法，努力復刻出當年受到人們喜愛的口味。據說連豐臣秀吉都愛不釋口。美麗的琥珀色，加上超濃厚的甘口風味，建議務必加入冰塊享用。

////// 這款也強力推薦！ //////

天野酒 吟釀原酒

原料米 五百萬石／精米比例 55%／使用酵母 協會9號／日本酒度 ＋4／酒精度數 18.2度

不加水調整
直接裝瓶的吟釀原酒

這款是酒藏傳統的吟釀原酒，它將本釀造用所釀的酒直接裝瓶而不加水，所以可品嚐到濃郁的鮮味。滋味雖然濃厚，卻是清爽俐落的辛口酒。帶有原酒特有的豐富鮮味，建議冰鎮後飲用。讓人喝了還想再喝。

無我無心 雫酒 純米大吟釀
（しずく酒）

DATA		
原料米　山田錦		日本酒度　＋3
精米比例　35%		酒精度數　16.5度
使用酵母　M310酵母		

當年度最頂級的純米大吟釀雫酒

這家富有歷史的酒藏創業於享保元（1716）年，已被指定為日本國家登錄有形文化財。從2009年起連續3年獲得日本全國新酒鑑評會的金賞，日本酒的品質素有定評。這款酒不施加力量壓榨，只收集滴落下來最頂級的雫酒，酒質清澈透明。

////// 這款也強力推薦！ //////

浪花正宗 大吟釀

原料米 一般米／精米比例 40%／使用酵母 M310酵母／日本酒度 ＋3／酒精度數 16.5度

充滿果香且風味
馥郁的大吟釀

將酒米之王「山田錦」精米磨成40%後精心釀造而成。風味馥郁且深奧，不愧是酒中的藝術品。

兵庫

富久娘酒造

神戶市灘區

上撰 **富久娘**

DATA
原料米	不公開
精米比例	70%
使用酵母	不公開
日本酒度	+1
酒精度數	15～16度

長期備受喜愛的酒藏具代表性的普通酒

江戶時代創業。明治20（1887）年開始釀造的「富久娘」，已成長為灘五代銘酒之一。品牌名稱是來自被視為吉祥物的「多福」面具。這是一款風味芳醇、口感清爽的均衡好酒。

純米 **力**

純米酒

原料米 神力米／精米比例 65%／使用酵母 不公開／日本酒度 +2／酒精度數 15～16度

香氣奢華且風味富有深度的純米酒

使用酒造好適米「神力」釀造的純米酒，充分突顯出酒米原有的鮮味。從冷飲至溫燗都能品嚐到深奧的滋味。

這款也強力推薦！

兵庫

澤之鶴

神戶市灘區

澤之鶴 特撰 特別純米酒 實樂山田錦

特別純米

DATA
原料米	兵庫縣特A地區產山田錦	使用酵母	不公開
		日本酒度	+2.5
精米比例	70%	酒精度數	14.5度

費時費工的生酛釀造特別純米酒

享保2（1717）年創業。由丹波杜氏利用「宮水」與「山田錦」等酒造好適米，釀造出灘本流的日本酒。同時致力於傳播資訊以重振日本酒文化。

全量使用特A地區實樂產的「山田錦」，為了徹底突顯出米的鮮味，採用灘酒傳統的生酛釀造法釀出這款特別純米酒，帶有濃郁的味道與清爽的鮮味，口感十分細緻。平成27（2015）年獲得世界菸酒食品評鑑會金賞，以及慢食日本（Slow Food Japan）燗酒競賽2015金賞。

澤之鶴

超特撰 純米大吟釀 瑞兆

純米大吟釀酒

原料米 兵庫縣產山田錦／精米比例 47%／使用酵母 協會9號／日本酒度 ±0／酒精度數 16.5度

重視風味且能提升料理美味的純米大吟釀

將兵庫縣產的山田錦精米磨成47%後，慢慢釀造而成的純米大吟釀。風味既奢華又清爽，屬於能提升料理美味的「味吟釀」。含一口在嘴裡，芳醇的吟釀香便會溫和地擴散開來，可以品嚐到馥郁又深奧的濃醇滋味。

兵庫 櫻正宗 ‖ 神戶市東灘區

櫻正宗 燒稀 生一本

純米酒

DATA
原料米	兵庫縣產山田錦
精米比例	70%
使用酵母	協會9號
日本酒度	+2
酒精度數	15～16度

活用「山田錦」風味的生一本

寬永2（1625）年開始釀酒。這家酒藏是在清酒名冠上「正宗」的始祖，也是協會1號酵母的發源地，在日本酒史上留下無數功績。傳承先人的技術與文化並持續釀酒。「燒稀」是活用「山田錦」風味釀成的餐中酒。

‖‖‖‖‖ 這款也強力推薦！ ‖‖‖‖‖

櫻正宗 櫻華一輪 大吟釀

 大吟釀酒

原料米 兵庫縣三木市吉川町產山田錦／精米比例 35%／使用酵母 協會1801號／日本酒度 +5／酒精度數 15～16度

用最頂級的「山田錦」細心釀出的大吟釀

將最頂級的「山田錦」精米磨成35%後，細心釀成的大吟釀酒。具有馥郁的香氣，建議冰鎮後品嚐。

兵庫 白鶴酒造 ‖ 神戶市東灘區

白鶴 特撰 特別純米酒 山田錦

特別純米酒

DATA
原料米	山田錦	日本酒度	+3
精米比例	70%	酒精度數	14度
使用酵母	自社酵母		

可品嚐純米酒特有的濃郁感與俐落的尾韻

寬保3（1743）年創業。這家酒藏的標語是「跨越時代傳遞親和之心」。以豐富的釀酒文化繼承者為傲，持續努力釀酒。這款特別純米酒100%使用兵庫縣產的「山田錦」，具有純米酒特有的濃郁風味與俐落的尾韻。

‖‖‖‖‖ 這款也強力推薦！ ‖‖‖‖‖

白鶴 超特撰 純米大吟釀 白鶴錦

純米大吟釀酒

原料米 白鶴錦／精米比例 50%／使用酵母 自社酵母／日本酒度 +4／酒精度數 15度

香氣清爽且風味馥郁的純米大吟釀

這款純米大吟釀100%使用白鶴研發的「白鶴錦」釀成。特色是帶有華麗清爽的香氣與馥郁的風味。

兵庫 濱福鶴吟釀工房 ‖ 神戶市東灘區

空藏 山田錦

 純米吟釀酒

DATA
原料米	山田錦
精米比例	60%
使用酵母	不公開
日本酒度	+3
酒精度數	17度

由「吟釀工房」釀造的純米吟釀酒

原為灘的老字號酒藏，卻在阪神・淡路大地震中全毀，因此以「吟釀工房」之姿重新出發。具備四季釀造設備，四周採玻璃帷幕設計，可參觀釀酒工程。這款純米吟釀生原酒具有酒米的鮮味與俐落的尾韻，建議冷飲。

‖‖‖‖‖ 這款也強力推薦！ ‖‖‖‖‖

七梅 生酛純米酒

 純米酒

原料米 山田錦／精米比例 60%／使用酵母 不公開／日本酒度 +4／酒精度數 15度

帶有清爽扎實的酸味 讓人喝不膩的純米酒

這款以生酛釀造法釀成的純米酒，具有溫和的香氣與鮮味，尾韻清爽俐落。可當作餐中酒搭配各種料理享用。

菊正宗 上撰 生酛本釀造

本釀造酒

兵庫

菊正宗酒造

神戶市東灘區

DATA			
原料米	日本國產米	日本酒度	+5
精米比例	70%	酒精度數	15度
使用酵母	自社酵母		

適合當作襯托料理美味的餐中酒飲用

自萬治2（1659）年創業以來，始終以「品質第一」為座右銘進行釀酒。不僅採用全年都能生產的四季釀造方式，並由丹波杜氏進行生酛釀造，持續釀製講究的酒款。這款「生酛本釀造」為道地的辛口酒，風味清爽俐落，入喉口感強勁。

///// 這款也強力推薦！ /////

菊正宗 上撰 純米酒·香釀

純米酒

原料米 日本國產米／精米比例 70%／使用酵母 菊正HA14酵母／日本酒度 －2／酒精度數 15度

建議冰鎮後品嚐享受酒的香氣與鮮味

這款純米酒具有豐富鮮明的果香。建議冰鎮後再飲用，享受純米特有的鮮味與餘韻。

黑松劍菱

兵庫

劍菱酒造

神戶市東灘區

DATA			
原料米	山田錦	使用酵母	自社酵母
	愛山	日本酒度	±0～+1.5
精米比例	不公開	酒精度數	17度

充滿濃厚香氣與豐郁滋味的逸品

永正2（1505）年創業，為日本最古老的日本酒品牌。江戶時代被評為「古今第一好酒」，自古以來便深受人們喜愛。為了守護這個味道，堅持採用手工方式持續釀酒。這款「黑松劍菱」具有濃厚的香氣與酒米豐潤的滋味。

///// 這款也強力推薦！ /////

瑞穗黑松劍菱

原料米 山田錦／精米比例 不公開／使用酵母 自社酵母／日本酒度 ±0～+1.5／酒精度數 17.5度

可享受優雅的香氣與圓潤的滋味

將熟成2年以上的純米酒混合而成。具有優雅的香氣以及劍菱特有的濃醇滋味，飲用後會留下奢華的餘韻。

福壽 純米吟釀

純米吟釀酒

兵庫

神戶酒心館

神戶市東灘區

DATA			
原料米	兵庫縣產米	日本酒度	+2
精米比例	60%	酒精度數	15度
使用酵母	協會1801號		

具有豐富櫻桃香與稻米鮮味的純米吟釀

寶曆元（1751）年創業。為追求極致美味的日本酒，以手工方式少量釀造，目標是釀出「濃醇清澈的美酒」。這款純米吟釀具有豐富的櫻桃香與稻米的鮮味，建議充分冰鎮之後，搭配鮮奶油或茅屋起司一起享用。

///// 這款也強力推薦！ /////

福壽 純米酒 御影鄉

純米酒

原料米 兵庫縣產米／精米比例 70%／使用酵母 協會9號／日本酒度 +4／酒精度數 15度

口感滑順的辛口純米酒搭配燉飯等也很對味

這款辛口純米酒帶有清新滑順的口感。不論冷飲或加熱成爛酒都很美味。搭配燉飯等鮮味濃郁的料理也十分對味。

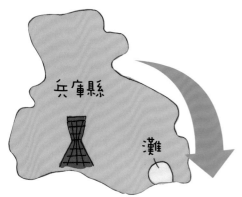

灘的酒造

############ MAP ############

以富含礦物質的「宮水」而聞名的灘，有許多知名的酒藏分布在沿岸地區。不妨到利用古老酒藏改建的日本酒資料館等處，好好探訪一番。

往六甲山

JR東海道本線

六甲道

住吉

②

新在家 ⑨⑤ 石屋川 御影 住吉 魚崎 阪神電鐵本線

④③

富久娘酒造 →98頁

劍菱酒造 →100頁

櫻正宗 →99頁

神戶酒心館 →100頁

菊正宗酒造 →100頁

白鶴酒造 →99頁

澤之鶴 →98頁

濱福鶴吟釀工房 →99頁

都賀川

石屋川

住吉川

明石鯛 大吟釀酒

兵庫
明石酒類釀造

兵庫
明石市

DATA			
原料米	兵庫縣產	日本酒度	+6
	山田錦	酒精度數	17度
精米比例	40%		
使用酵母	協會901號・1901號		

使用兵庫縣產「山田錦」的濃醇大吟釀酒

萬延元（1860）年以醬油釀造商的身分創業，之後開始便挑戰製造燒酒、味醂與酒類產品，現今生產線更擴及清酒、利口酒等產品。以主要品牌「明石鯛」為首，旗下擁有多個品牌，並曾在比利時國際風味暨品質評鑑所（iTQi）舉辦的風味獎大賽，以及世界菸酒食品評鑑會等眾多競賽中得獎，實力堅強。

這款味道濃醇的大吟釀酒是發揮兵庫縣產「山田錦」的風味，以嚴謹的作業慢慢釀造而成，十分適合搭配肉類等主餐料理。建議以冷酒或冷飲方式品嚐其濃厚的滋味。

這款也強力推薦！

明石鯛 純米酒

純米酒

原料米 山田錦／精米比例 65%／使用酵母 協會901號／日本酒度 不公開／酒精度數 15度

強勁的酸味與風味很能刺激食慾

純米酒是酸味較強的酒，特色是風味濃郁又強勁。酒的味道可以刺激食慾，而且不論重口味料理或清淡料理都能搭配。加熱成爛酒最能感受到酒的美味，建議以熱燗或溫燗方式飲用。

神鷹 大吟釀

兵庫
江井嶋酒造

明石市

大吟釀酒

DATA			
原料米	山田錦	日本酒度	+1
精米比例	50%	酒精度數	15度
使用酵母	明利系酵母		

風味細緻淡麗的大吟釀酒

江戶初期創業。除了清酒之外，還生產燒酒、葡萄酒、威士忌、白蘭地等酒類，屬於綜合型酒商。釀造上不拘泥於傳統，而會因應新需求進行調整。這款大吟釀酒100%使用「山田錦」釀造，喝起來如水一般清爽，非常容易入喉。

這款也強力推薦！

神鷹 吟造（吟造り）

吟釀酒

原料米 山田錦・北錦・Donto koi（どんとい）／精米比例 60%／使用酵母 明利系酵母／日本酒度 +1／酒精度數 14度

如現釀般新鮮的吟釀酒

以低溫火入方式釀造，特色是具有細緻的口感與現釀般的新鮮風味，同時帶有著華的香氣。建議充分冰鎮後飲用。

來樂 大吟釀35

兵庫
茨木酒造
明石市

大吟釀酒

DATA

原料米	山田錦	日本酒度	+1
精米比例	35%	酒精度數	16.5度
使用酵母	六道木花酵母		

利用從花朵萃取的花酵母釀成的大吟釀

嘉永元(1848)年創業。由在東京農業大學學習釀造學的老闆兼杜氏以傳統手工方式單獨進行釀造。平成27(2015)年獲得日本全國新酒鑑評會的金賞。這款以六道木花酵母釀造的大吟釀具有高雅的香氣,建議以冷酒方式飲用。

///// 這款也強力推薦! /////

來樂 花乃藏 月下美人 生酒

純米酒

原料米 五百萬石／精米比例 65%／使用酵母 花酵母月下美人／日本酒度 +3／酒精度數 17度

用月下美人花酵母釀造的純米生原酒

利用從花朵中萃取的花酵母釀造而成的生酒,具有果香與清爽的酸味。建議以冷酒方式搭配各種料理享用。

兵庫

空之鶴 純米大吟釀酒 翁之盃

兵庫
西海酒造
明石市

純米大吟釀酒

DATA

原料米	山田錦	日本酒度	+3
精米比例	45%	酒精度數	17度
使用酵母	協會9號		

老闆自己種米的酒藏所釀的純米大吟釀

享保元(1716)年創業,從種米到釀酒都由老闆親自負責的酒藏。使用講究土質的自家水田所栽種的有機酒米,並以手工方式少量釀造。這款純米大吟釀是使用講究的「山田錦」釀成,具有酒米的鮮味與果香,建議以冷酒方式飲用。

///// 這款也強力推薦! /////

空之鶴 純米酒 Rice Wine

純米酒

原料米 兵庫北錦／精米比例 60%／使用酵母 葡萄酒酵母／日本酒度 −36／酒精度數 12度

用葡萄酒酵母釀出的酸甜純米酒

使用葡萄酒酵母釀造,酸味偏強的純米酒。酸酸甜甜的果香風味很受女性歡迎,適合搭配炸物料理一起享用。

葵鶴 純米大吟釀 酒壺

兵庫
稻見酒造
三木市

純米大吟釀酒

DATA

原料米	山田錦	日本酒度	不公開
精米比例	50%	酒精度數	16度
使用酵母	協會901號		

酒藏具代表性的高品質純米大吟釀酒

這家酒藏於明治22(1889)年創業,位在「山田錦」知名產地之一的三木市。盆地特有的氣候是冬季早晨嚴寒,可說擁有最佳的釀酒環境。這款使用高品質「山田錦」釀造的酒,具有豐富的味道與清爽的酸味,建議以冷酒方式飲用。

///// 這款也強力推薦! /////

葵鶴 大吟古酒

純米大吟釀酒

原料米 山田錦／精米比例 50%／使用酵母 協會901號／日本酒度 不公開／酒精度數 15度

熟成5年以上的純米大吟釀

這款純米大吟釀熟成酒的分量感十足。具有葡萄酒般的酸味,可搭配牛排或重口味料理等一起享用。

千年一 大吟釀 千代之緣

兵庫
千年一酒造
淡路市

兵庫

大吟釀酒

DATA			
原料米	兵庫縣產山田錦	使用酵母	協會1801號
		日本酒度	+2
精米比例	38%	酒精度數	17～18度

獲得5次日本全國新酒鑑評會金賞的酒

明治8（1875）年創業。這間保有昔日酒商外貌的小酒藏，堅持以傳統手工技術釀酒。目標是釀出適合漁民之鄉的清爽旨口酒。這款大吟釀是使用「山田錦」釀造，具有清爽的吟釀香與果實風味，建議以冷酒方式飲用。

這款也強力推薦！

千年一 純米大吟釀 雄町之風

純米大吟釀酒

原料米 雄町／精米比例 50%／使用酵母 協會901號／日本酒度 +4／酒精度數 16～17度

用夢幻酒米「雄町」釀造的純米大吟釀酒

使用有機栽培米「雄町」釀造，這種米是用種在田裡的蓮華草草肥料。風味芳醇且清爽順喉，建議以冷酒方式飲用。

都美人 純米大吟釀 無限大

純米大吟釀酒

兵庫
都美人酒造
南淡路市

DATA			
原料米	兵庫縣產山田錦	使用酵母	協會901號
		日本酒度	+4
精米比例	40%	酒精度數	16～17度

堅持山廢釀造的酒藏所釀的純米大吟釀

由淡路島南部的10家酒藏，在昭和20（1945）年合併而成。堅持釀造風味富有深度且尾韻俐落的山廢釀造酒，並持續以嚴謹的作業釀酒。這款純米大吟釀是使用罕見的「天秤搾」壓搾而成，可以品嚐到純粹的酒香。

這款也強力推薦！

雲乃都美人 山廢純米

純米酒

原料米 兵庫縣產五百萬石／精米比例 65%／使用酵母 協會901號／日本酒度 +4／酒精度數 15～16度

具有山廢釀造特有鮮味與濃郁感的純米酒

使用天然乳酸菌的山廢釀造所釀出的純米酒，具有強勁的風味與酸味，適合當成餐中酒，以燗酒方式慢慢品嚐。

たましずく

純米吟釀酒

兵庫
神結酒造
加東市

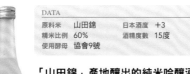

DATA			
原料米	山田錦	日本酒度	+3
精米比例	60%	酒精度數	15度
使用酵母	協會9號		

「山田錦」產地釀出的純米吟釀酒

這家酒藏創業於明治19（1886）年，位在生產最頂級「山田錦」的加東市。獲得8次日本全國新酒鑑評會的金賞，以及世界蒸酒食品評鑑會的金賞等眾多獎項。這款純米吟釀酒具有生貯藏特有的新鮮風味，建議以冷酒品嚐其風味與香氣。

這款也強力推薦！

神結 純米原酒 山田錦

純米酒

原料米 山田錦／精米比例 60%／使用酵母 協會9號／日本酒度 +3／酒精度數 17度

突顯當地產「山田錦」鮮味的純米原酒

使用最頂級的「山田錦」精心釀造，再置於酒藏裡熟成的純米酒。具有舒暢的口感與鮮味，建議以冷酒方式飲用。

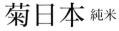

菊日本 純米

兵庫
三宅酒造

加西市

純米酒

DATA	
原料米	五百萬石 日本晴
精米比例	70%
使用酵母	協會701號
日本酒度	＋2
酒精度數	15.5度

日本第一酒米產地的酒藏所釀的純米酒

這家酒藏創業於文政2（1819）年，位在酒米產地的丹波播磨地區。堅守傳統的同時也追求符合時代的口味，由但馬杜氏以手工釀酒。獲得4次日本全國新酒鑑評會金賞。這款酒可享受米的鮮味與濃醇，適合當餐中酒。

////// 這款也強力推薦！//////

菊日本 本釀造

本釀造酒

原料米 兵庫錦等／精米比例 70%／使用酵母 協會701號／日本酒度 ±0／酒精度數 15.5度

口味扎實的傳統本釀造酒

可享受到酒藏傳統口味的本釀造酒，特色是帶有芳醇溫和的口感。建議當作餐中酒搭配重口味料理享用。

兵庫

純青 特別純米 山田錦

兵庫
富久錦

加西市

特別純米酒

DATA			
原料米	山田錦	日本酒度	＋1
精米比例	60%	酒精度數	16.5度
使用酵母	協會701號		

只用當地米釀造純米酒的酒藏推出的酒

天保10（1839）年創業，從平成4（1992）年起只釀造純米酒，而且僅使用加西市當地產的米釀酒，目標是釀出只有這塊土地才有、可以引起眾人共鳴的酒。這款特別純米是使用西脇農園栽種的「山田錦」釀造，建議以冷飲或溫爛方式飲用。

////// 這款也強力推薦！//////

富久錦 純米大吟釀 瑞福

純米大吟釀酒

原料米 山田錦／精米比例 40%／使用酵母 協會901號／日本酒度 ＋2／酒精度數 15.5度

帶有高雅吟釀香且入喉滑順的純米大吟釀

這款純米大吟釀酒是將加西市當地產的「山田錦」精米磨成40%後所釀成。風味纖細優雅，建議冰鎮後飲用。

官兵衛 濁酒

兵庫
名城酒造

姬路市

DATA			
原料米	一般酒米	日本酒度	−6.5
精米比例	73%	酒精度數	15〜16度
使用酵母	協會701號		

甜味較淡的清爽濁酒

以元治元（1864）年創業的今井酒造為主，於昭和41（1966）年合併姬路市內6家酒藏而成。融合最新式設備與傳統手工方式進行釀造。這款濁酒具有奢華的香氣，甜味較淡，餘韻十分清爽。建議稍微冰鎮後再飲用。

////// 這款也強力推薦！//////

名城 山田錦100%

原料米 山田錦／精米比例 70%／使用酵母 協會9號／日本酒度 ＋3／酒精度數 15〜16度

100%使用「山田錦」的酒藏傳統品牌酒

這款「名城」只用「山田錦」釀造，以常溫飲用十分爽口，加熱成爛酒則會轉變成豐富圓潤的滋味。很適合當作餐中酒飲用。

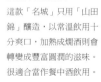

雪彦山 大吟釀

\\\\\\ 這款也強力推薦！ \\\\\\

雪彦山 純米酒

兵庫
壺坂酒造
姫路市

大吟釀酒

DATA		
原料米 山田錦		日本酒度 +3
精米比例 40%		酒精度數 17度
使用酵母 協會1801號‧9號系		

能充分感受播磨‧夢前町的大吟釀酒

文化2（1805）年創業。使用當地的米和水，並利用夢前町的氣候來釀酒。不以機器管理溫度，只藉由開關酒藏的門來調節溫度以及濕度，透過自然發酵方式進行釀造。這款只使用「山田錦」釀造的辛口大吟釀酒，可以享受到絕佳的香氣。

純米酒

原料米 山田錦／精米比例 70%／使用酵母 協會701號／日本酒度 +6／酒精度數 15度

使用「山田錦」的純米酒可用各種溫度品嚐

這款只使用「山田錦」釀造的純米酒，屬於口味清爽的辛口酒。從冷酒至熱燗都好喝，不妨以各種不同的溫度品嚐看看。

龍力 大吟釀 米之囁（米のささやき）

\\\\\\ 這款也強力推薦！ \\\\\\

龍力 純米大吟釀 秋津

兵庫
本田商店
姫路市

大吟釀酒

DATA			
原料米	兵庫縣特A地區產山田錦	使用酵母	協會9號熊本縣造研究所酵母
精米比例	糀米 40%掛米 50%	日本酒度	+3.5
		酒精度數	17～18度

堅持使用特上「山田錦」的酒藏所釀造的極品大吟釀

這家知名的酒藏創業於江戶時代元祿年間，堅持使用兵庫縣特A地區栽種的特上「山田錦」來釀酒。連續6年共獲得18次日本全國新酒鑑評會的金賞，成功展現出堅持的成果。

這款酒藏具代表性的大吟釀酒是使用鐵質較少的軟水釀成，目標是成為如「Romanee Conti」、「Montrachet」等世界知名的酒款。這款酒具有舒暢的果香，清爽的風味會在口中擴散開來。建議冰鎮後好好享受深具滿足感的滋味。

純米大吟釀酒

原料米 兵庫縣特A地區秋津產山田錦／精米比例 35%／使用酵母 協會9號或熊本縣造研究所酵母／日本酒度 ±0／酒精度數 16～17度

使用頂級酒米釀造是酒藏充滿自信的純米大吟釀

這款純米大吟釀酒是使用日本品質第一的酒米──兵庫縣特A地區秋津所產的「山田錦」釀造，連藏元都拍胸脯充滿自信地表示這是一支「具有極致風味的日本酒」。堪稱是最高級的日本酒。

奧播磨 純米大吟釀傳授

兵庫
下村酒造店
姬路市

DATA

原料米	兵庫縣產山田錦
精米比例	38%
使用酵母	協會9號
日本酒度	＋4
酒精度數	17.2度

堅持手工釀造純米酒的酒藏推出的大吟釀

這家酒藏自明治17（1884）年創業以來，始終遵守家訓「沒有比手工釀造更好的技術」，完全不採用機器與大量生產方式釀酒，而是運用豐富的自然環境資源，細心地以手工作業釀造每一瓶酒。從平成20（2008）年酒造年度起轉變成只釀造純米酒，日本各地都有藏元的粉絲。

這款純米大吟釀無過濾原酒是全量使用特A地區生產的特上米釀造，為酒體豐厚、口感飽滿的極致餐中酒。可隨飲用者的喜好以不同的溫度品嚐，屬於全方位的酒款。

奧播磨 純米Standard

純米酒

原料米 兵庫縣產兵庫夢錦／精米比例55%／使用酵母 協會9號／日本酒度＋4.5／酒精度數 15.8度

擅長釀造餐中酒的酒藏力推的純米酒

這款百喝不膩的辛口純米酒，是全量使用安富町生產的酒造好適米「兵庫夢錦」釀造。由於可用各種不同的溫度品嚐，建議搭配當天的料理以冷酒至熱燗方式享用。也很推薦當成日常酒飲用。

兵庫

八重垣 純米大吟釀 青乃無

純米大吟釀酒

兵庫
YAEGAKI酒造（ヤヱガキ酒造）
姬路市

DATA

原料米	山田錦 五百萬石	使用酵母	自社酵母
精米比例	50%	日本酒度	±1
		酒精度數	15度

得獎無數的酒藏具代表性的純米大吟釀

這家酒藏創業於寬文6（1666）年。堅守日本酒文化的同時，也致力於擴展海外市場。由被評為現代名工，並獲頒黃綬褒章的田中博和杜氏負責釀酒。這款香氣、鮮味與尾韻十分均衡的純米大吟釀，具有青蘋果般的香氣，建議以冷酒方式飲用。

八重垣 純米大吟釀 山田錦

純米大吟釀酒

原料米 山田錦／精米比例 50%／使用酵母 自社酵母／日本酒 ＋2／酒精度數 16度

很適合搭配甜點的純米大吟釀酒

這款透明感十足，風味卻很濃郁的純米大吟釀也很適合搭配甜點。建議加入冰塊，或以冷酒、冷飲方式享用。

老松 古酒 善次郎

兵庫

老松酒造

穴粟市

兵庫

純米大吟釀

DATA	
原料米	夢錦
	日本晴
精米比例	70%
使用酵母	協會7號
日本酒度	±0
酒精度數	18.8度

讓人聯想到白酒與白蘭地的古酒

這家酒藏創業於明和5（1768）年。由丹波杜氏使用講究的米與溫和的伏流水，採用傳統手工方式釀酒。看似不夠華麗，卻是深受當地人喜愛的酒。這款貯藏5年的古酒帶有豐富的滋味，建議以冷酒或溫燗方式飲用。

 這款也強力推薦！

スエヒロ 老松

純米吟釀酒

原料米 夢錦·日本晴／精米比例 70%／使用酵母 協會7號／日本酒度 +2／酒精度數 15.8度

當地人晚酌時絕不可少的典型普通酒

堅守創業當時的口味，適合搭配料理，深受當地人喜愛的典型普通酒。建議加熱成燗酒。

播州一獻 大吟釀

兵庫

山陽盃酒造

穴粟市

大吟釀酒

DATA			
原料米	山田錦	日本酒度	不公開
精米比例	40%	酒精度數	16度
使用酵母	不公開		

堅持手工釀造純米酒的酒藏推出的大吟釀

這家酒藏創業於天保8（1837）年。堅持以手工方式費心釀造具有傳統風味的酒，在舊礦山裡擁有用來熟成酒的天然貯藏庫。這款大吟釀酒具有華麗的吟釀香與俐落的尾韻，建議冰鎮至10℃左右飲用。

這款也強力推薦！

播州一獻 純米超辛口

純米酒

原料米 兵庫北錦／精米比例 60%／使用酵母 不公開／日本酒度 不公開／酒精度數 16度

可用各種不同溫度品嚐的超辛口純米酒

這款純米酒帶有清爽的酸味與柔順的餘韻，最適合當作餐中酒飲用。建議可搭配料理，依個人喜好以冷酒至熱燗方式享用。

竹泉 純米吟釀 幸之鳥

兵庫

田治米

朝來市

純米吟釀酒

DATA			
原料米	五百萬石	日本酒度	+5
精米比例	60%	酒精度數	15度
使用酵母	協會7號		

只釀造手工純米酒的酒藏推出的純米吟釀

元祿15（1702）年創業，目標是釀造能突顯料理美味的酒，此酒藏堅持以手工釀造純米酒，在過程中使其確實發酵、熟成。以竹之川的伏流水與講究的酒米釀造。這款純米吟釀是使用「白鶴復育農法米」，建議搭配料理以冷飲至燗酒方式享用。

這款也強力推薦！

竹泉 醇辛

純米酒

原料米 兵庫縣產山田錦·兵庫縣產五百萬石／精米比例 60%／使用酵母 協會7號／日本酒度 +8／酒精度數 15度

可搭配料理享用的辛口純米酒

確實發酵之後，在酒藏內熟成3年以上的純米酒。可充分品嚐到酒米扎實的鮮味。

兵庫 打田酒造 丹波市

丹波 純米大吟釀

DATA

原料米	五百萬石
精米比例	60%
使用酵母	協會酵母
日本酒度	＋3～＋5
酒精度數	15度

在丹波山區裡釀造，口感輕盈的地酒

位在丹波市山區的古老酒藏。原本從事醬油釀造業，昭和11（1936）年在日本陸軍的要求下，開始釀造日本酒至今。這款純米大吟釀的特色是香氣豐郁、口感輕盈。

//////// **這款也強力推薦！** ////////

丹波 大吟釀

原料米 山田錦・五百萬石／精米比例 40～60%／使用酵母 協會酵母／日本酒度 ＋3～5／酒精度數 15度

可充分品嚐酒米鮮味的酒

這款大吟釀是以自家井水為釀造用水，並採傳統手工方式釀造，含一口在嘴裡便能感受到酒米豐富的鮮味。

兵庫

兵庫 西山酒造場 丹波市

小鼓 路上有花 葵

DATA

原料米	山田錦	日本酒度	±0
精米比例	50%	酒精度數	16～17度
使用酵母	小川10號酵母		

Robert Parker讚譽有加的純米大吟釀

嘉永2（1849）年創業。「小鼓」是由高濱虛子命名。以釀造對身體溫和的日本酒為主，盡可能不使用添加物，同時熱衷於向海外傳遞訊息。這款純米大吟釀被知名葡萄酒評論家Robert Parker讚美是「超越葡萄酒的日本酒」，具有纖細的甜味。

//////// **這款也強力推薦！** ////////

小鼓 路上有花 黑牡丹

原料米 但馬強力／精米比例 50%／使用酵母 小川10號酵母／日本酒度 ＋3／酒精度數 16～17度

夢幻酒米「但馬強力」釀造的純米大吟釀酒

這款純米大吟釀是使用相隔60多年再度復活的夢幻酒米「但馬強力」。具有酒米特有的鮮味，建議以冷酒或冷飲方式飲用。

兵庫 山名酒造 丹波市

奧丹波 生詰

DATA

原料米	山田錦	日本酒度	＋2
精米比例	60%	酒精度數	15度
使用酵母	明利小川		

釀造「真地酒」的酒藏推出的純米吟釀酒

享保元（1716）年創業，為丹波最古老的酒藏。目標是藉由丹波人和大自然釀出「真正的地酒」，使用當地栽種的酒米，並以手工方式釀造純米酒。這款純米吟釀是「山田錦」與「明利小川酵母」的完美結合，建議冰鎮後飲用。

//////// **這款也強力推薦！** ////////

奧丹波 純米酒

原料米 兵庫北錦・五百萬石／精米比例 70%／使用酵母 協會7號／日本酒度 ＋3／酒精度數 15度

傳承300年的純米酒

這款純米酒採用創業以來幾乎不變的傳統方法釀造而成，具有多層次的風味與沉穩的香氣，冷酒至爛酒皆宜。

109

鳳鳴 田舍酒 純米

純米酒

DATA			
原料米	五百萬石	日本酒度	+4
精米比例	65%	酒精度數	15～16度
使用酵母	不公開		

醸造傳統烈酒的酒藏推出的純米酒

寬政9（1797）年創業。「視酒為文化」是其基本態度，非常重視丹波的文化。這裡不愧是丹波杜氏的故鄉，至今仍持續釀造風味濃郁的道地日本酒。這款純米酒具有扎實的香氣與多層次的風味，尾韻清爽俐落，喝起來很順喉。

////// 這款也強力推薦！//////

鳳鳴 純米吟釀

純米吟釀

原料米 山田錦・五百萬石／精米比例 50%・60%／使用酵母 不公開／日本酒度 +2／酒精度數 15～16度

香氣清爽且風味強勁的純米吟釀酒

這款純米吟釀酒是用「山田錦」和「五百萬石」釀成，風味濃郁強勁，可以確實感受到酒米的鮮味。

香住鶴 生酛 辛口

DATA			
原料米	五百萬石	日本酒度	+7
精米比例	68%	酒精度數	16度
使用酵母	協會701號		

只採生酛・山廢方式釀酒的酒藏推出的代表酒款

這家酒藏創業於享保10（1725）年，只採用傳統日本酒製法的生酛和山廢方式釀酒。利用自然界的乳酸菌和微生物，並以熟練的技術展現山酛・山廢特有的深奧風味。這款「生酛辛口」帶有濃郁的鮮味與清爽俐落的尾韻，味道十分具有深度，屬於風味細緻爽口的辛口酒。曾獲得第5屆International SAKE Challenge 2011生酛・山廢部門的最優秀賞。適合搭配重口味與油脂豐富的料理。可依個人喜好，以冷酒至熱燗方式飲用。

////// 這款也強力推薦！//////

香住鶴 生酛 純米

純米酒

原料米 五百萬石／精米比例 68%／使用酵母 協會701號／日本酒度 +3／酒精度數 15度

搭配任何料理都很對味的純米酒

這款純米酒不管搭配火鍋、關東煮、生魚片、紅燒等所有使用高湯的料理都很對味。口感柔滑且十分順喉，喝再多也不會膩，可當作日常酒輕鬆飲用。不妨搭配料理，以冷酒至溫燗方式享用。

兵庫　小西酒造　伊丹市

白雪 超特撰 純米大吟釀 萬歲紋

純米大吟釀酒

DATA			
原料米	兵庫縣產山田錦	使用酵母	不公開
		日本酒度	+5
精米比例	50%	酒精度數	16.8度

日本最古老品牌「白雪」的純米大吟釀

這款酒藏於天文19（1550）年，在清酒的發源地伊丹創業。連江戶人都愛的「白雪」是日本最古老的清酒品牌，從距今約400年前的江戶時代便持續受到人們的喜愛。這款純米大吟釀原酒是使用「山田錦」釀成，口感十分溫和濃郁。

這款也強力推薦！

白雪 超特撰 江戶元祿之酒（復刻酒）原酒

原料米 山田錦／精米比例 88%／使用酵母 不公開／日本酒度 −35／酒精度數 17.8度

依照釀造古文書重現元祿時代的酒

這家酒藏保有古文書《酒永代覺帖》，而依照書中元祿15（1702）年秋天的酒造紀錄重現的就是這款酒。可加冰塊或兌冷、熱開水飲用。

兵庫　伊丹老松酒造　伊丹市

御免酒 老松 純米大吟釀

純米大吟釀酒

DATA			
原料米	麴米：山田錦	使用酵母	不公開
	掛米：大瀨戶（オオセト）	日本酒度	+2
精米比例	50%	酒精度數	16～17度

江戶幕府官用酒、老松的純米大吟釀

元祿元（1688）年創業的老字號酒藏。元祿10（1697）年有24家伊丹的酒商被列為江戶幕府的「官用酒」供應商，其中「老松」以專門提供宮中奉納酒、將軍的御膳酒聞名。這款純米大吟釀無過濾生原酒具果香般的吟釀香與新鮮風味，冷酒為佳。

這款也強力推薦！

御免酒 老松 特別本釀造 伊丹鄉

特別本釀造酒

原料米 五百萬石・山田錦／精米比例 本釀造70%・大吟釀50%／使用酵母 不公開／日本酒度 +5／酒精度數 15～16度

調和本釀造與大吟釀而成的酒

在淡麗的本釀造中加入20％的大吟釀調和而成，香氣與濃郁度倍增。

兵庫　岡村酒造場　三田市

千鳥正宗 純米大吟釀 三福田

純米大吟釀酒

DATA			
原料米	山田錦	日本酒度	±0
精米比例	50%	酒精度數	15.5度
使用酵母	不公開		

藏主親自釀造的酒藏推出的純米大吟釀

明治22（1889）年創業，為三田市唯一的酒造場。使用在三田得天獨厚的氣候風土下栽種出的三田米與豐沛的水源，由藏主擔任杜氏進行釀酒。這款使用「山田錦」釀造的純米大吟釀酒，可以品嚐到酒米的鮮味，建議以冷飲或冷酒方式飲用。

這款也強力推薦！

千鳥正宗 三田壱

純米酒

原料米 五百萬石／精米比例 70%／使用酵母 不公開／日本酒度 +1／酒精度數 16.5度

可品嚐酒米鮮味與濃郁感的純米酒

這款純米酒是使用酒造好適米「五百萬石」釀成，風味非常濃郁。建議以冷飲或冷酒方式品嚐酒米的鮮味。

超特撰 惣花

兵庫
日本盛
西宮市

純米
吟釀酒

DATA

原料米	日本國產米	日本酒度	−4
精米比例	55%	酒精度數	15〜16度
使用酵母	惣花酵母		

搭配任何料理都很對味的純米吟釀酒

為祈求西宮的發展，「日本盛」在明治22（1889）年創業。還販賣天然化妝品「米糠美人」系列等產品。被譽為味吟釀的純米吟釀酒「惣花」，可以搭配各種料理。建議以冷酒方式飲用，不過加熱到人肌燗的程度也同樣美味。

////////// 這款也強力推薦！ //////////

日本盛 大吟釀

大吟釀酒

原料米 日本國產米／精米比例 50%／使用酵母 吟釀酵母／日本酒度 +5／酒精度數 16〜17度

用葡萄酒杯品嚐的大吟釀酒

這款大吟釀酒雖然略偏淡麗辛口風味，不過滋味豐富、口感十足。建議以葡萄酒杯享受其奢華的吟釀香氣。

白鷹 純米大吟釀 極上白鷹

兵庫
白鷹
西宮市

純米
大吟釀酒

DATA

原料米	山田錦	日本酒度	+5
精米比例	50%	酒精度數	16〜17度
使用酵母	協會9號		

伊勢神宮御料酒「白鷹」的純米大吟釀

文久2（1862）年創業。使用100多年前契作栽培的「山田錦」和「宮水」，並用生酛釀出「純粹的灘酒」。對品質十分堅持，抱持超一流主義進行釀酒。這款純米大吟釀酒可以突顯料理的美味，具有生酛獨特的鮮味，冷酒或溫燗皆宜。

////////// 這款也強力推薦！ //////////

白鷹 吟釀山田錦

吟釀酒

原料米 山田錦／精米比例 60%／使用酵母 協會1801號／日本酒度 +3.5／酒精度數 15〜16度

使用契作農家栽種的山田錦所釀的吟釀酒

這款吟釀酒100%使用契作栽培的「山田錦」，具有高雅的吟釀香和輕快的口感，稍微冰鎮後再喝，風味會更清爽。

德若 純米大吟釀 雫酒

兵庫
萬代大澤釀造
西宮市

純米
大吟釀酒

DATA

原料米	兵庫縣產山田錦
精米比例	50%
使用酵母	不公開
日本酒度	+2
酒精度數	17度

由藏元直接銷售的酒藏所釀的純米大吟釀

這家酒藏幾乎無人不知。由杜氏採手工方式細心地釀酒，並在酒藏裡直接販賣。非常重視日本酒原有的味道與風味，因此堅持釀造原酒。這款純米大吟釀是將酒袋吊起來慢慢收集滴落的酒液而成。建議飲用冷酒。

////////// 這款也強力推薦！ //////////

德若 純米吟釀

純米
吟釀酒

原料米 兵庫縣產山田錦／精米比例 60%／使用酵母 不公開／日本酒度 +4／酒精度數 17度

具現搾新鮮風味的純米吟釀

這款純米吟釀無過濾原酒使用兵庫縣產的「山田錦」釀造，具有現搾的新鮮風味，建議以冷酒方式飲用。

純米酒

特撰 黑松白鹿 黑松 純米 糯米四段式釀造

DATA			
原料米	日本國產米	使用酵母	不公開
精米比例	麴米65%	日本酒度	−3
	掛米70%	酒精度數	14～15度

守護傳統並追求進步的
酒藏所推出的奢華純米酒

這家藏元創業超過350年，以「酒並非製造出來的，而是應該細心培育」為信念，在守護傳統的同時也積極想要傳承給下一代。不只守護傳統的技術，也導入高科技的機器，持續挑戰現代化釀酒方式的精神令人敬佩。

這款「黑松白鹿 黑松 純米 糯米四段式釀造」，是比常見的三段式釀造多加一道工程，並使用糯米釀出鮮味溫和纖細的純米酒。建議冰鎮至10℃左右飲用，或以冷飲、溫燗等各種不同的溫度享用。

///// 這款也強力推薦！/////

白鹿 HAKUSHIKA Authentic

本釀造酒

原料米 日本國產米／精米比例 70％／使用酵母 不公開／日本酒度 ＋1／酒精度數 15～16度

突顯青皮魚美味的
正統派風味

Authentic一詞來自法文，代表「真貨」、「正統」、「道地」的意思。這款本釀造酒帶有舒暢的風味與宜人的鮮味，味道十分均衡。纖細的口感最適合搭配鮮味十足的青皮魚料理。

本釀造酒

大關 本釀造 辛丹波

DATA			
原料米	山田錦等	日本酒度	＋7
精米比例	70％	酒精度數	15度
使用酵母	自社酵母		

榮獲6次世界菸酒食品評鑑會金賞的上撰

正德元（1711）年創業的大關，以研發出杯裝酒而聞名，重視傳統與新技術的融合並不斷進步。這款「大關 本釀造 辛丹波」雖然是辛口酒，但沒有任何雜味，味道相當扎實清爽，可以搭配不同季節的各種食材。

///// 這款也強力推薦！/////

大關 大吟釀超特撰 大坂屋長兵衛

大吟釀酒

原料米 山田錦等／精米比例 50％／使用酵母 自社酵母／日本酒度 ＋4／酒精度數 15度

冠上創業者名字
酒藏具代表性的大吟釀酒

承繼創業以來的釀酒技術與精神所釀出的這款大吟釀，具有調和的奢華香氣與濃郁風味，口感洗鍊，十分易飲。

春鹿 純米 超辛口

奈良

今西清兵衛商店

奈良市

奈良

純米酒

DATA

原料米	五百萬石	日本酒度	＋12
精米比例	60%	酒精度數	15度
使用酵母	協會901號		

從奈良向全世界傳遞訊息
酒藏具代表性的純米酒

明治時代創業。「春鹿」一名是取自奈良的代表性寺社「春日大社」，以及其神獸「鹿」而來。這款「春鹿 純米 超辛口」是「春鹿」的代表銘酒。自發售以來已熱賣超過30年，不僅在日本很受歡迎，甚至出口到美國、歐洲、亞洲等超過10國以上，深受海外顧客喜愛。

這款利用傳統技術釀出的超辛口酒，濃醇度與爽口感完美調和，很適合搭配料理，喝起來十分舒暢宜人。

〰〰〰 這款也強力推薦！ 〰〰〰

春鹿 發泡純米酒ときめき

純米酒

原料米 日本晴／精米比例 70%／使用酵母 協會901號／日本酒度 −80／酒精度數 6度

在海外也有高人氣的
香檳米酒

以紐約為首，在全世界大受歡迎的暢銷品牌。這款微發泡性的香檳米酒，口感輕快且帶有米的豐富甜味，加上令人舒暢的酸味，形成絕妙的均衡。充滿甜味的氣泡喝來十分爽口。建議充分冰鎮後再飲用。

奈良

八木酒造

奈良市

純米（酒） 菩提酛 升平

純米酒

DATA

原料米	日之光（ヒノヒカリ）・五百萬石	使用酵母	正暦寺酵母
		日本酒度	＋7
精米比例	70%	酒精度數	15度

名水之地釀出的濃厚純米原酒

明治10（1877）年繼承在江戶時代前便已創業的酒藏，該酒藏位在世界遺產春日山原始林山麓的名水之地清水町。以「升平」之名象徵和平之世。採菩提山・正暦寺的酒造法「菩提酛」釀造的純米酒十分濃厚，從冷酒至冷飲皆宜。

〰〰〰 這款也強力推薦！ 〰〰〰

純米吟醸 大和之清酒

純米吟醸酒

原料米 露葉風／精米比例 60%／使用酵母 ALPS酵母／日本酒度 ＋3／酒精度數 16度

使用大和好適米釀出
餘韻扎實的酒款

這款酒100%使用奈良縣的酒造好適米「露葉風」釀造。餘韻扎實且帶有酸味，十分適合當作餐中酒飲用。

菊司 菩提酛 純米

奈良
菊司釀造
生駒市

純米酒

DATA	
原料米	奈良縣產一般米
精米比例	70%
使用酵母	正曆寺酵母
日本酒度	+6
酒精度數	15度

不惜費時費工釀造的辛口純米酒

這家酒藏創業於寶永2（1705）年。由藏元兼任杜氏，以高精白、少量釀造等方式，不惜費時費工，採用創業以來傳承至今的手工方式釀酒。所有的酒都使用傳統的「木槽」壓搾而成。

菊司 暗越（くらがり越え）

純米酒

原料米 奈良縣產一般米／精米比例 60%／使用酵母 協會9號／日本酒度 +8／酒精度數 15度

各種溫度都好喝的清爽辛口酒

「菊司 暗越」一名，取自松尾芭蕉吟詠暗嶺的詩句。這是一款口感清爽的辛口酒，不論以哪種溫度飲用都很美味。

出世男 純米吟釀 上品寺屋

奈良
河合酒造
橿原市

純米吟釀酒

DATA			
原料米	五百萬石	日本酒度	+4.5
精米比例	60%	酒精度數	15度
使用酵母	協會901號系		

嚴謹釀造的酒藏所釀造的純米吟釀

保有中世紀街景的橿原市今井町現存唯一的酒藏，創業超過270年。以「釀造能傳達生產者心意的酒」為座右銘。這款以屋號「上品寺屋」為名的純米吟釀，帶有果實風味與入喉順暢的口感，建議以冷酒方式飲用。

出世男 本釀造原酒

本釀造酒

原料米 日之光／精米比例 70%／使用酵母 協會701號／日本酒度 +3.5／酒精度數 18度

味道扎實易入口的招牌酒

這家酒藏的招牌酒具有原酒特有的扎實口感。雖然酒體厚實，但卻十分容易入口，建議以冷酒或溫燗方式飲用

吉野杉之樽酒 雄町山廢純米酒

奈良
長龍酒造
北葛城郡廣陵町

純米酒

DATA			
原料米	岡山縣高島產雄町	使用酵母	自社酵母
		日本酒度	+1
精米比例	68%	酒精度數	14度

樽酒先驅者所釀出極其講究的一瓶酒

發揮約半世紀培養出來的樽添技術，釀出這款具有吉野杉甲付樽特有的溫和香氣，以及雄町米豐富滋味的山廢純米樽酒。建議以冷飲方式當作餐中酒飲用。在帶著涼意的秋季至寒冬時節，則可加熱成燗酒慢慢品嚐。

長龍 蒼穗純米山廢釀造

純米酒

原料米 岡山縣產雄町・曙／精米比例 65%／使用酵母 不公開／日本酒度 +1／酒精度數 15度

香氣恰到好處且風味高雅的純米酒

淡淡的香氣與山廢釀造特有的酒米鮮味會在口中擴散。這款純米酒帶有濃郁的風味與清爽的尾韻，喝起來十分舒服。

梅乃宿 備前雄町 純米大吟釀

純米
大吟釀酒

DATA		
原料米 備前雄町	日本酒度 +3	
精米比例 40%	酒精度數 16度	
使用酵母 協會901號		

不惜費時費工釀出
風味高雅的純米大吟釀

這家酒藏於明治26（1893）年在奈良的葛城山麓創業。生產量雖不多，卻是釀造高品質大和地酒的酒藏。不僅活用大自然的資源，在趨於自動化的日本酒製造過程中，仍堅持採用費時費工的製法，持續釀造餘韻沁入心脾的酒款。自昭和60（1985）年起，多次獲得日本全國新酒鑑評會的金賞。

備前雄町純米大吟釀是全量採用「備前雄町」釀造。將「備前雄町」精米磨成40%，藉以突顯酒米特有的溫和口感與高雅沉穩的滋味。建議冷飲或確實冰鎮後再飲用，好好品嚐純米大吟釀特有的奢華口感。

這款也強力推薦！

梅乃宿 風香 純米大吟釀

純米
大吟釀酒

原料米 山田錦／精米比例 50%／使用酵母 協會1801號／日本酒度 +2.1／酒精度數 16度

年輕跳動感與多層次風味
調和出絕佳的滋味

這款純米大吟釀酒的口感雖然清爽，但又不失芳醇的香氣，杜氏刻意花時間釀造麴，完成這款非常講究的逸品。新酒帶有的年輕的跳動感與多層次的風味，兩者互相調和，飲用後會留下如高級白酒般的餘韻。建議充分冰鎮後再享用。

風之森 秋津穗 純米搾華

純米酒

DATA		
原料米 奈良縣產	使用酵母 協會7號系	
秋津穗	日本酒度 不公開	
精米比例 65%	酒精度數 17度	

重視酒米原有風味的清爽純米酒

享保4（1719）年創業，具有悠久歷史的酒藏。代表品牌是使用金剛葛城山系的深層地下水為釀造用水，並以長期低溫發酵方式釀造，可以突顯酒米原有的味道與特色。使用奈良縣產「秋津穗」的這款純米酒，具有上立香與酸味，尾韻清晰鮮明。

這款也強力推薦！

鷹長 菩提酛 純米酒

純米酒

原料米 奈良縣菩提山町產日之光／精米比例 70%／使用酵母 正曆寺酵母／日本酒度 −27／酒精度數 17度

用菩提酛釀出風味
濃厚的旨口純米酒

融合室町時代在正曆寺創釀的酒造法、菩提酛釀造法，以及近代釀造法所釀出的這款純米酒，為奈良特有的濃厚旨口酒。

百樂門 純米大吟釀

////////// 這款也強力推薦！//////////

純米
大吟釀酒

DATA			
原料米	岡山縣產雄町	使用酵母	協會9號系
		日本酒度	+2
精米比例	45%	酒精度數	16度

費時費工釀出「雄町」的豐郁口味

明治20（1887）年創業。這家酒藏所有的
製造工程皆費時費工進行，以呈現出酒的
微妙口味與特色為座右銘。「百樂門」的
純米大吟釀是使用岡山縣產的「雄町」釀
造。特色是口味豐富，建議冰鎮至15℃
左右飲用，千萬別過度冰鎮。

百樂門 純米吟釀

純米
吟釀酒

原料米 岡山縣產雄町／精米
比例 60％／使用酵母 協會9號
系／日本酒度 +3／酒精度數
15度

建議以燗酒品嚐的
雄町純米吟釀

冷飲就很好喝，加熱成燗
酒會更加美味。若想享受
飄散出來的甜甜香氣，以
及酒米原有的鮮味，建議
加熱到45℃左右。

奈良
葛城酒造

御所市

奈良

櫛羅 純米吟釀

純米
吟釀酒

DATA	
原料米	岡山縣櫛羅產山田錦
精米比例	50%
使用酵母	協會9號
日本酒度	+4
酒精度數	16.5度

具有高雅香氣的「櫛羅」純米吟釀

這家酒藏位於葛城山麓，汲取山裡的伏流水到自家
水井，再以天然水的狀態來進行釀酒。由於希望能
釀出反映這片土地的味道，以及各季節都能享受的
酒，特地依不同月份提供各式各樣的酒。特色是酸
味爽口、餘韻清新。

這款純米吟釀100％使用酒藏在櫛羅自行栽種的
「山田錦」，釀好後花1年的時間進行低溫熟成再
出貨。帶有高雅的吟釀香與酒米特有的乾淨與濃
香，正是費時費工釀造的證明。

////////// 這款也強力推薦！//////////

篠峯 純米吟釀 銀

純米
吟釀酒

原料米 岡山縣瀨戶町產雄町／精米比
例 60％／使用酵母 協會9號／日本酒
度 +5／酒精度數 15.8度

辛味調和了「雄町」帶有的
鮮味與濃郁感

以葛城山的別名「篠峯」命名的
純米吟釀。100％使用岡山縣瀨
戶町產「雄町」，清爽的辛味調
和了酒米原有的鮮味與濃郁感。

奈良
千代酒造

御所市

三諸杉 純米吟醸 山田錦 火入
（みむろ杉）

純米吟醸酒

DATA
原料米	山田錦	日本酒度	+3
精米比例	60%	酒精度數	15.5度
使用酵母	協會9號系		

在酒神之地釀造出香氣清爽的純米吟釀

在被尊為酒神鎮守之地，同時也是大神神社所在地的三輪，唯一僅存的酒藏。與契作農家一起種米，並堅持使用三輪的米和水來釀酒。多次獲得日本全國新酒鑑評會金賞。這款純米吟釀具有彈珠汽水般的清爽香氣，口感非常輕快。

///// 這款也強力推薦！/////

三諸杉 （みむろ杉）
特別純米辛口 露葉風 火入

特別純米酒

原料米 露葉風／精米比例 65%／使用酵母 協會7號系／日本酒度 +6／酒精度數 15.5度

酸味明顯、尾韻俐落的辛口酒

使用藏人培育的酒造好適米「露葉風」釀造的特別純米。這是支具有溫和鮮味與明顯酸味的辛口酒。

談山 貴釀酒

DATA
原料米	奈良縣產絹光	使用酵母	協會9號系
	（キヌヒカリ）	日本酒度	−40～−50
精米比例	60%	酒精度數	16～16.5度

加入冰塊品嚐貴釀酒的溫和甜味

明治初期創業的小酒藏，以釀造受人喜愛的好酒為座右銘。在擁有純淨釀造用水的環境裡釀酒。使用清酒取代釀造用水釀成的貴釀酒，屬於風味溫和的甘口酒。建議以冷酒方式飲用，或是加入半杯冰塊慢慢品嚐。

///// 這款也強力推薦！/////

大名庄屋酒 濁酒

原料米 奈良縣產絹光／精米比例 70%／使用酵母 協會9號系／日本酒度 −3／酒精度數 19.5度

適合加冰塊或蘇打水品嚐的濁酒

大名庄屋酒的濁酒是使用大和最棒的米釀成。具有較強的香氣，建議飲用冷酒或加入冰塊。也可以加入蘇打水或啤酒飲用。

大倉 山廢特別純米 雄町（生）

特別純米酒

DATA
原料米	備前雄町	日本酒度	+6
精米比例	70%	酒精度數	17～18度
使用酵母	協會701號		

也能搭配西餐享用的特別純米酒

長年釀造御神酒的酒藏。雖然曾經停業3年，不過在平成15（2003）年開始重新營業。之後便持續以創業以來的山廢釀造法釀造「風味具有深度」的酒。山廢特別純米酒基本上會冰溫熟成半年以上再出貨。從冷酒至燗酒都很好喝。

///// 這款也強力推薦！/////

金鼓 水酛釀造 濁酒（生）

原料米 秋光（アキヒカリ）・絹光等／精米比例 60～70%／使用酵母 野生藏付酵母／日本酒度 −20～−40／酒精度數 12度

用藏付酵母釀出酸味高雅的濁酒

使用野生藏付酵母與古典酒造法釀出的濁酒。具有來自醪的高雅酸味，從冷飲至冷酒都很好喝。

奈良
美吉野釀造
吉野郡吉野町

`純米酒`

花巴 水酛純米酒

DATA			
原料米	奈良縣產吟之里*(吟のさと)	使用酵母	無添加
精米比例	70%	日本酒度	不公開
		酒精度數	16度左右

可搭配起司和肉料理的酸甜純米酒

這家酒藏採用傳統的製酒方法，並利用山廢和水酛來釀酒。以釀造具有天然鮮味與優質酸味的餐中酒為主。使用奈良流傳的僧坊酒製法「水酛」，釀出這款帶有優質酸味且風味酸甜的純米酒。搭配起司、肉料理與橄欖油都很對味。

◢◤◢◤◢◤ 這款也強力推薦！ ◢◤◢◤◢◤

藏王櫻 純米酒

`純米酒`

原料米 奈良縣產吟之里／精米比例 70%／使用酵母 協會901號／日本酒度 ＋3／酒精度數 16度左右

帶有溫和的酸味
很適合搭配料理享用

帶有酒米鮮味與溫和酸味的純米酒。建議冷飲或冰鎮飲用，但別冰鎮過度。可搭配肉料理與壽司。與味噌、醬油也很對味。

`奈良`

奈良
北村酒造
吉野郡吉野町

`純米大吟釀`

猩猩（猩々）小角

DATA			
原料米	備前雄町	日本酒度	±0
精米比例	50%	酒精度數	16度
使用酵母	協會9號系		

忠於基礎釀酒的酒藏
推出的純米大吟釀

這家酒藏創業於天明8（1788）年。品牌名稱的「猩猩」是來自能樂謠曲《猩猩》。以曲中出現的「喝也喝不盡、喝再多也不變」為座右銘，不一味追隨時代潮流，而是忠於基礎持續釀酒。這款小角純米大吟釀是將「備前雄町」精米磨成50％，再以低溫長時間釀造而成。釀好的原酒不過濾就直接裝瓶，可以享受到新鮮溫和的風味。若想充分品嚐這股新鮮的滋味，建議充分冰鎮後再飲用。

◢◤◢◤◢◤ 這款也強力推薦！ ◢◤◢◤◢◤

猩猩 前鬼／後鬼
（猩々）

`純米大吟釀`

原料米 兵庫縣產山田錦・福井縣產五百萬石／精米比例 50%／使用酵母 協會9號系／日本酒度 ±0・＋3／酒精度數 16度

3瓶酒皆各具意義
釀酒作業十分講究的酒款

後鬼這款純米大吟釀酒是使用福井縣產的「五百萬石」釀成。與前鬼一樣，都具有新鮮溫和的口感。如日本酒度所示，與前鬼相較，後鬼較偏辛口風味，不妨依個人喜好比較看看。這兩支酒都建議冰鎮後再飲用。

萬代老松 純米大吟釀酒

純米大吟釀酒

DATA			
原料米	兵庫縣產 山田錦	使用酵母	協會9號
精米比例	50%	日本酒度	+3
		酒精度數	15.7度

以名水釀出香氣芳醇的純米大吟釀

文久3（1863）年創業。使用丹生川上神社下社的名水「命之水」與大峰山系的軟水為釀造用水，用心釀出風味清爽順喉，並具有馥郁香氣的酒款。這款使用「山田錦」釀造的純米大吟釀具有獨特的芳醇香氣，建議以冷飲或冷酒方式飲用。

萬代老松 大峰山

純米酒

原料米 秋田小町／精米比例70%／使用酵母 協會酵母／日本酒度 +4／酒精度數 15.6度

可用常溫品嚐 風味清爽的純米酒

可享受清爽順喉口感的純米酒。為了避免特有的風味喪失，建議以冷飲方式飲用。

清酒 萬穰 三日踊純米大吟釀

純米大吟釀酒

DATA			
原料米	岩手縣產 一見鍾情	使用酵母	不公開
精米比例	35%	日本酒度	±0
		酒精度數	15.5度

含香與酒米的鮮味更突顯出整體風味

嘉永6（1853）年創業。以釀造既符合時代又討人喜歡的日本酒為目標，並致力將奈良的口味推廣到全世界。獲得4次日本全國新酒鑑評會金賞。以參加日本全國新酒鑑評會使用的酵母釀造的這款純米大吟釀，豐富的含香讓酒米的餘韻更顯美味。

清酒奈良吟 純米吟釀

純米吟釀酒

原料米 奈良縣產山田錦／精米比例 60%／使用酵母 不公開／日本酒度 +3／酒精度數 15度

具葡萄乾風味的 純米吟釀

從種米至釀酒採取一貫作業，並將釀好的酒裝入瓶中熟成的純米吟釀。具有均衡的香氣與風味，建議以冷飲或冷酒方式飲用。

五神 純米大吟釀 斗瓶圍

純米大吟釀酒

DATA			
原料米	兵庫縣產 山田錦	使用酵母	協會9號系
精米比例	40%	日本酒度	+4
		酒精度數	16.5度

細心釀出風味具有深度的純米大吟釀

大正13（1924）年創業。以金剛山系的伏流水作為釀造用水，並採用傳統但馬流的方式釀酒，以細心嚴謹的作業進行少量釀造。這款純米大吟釀是將裝有醪的布袋吊起來，用斗瓶慢慢收集滴落的酒液再以低溫熟成，特色是口感清新且富有深度。

五神 特別純米酒

特別純米酒

原料米 奈良縣產絹光／精米比例 60%／使用酵母 協會9號系／日本酒度 +3／酒精度數 15.5度

具有酒原本的鮮味 與清爽的餘韻

這款特別純米酒使用契作栽培且不施加化學肥料的米釀造。具有酒原本的鮮味與清爽的餘韻，加熱成溫爛也很美味。

純米吟釀 南方

純米吟釀酒

DATA	
原料米　麴米：山田錦	使用酵母　自社酵母
掛米：日本國產米	日本酒度　+2
精米比例　50%	酒精度數　17度

用心釀造地酒且富有探究精神的酒藏所推出的純米吟釀

這是活躍於細菌學與民族學等領域的學者南方熊楠的父親於明治17（1884）年創立的酒藏。「世界一統」是第2代老闆南方常楠委託自己的老師大隈重信所取的名字。不僅貫徹與地方緊密結合的傳統釀酒方式，也承繼了熊楠的探究精神，積極地導入最新技術，努力釀造符合時代的酒款。這款純米吟釀具有馥郁的芳香與清爽的餘韻，建議充分冰鎮後飲用，更能品嚐到均衡的風味。平成23（2011）年與24（2012）年連續獲得「最適合用葡萄酒杯品飲的日本酒大獎」金賞。

超辛口純米 南方

純米酒

原料米 山田錦／精米比例 60%／使用酵母 協會9號／日本酒度 +15／酒精度數 18度

使用「山田錦」釀造尾韻爽快的超辛口酒

這款超辛口特別純米酒全量使用酒造好適米「山田錦」釀成。尾韻清爽俐落，並帶有酒米「山田錦」特有的鮮味。比起豪邁的暢飲方式，建議還是慢慢品嚐以享受酒的餘韻。

天長 純吟

純米吟釀酒

DATA	
原料米　山形縣產生拔等	使用酵母　協會1801號
	日本酒度　+1
精米比例　60%	酒精度數　16.5度

清爽順喉，冷飲、燗酒皆宜的純米吟釀

出自《老子》的「天長」是由朝香宮鳩彥殿下命名，從此成為每年新春上貢給天皇一家的清酒。這款口感清爽又容易入口的純米吟釀，建議以冷酒或燗酒方式飲用。「純吟」二字是由昭和天皇的侍從長入江相政先生親筆揮毫所寫。

天長 大吟釀 金賞受賞酒

大吟釀酒

原料米 山田錦／精米比例 40%／使用酵母 協會9號／日本酒度 +4／酒精度數 16.7度

獲得金賞後貯藏23年的限定酒

使用「山田錦」與紀之川的伏流水釀造。1993年獲得日本全國新酒鑑評會金賞後，便置於酒藏低溫貯藏熟成，為限定商品。

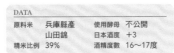

羅生門 龍壽 純米大吟醸

純米大吟釀酒

DATA

原料米	兵庫縣產山田錦	使用酵母	不公開
精米比例	39%	日本酒度	+3
		酒精度數	16～17度

滿懷心意釀出優雅芳醇的純米大吟釀

自創業起便以「滴滴在心（滿懷心意釀造每一滴酒）」為信條持續釀酒的酒藏。這款「羅生門 龍壽」具有優雅高尚的香氣與酒米原有的鮮味，風味十分芳醇。已連續20年以上獲得世界菸酒食品評鑑會的最高金賞。

///// 這款也強力推薦！ /////

聰子的酒（さとこのお酒）

純米吟釀酒

原料米 和歌山縣產山田錦／精米比例 59%／使用酵母 不公開／日本酒度 +1／酒精度數 15～16度

由藏元的女兒釀造原料皆為和歌山產的酒

所有原料皆由和歌山縣生產，並由藏元的女兒釀出的講究酒款。具有淡淡的酸味，口感非常清爽。

純米酒 黑牛

純米酒

DATA

原料米	麴米：山田錦	使用酵母	協會9號系
	掛米：酒造好適米	日本酒度	+4
精米比例	平均57.5%	酒精度數	15.6度

細心釀造具有鮮味的美味純米酒

這家酒藏創業於慶應2（1866）年，使用契作栽培的米與講究的釀造用水，持續以嚴謹的作業釀酒。「黑牛」一名來自萬葉時代，從酒藏附近可以看見狀似黑牛的岩石。這款純米酒帶有鮮味與深邃的滋味，香氣十分溫和，喝再多也不會膩。

///// 這款也強力推薦！ /////

大吟釀 一摑

大吟釀酒

原料米 山田錦／精米比例 40%／使用酵母 不公開／日本酒度 +4／酒精度數 16.5度

香氣高雅且尾韻俐落的大吟釀

這款大吟釀的標籤從明治時代就不曾變過，始終以一圓銀幣為圖案。具有高雅的香氣與舒暢的口感，建議稍微冰鎮後再飲用。

大吟釀 紀伊國屋文左衛門 黑

大吟釀酒

DATA

原料米	山田錦
精米比例	35%
使用酵母	協會9號系
日本酒度	+2
酒精度數	16度

提引出酒米香氣與風味的大吟釀

從平成18（2006）年度開始，採用手工少量釀造的傳統手法釀酒，並嚴格控管以提升品質。這款大吟釀是將「山田錦」精米磨成35%，藉此提引出酒米的風味，特色是具有洗鍊的香氣。

///// 這款也強力推薦！ /////

純米吟釀 紀伊國屋文左衛門

純米吟釀酒

原料米 麴米：山田錦・掛米：備前雄町／精米比例 麴米55%・掛米55%／使用酵母 協會9號系／日本酒度 +2／酒精度數 16度

「雄町」與「山田錦」的風味互相融合

「雄町」濃醇的香氣與「山田錦」扎實的風味互相融合而成的純米吟釀，口感清爽俐落。

紀土 KID 純米酒

純米酒

////// 這款也強力推薦！ //////

紀土 KID 純米大吟醸

純米大吟醸酒

DATA			
原料米	麴米：五百萬石	使用酵母	協會7號系
	掛米：一般米	日本酒度	＋4
精米比例	麴米50%	酒精度數	15度
	掛米60%		

活力十足的年輕藏人
所釀出的爽口純米酒

這家酒藏創業於昭和3（1928）年，由20多歲的年輕藏人負責釀酒。積極透過網路傳遞訊息，讓大家可以感受到年輕藏人「希望釀造美味日本酒」的力量與熱情。「紀土」取自藏元所在地的「紀州風土」之意。

為了表現出紀州優質的風土所釀出的豐富滋味，而以「紀土」來替酒命名。

這款純米酒具有清爽的口感，可以感受到稻米宜人的鮮味。比起冷酒，更建議以冷飲或溫燗方式品嚐。

原料米 山田錦／精米比例 50%／使用酵母 協會9號系・協會1801號／日本酒度 ＋4／酒精度數 15度

不習慣喝日本酒的人
也值得一試的清新風味

風味溫和清新的純米大吟醸。以冷酒飲用可享受舒暢的口感。由於風味樸實沒有特殊的味道，加上非常容易入口，即使是平常不太喝日本酒的人也能當成入門酒嘗試看看。

高野山般若湯 聖 純米吟醸

純米吟醸酒

////// 這款也強力推薦！ //////

高野山般若湯

紀の國こだわりの酒 純米

純米酒

DATA			
原料米	山田錦	使用酵母	不公開
	美山錦	日本酒度	＋3
精米比例	55%	酒精度數	15～16度

可品嚐清爽風味與香氣的純米吟醸

慶應2（1866）年創業。這家酒藏位在世界遺產高野山的山麓，持續以當地的米與水來釀酒。代表品牌是「般若湯」。「般若湯」是僧侶們用來暗指酒的隱語。以和歌山縣產的「山田錦」與「美山錦」釀造的這款純米吟醸，風味與香氣皆很清爽。

原料米 和歌山縣葛城町產美山錦／精米比例 60%／使用酵母／日本酒度 ＋3／酒精度數 15度

用當地產原料釀造的
傳統純米酒

這款純米酒是使用當地產的原料釀造，風味濃郁扎實並帶有少許酸味。

純米 熊野古道

和歌山
鈴木宗右衛門酒造
田邊市

純米酒

DATA

原料米	山田錦 出羽蝶蝶	使用酵母	不公開
精米比例	65%	日本酒度	±0
		酒精度數	15度

能品嚐酒米原味並搭配料理享用的純米酒

這家酒藏於天保9（1838）年在通往熊野三山的熊野古道創業。敬天畏神的先人們所傳承下來的釀造手藝，至今仍被認真守護。這款純米酒具有酒米原有的濃厚鮮味，從冷飲至燜酒皆宜，可依喜歡的溫度搭配料理享用。

////// 這款也強力推薦！//////

純米吟釀 熊野古道

純米吟釀酒

原料米 山田錦・雄町／精米比例 60%／使用酵母／日本酒度 −2／酒精度數 16度

用冷酒方式慢慢品嚐酒的風味與吟釀香

這款酒的特色是帶有舒暢的滋味與豐富的吟釀香。雖是辛口酒，口感卻很溫和。建議以冷酒方式慢慢品嚐。

太平洋 大吟釀

和歌山
尾崎酒造（尾﨑酒造）
新宮市

大吟釀酒

DATA

原料米	山田錦	日本酒度	+4
精米比例	35%	酒精度數	16.5度
使用酵母	協會1801號		

以傳統手工釀出香氣高雅的酒

明治2（1869）年在熊野三山的中心位置創業，為日本本州最南端的酒藏。以流經酒藏旁的世界遺產熊野川的優質伏流水作為釀造用水。這款採用袋吊等手工方式釀造的大吟釀，具有優雅的吟釀香與高雅的鮮味，口感十分濃醇。

////// 這款也強力推薦！//////

吟釀酒 熊野三山

吟釀酒

原料米 山田錦／精米比例 60%／使用酵母 協會1801號／日本酒度 +3／酒精度數 16.5度

使用熊野川的伏流水釀出鮮味與清爽感

這款吟釀酒是使用精磨過的「山田錦」與熊野川的優質伏流水，採傳統手工方式精心釀成。特色是鮮味十足又很清爽。

本釀造 超特撰 祝砲

和歌山
祝砲酒造
和歌山市

本釀造酒

DATA

原料米	日本國產米
精米比例	65%
使用酵母	自社酵母
日本酒度	+1
酒精度數	16～17度

口感柔和的本釀造酒，最適合搭配料理享用

這家酒藏創業於明治18（1885）年。品牌名稱「祝砲」是來自日本在中日戰爭中獲勝。獲得3次日本全國新酒鑑評會金賞。這款本釀造酒具有豐富溫和的滋味與柔和的口感，當作餐中酒可襯托料理的美味，相當受歡迎。

////// 這款也強力推薦！//////

純米酒 紀州魁

純米酒

原料米 五百萬石／精米比例 65%／使用酵母 自社酵母／日本酒度 +4／酒精度數 15～16度

口味芳醇，能以各種溫度品嚐

這款純米酒的酸味與甜味十分均衡。口味芳醇豐富，非常清爽順喉。從冷飲至燜酒都很好喝。

和歌山

大吟釀 雜賀孫市

純米吟釀 **雜賀**

DATA

原料米	山田錦	日本酒度	+4
精米比例	40%	酒精度數	16度
使用酵母	協會1801號		

香氣與風味、爽口度
十分均衡的優質大吟釀

明治41（1908）年以釀造食用醋創業。承繼創業者「要釀造優質的食用醋，必須從主原料的酒粕開始採一貫作業」的思想，自昭和9（1934）年轉為釀造日本酒。為了釀造出「適合搭配料理享用的日本酒」，所有的製程序皆徹底進行適當的管理。

這款大吟釀是將「山田錦」精米磨成40％所釀成，具高雅的吟釀香與鮮味，十分爽口。獲得平成26（2014）年日本全國新酒鑑評會的金賞。不論冷酒或冷飲都很好喝。

原料米 麴米：山田錦・掛米：五百萬石／**精米比例** 麴米55%・掛米60%／**使用酵母** 協會1401號／**日本酒度** +5／**酒精度數** 15度

香氣適中
百喝不膩的純米吟釀

這款純米吟釀具有沉穩的吟釀香與豐富的滋味，同時帶有宜人的酸味。尾韻俐落，喝起來爽口不膩。適合飲用的溫度範圍較廣，從5℃左右的冷酒到40℃左右的溫燗都很好喝。

COLUMN

酒器 依日本酒的
色調來挑選

希望能挑選透明的玻璃杯或能增添酒液光輝的酒器來展現酒的美麗顏色。呈現黃色或褐色的酒，若使用黑色或褐色系的燒締2酒器，看起來會變得混濁；而濁酒若使用透明的玻璃杯，飲用後會留下痕跡則失去了美感，只要避免上述這些情況就無可挑剔了。

註2：燒締（燒きしめ）是指不施釉與顏料來燒陶的日本傳統技法。

結合切子工藝與玻璃的豬口杯，可以突顯酒液色澤。略帶黃色的酒液會映照得更美麗耀人。

酒器上的黃金裝飾，將日本酒映照得更為典雅。用於新年等喜慶的日子再適合不過了。

近畿的
各種日本酒

在此介紹近畿的古酒、濁酒與氣泡日本酒。

氣泡酒

(兵庫縣) **白鶴酒造**

淡雪Sparkling

這款氣泡清酒具有米的溫和甜味與爽口的酸味。除了和食之外也可以搭配西餐，尤其適合用來開派對。

(和歌山縣) **平和酒造**

紀土 KID 純米大吟釀 Sparkling

將山田錦精磨後釀成的純米大吟釀氣泡酒。優雅的甜味很適合搭配料理享用。宛如香檳瓶的造型也很時尚。

濁酒

(京都府) **HAKUREI 酒造**

酒吞童子之濁酒

以獨特的方法將米的成分溶入酒裡所製成的濁酒，是經常缺貨的人氣酒款。

(和歌山縣) **九重雜賀**

夏 純米吟釀 雜賀 濁
Neige blanc

發泡純米吟釀酒。具有沉穩的香氣，以及在瓶內二次發酵所特有的清爽口感，可搭配料理一起享用。

(大阪府) **北庄司酒造店**

莊之鄉 生濁酒 雪香

這款數量有限的生濁酒，在瓶內二次發酵所產生的氣泡帶有適度的酸味，口感十分清爽。建議以冷飲或冷酒方式飲用。

(兵庫縣) **大關**

辛丹波濁

在辛丹波清爽的辛口風味中，帶有醪特有的風味，這是一款絕無僅有的濃醇辛口濁酒。

古酒

滋賀縣 川島酒造

松之花 秘藏長期熟成古原酒

純米8年貯藏酒。這款純米酒是以貯藏管理方式進行長期熟成，具有濃郁的口感與鮮味。建議邊喝邊享受迷人的香氣。

京都府 HAKUREI酒造

多年貯藏酒 白嶺黃金

將吟釀酒裝進酒壺裡進行貯藏。帶有巧克力蛋糕般的甘甜香氣，口感十分豐潤。每年限定推出100瓶，有時很難入手。

兵庫縣 都美人酒造

都美人 古酒 SINCE1978

將1978年釀造的酒靜置熟成的古酒。芳醇濃稠的甜味是花時間貯藏才有的珍貴滋味。

其他種類

京都府 向井酒造

伊根滿開

以古代米赤米為原料所釀成的稀有酒款。風味有如水果般，很適合搭配中菜與義大利麵等料理。建議冰鎮後飲用或是加入冰塊。

奈良縣 西內酒造

累釀酒

使用貴釀酒取代釀造用水釀出的酒。不同於貴釀酒的柔和甜味，累釀酒的甜味更加濃厚、更有存在感。

其他氣泡酒&濁酒&古酒

種類	縣府	藏元	商品名稱	概要
氣泡酒	京都	黃櫻	黃櫻 Piano	發酵所產生的自然氣泡有如令人心曠神怡的旋律般在口中迸發。
	奈良	梅乃宿酒造	月兔 Natural	淡淡的甜味與細緻的氣泡充滿魅力。屬於低酒精度數且易飲的微氣泡酒。
濁酒	滋賀	平井商店	湖雪 フーシェ	以琵琶湖的降雪為意象而命名的酒。帶有爽口的微氣泡口感。具有現搾的新鮮風味，夏季也會以少量釀造方式提供新酒。
	京都	月桂冠	濁酒	具有淡淡的果香。可以品嚐到柔的甜味以及醇的口感。
	兵庫	香住鶴	山廢純米發泡濁酒 金魚	這款口感略粗糙的濁酒，可以品嚐到淡淡的甜味與清爽的微氣泡感。
古酒	和歌山	田端酒造	羅生門 悠壽 大古酒	將純米大吟釀經過低溫貯藏而成的熟成酒，濃厚滑順的口感十分吸引人。
	京都	木下酒造	玉川Time Machine Vintage	瓶裝貯藏3年的長期熟成酒。含有7倍胺基酸，風味也會隨著時間經過而變得更具深度。
	兵庫	本田商店	龍力 純米 熟成古酒	1999年釀造的熟成古酒。隨著時間經過，酒的鮮味會更顯濃縮，很適合搭配起司和野味料理等帶有特殊味道的食材。
	兵庫	劍菱酒造	瑞祥黑松劍菱	嚴選經過5年以上慢慢熟成的古酒調和而成。特色是具有溫和的口感與豐潤的鮮味。

島根縣

留下八岐大蛇傳說的日本酒大國

出雲地區自古流傳的神話中經常出現酒，顯見這片土地與酒有很深的淵源。出雲杜氏與石見杜氏的優秀技術讓這裡成為知名的吟釀產地。象徵打敗八岐大蛇的「八鹽折之酒」，酒質非常濃厚。近年來還推出「佐香錦」等新品種酒米，也很盛行研發新酵母。

代表性酒藏

- 米田酒造（p.154）
- 簸上清酒（p.159）
- 桑原酒場（p.160）
- 古橋酒造（p.162）

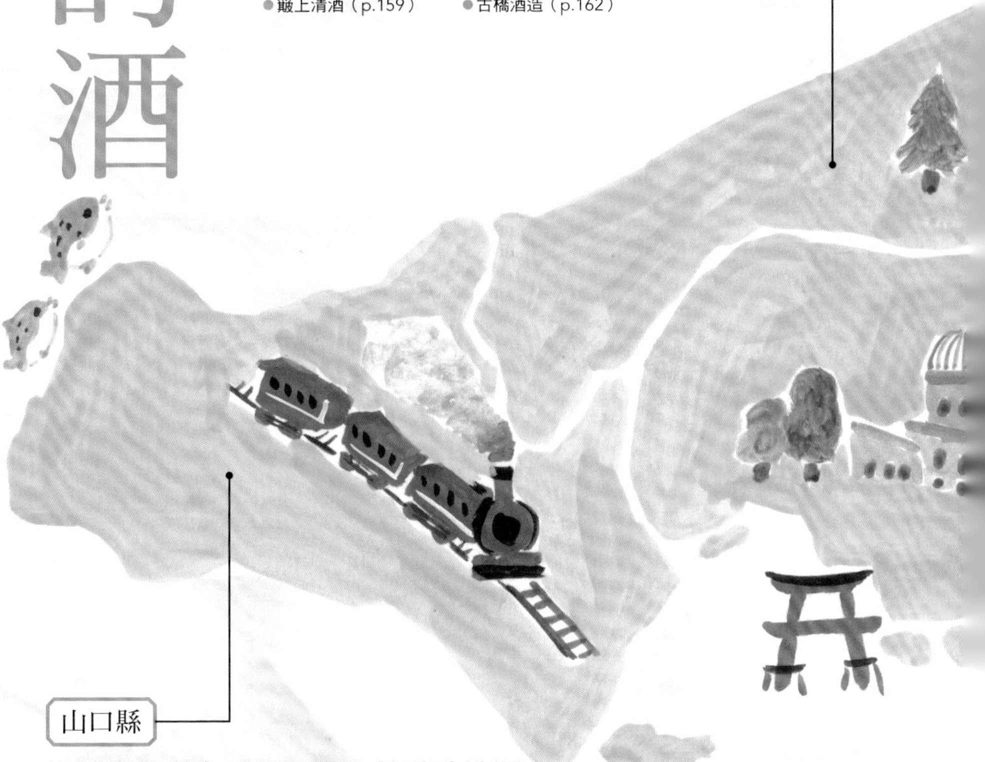

山口縣

以地產地消為目標而致力於釀造地酒

積極推動縣產酒，還讓消失已久的縣產酒米「穀良都」復活，甚至改良成新品種「西都之雫」。另外還從櫻花分離出酵母，成功研發出「山口‧櫻酵母」。積極與酒造工會同心協力推廣地產地消的釀酒方式。

代表性酒藏

- 旭酒造（p.167）
- 八百新酒造（p.168）
- 酒井酒造（p.169）
- 永山本家酒造場（p.170）
- 澄川酒造場（p.171）

鳥取縣

中國地區罕見的
辛口縣

在以甘口為主流的時代，便堅持釀造具有扎實酸味的辛口酒質。西部有西日本數一數二的漁港「境港」，應用鮮魚冷凍保存技術發展出冰溫貯藏技術，並運用在生酒的保存作業中。此外，還讓大正時期的酒米「強力」復活，成為鳥取酒的新潮流。

代表性酒藏

● 山根酒造場（p.164）　　● 諏訪酒造（p.165）

廣島縣

口感溫和的
軟水釀造發源地

繼灘和伏見之後，廣島縣同樣是西日本具代表性的銘釀地。酒質豐厚，被視為吟釀酒質的起源，因此又被稱為「吟釀酒的發源地」。近年還出現該縣特有的「廣島紅葉酵母（広島もみじ酵母）」，以及將「山田錦」改良成適合當地風土的酒米「千本錦」，讓廣島的釀酒業進入全新的時代。

代表性酒藏

● 白牡丹酒造（p.141）　　● 中尾釀造（p.150）
● 榎酒造（p.147）　　　　● 比婆美人酒造（p.151）
● 三宅本店（p.148）　　　● 醉心山根本店（p.153）
● 竹鶴酒造（p.149）

岡山縣

夢幻酒米「雄町」的
發源地

人氣酒米品種「雄町」的誕生地。因為收穫量極少，所以又被稱為「夢幻酒米」。備中、備前、美作3區裡，共有超過50家藏元。由備中杜氏所釀造的酒，特色是柔和順口，屬於甘口的酒質。近年來還誕生了縣產新酒米「乙女心（おとめごころ）」。

代表性酒藏

● 辻本店（p.130）　　● 菊池酒造（p.133）
● 利守酒造（p.132）

御前酒 純米 美作

純米酒

DATA	
原料米	岡山縣產雄町
精米比例	65%
使用酵母	協會9號
日本酒度	+4
酒精度數	14度

百喝不膩的絕佳鮮味與爽口度

這家酒藏創業於文化元（1804）年。負責生產專門進貢給統治勝山藩的三浦氏飲用的酒，因此有「御膳酒」之名，這就是品牌名稱的由來。平成19（2007）年起，由岡山縣首位女杜氏負責釀酒，以釀造「具有鮮味且尾韻清爽俐落，讓人不知不覺一喝再喝的酒」為目標。

這款純米酒中蘊含了杜氏滿滿的心意。含一口在嘴裡，溫和的香氣便會穿過鼻腔，扎實的鮮味也會在口中擴散開來，恰到好處的酸味則讓整體的風味更融合。可用冷酒方式品嚐清爽舒暢的滋味，也可用溫爛方式慢慢享受沉穩的風味。

GOZENSHU9（NINE）
REGULAR BOTTLE

純米酒

NEW ?
OLD ?
NOW !
NINE
9
GOZENSHU

原料米 岡山縣產雄町／精米比例 65%／使用酵母 協會9號／日本酒度 +4／酒精度數 15度

可搭配起司和鰻魚的革新性純米酒

使用岡山縣生產的「雄町」，並以日本最古老的清酒製法「菩提酛」所釀造的純米酒。「GOZENSHU9（NINE）」中充滿年輕藏人持續追求「更上一層樓」的目標，個位數中最大的數字是9，酒名意味著「現在自己所能釀出的最高風味」。這款酒具有沉穩的風味與滑順的口感，與白肉魚生魚片十分對味，也可以搭配起司和鰻魚等料理一起享用。

武藏之里 純米吟釀

純米吟釀酒

DATA			
原料米	山田錦	日本酒度	+2
精米比例	50%	酒精度數	15度
使用酵母	協會9號		

在宮本武藏誕生地釀造的純米吟釀

明治18（1885）年創業。在中國山地的寒冷氣候下，利用清冷的地下水和豐醇的米，在最佳的自然環境裡釀酒。取名為「武藏之里」是因酒藏所在地的大原地區，正是宮本武藏的誕生地。具有水果般的香氣與風味，建議冷飲或飲用冷酒。

宙狐 山廢酛釀造 純米酒

純米酒

原料米 山田錦・曙／精米比例 60%／使用酵母 協會9號／日本酒度 +2／酒精度數 15度

重現傳統手工方式釀出的純米酒

這款純米酒是以傳統山廢釀造法費時釀造而成。建議冷飲或加熱成爛酒。口感雖清爽，仍帶有多層次的滋味與酸味。

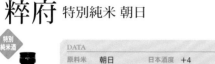

粹府 特別純米 朝日

特別純米酒

DATA

原料米	朝日	日本酒度	+4
精米比例	60%	酒精度數	15～16度
使用酵母	協會9號		

可搭配肉類與魚類料理的特別純米酒

這家酒藏連續3年獲得日本全國新酒鑑評會的金賞，擁有很高的評價。目標是釀造易飲的餐中酒，因此使用高品質的酒米和高梁川的伏流水（軟水）來釀酒。這款使用岡山縣酒米「朝日」釀造而成的特別純米酒，建議冰鎮後當作餐中酒飲用。

粹府 特別純米 媛

特別純米酒

原料米 都／精米比例 60%／使用酵母 協會9號／日本酒度 +3／酒精度數 15～16度

以復活的夢幻酒米「都」釀造的特別純米

讓吉備地區昔日栽種的夢幻酒米「都」復活後釀造而成的一款酒。以冷酒或爛酒方式飲用，可讓夢幻酒米的鮮味在口中擴散。

極聖 大吟釀 昔搾斗瓶取

大吟釀酒

DATA

原料米	山田錦	日本酒度	+5
精米比例	35%	酒精度數	17～18度
使用酵母	不公開		

酒藏具代表性的大吟釀酒

這家酒藏連續6年獲得日本全國新酒鑑評會的金賞。隨時挑戰新的釀酒方式，致力於釀造獨創又有個性的酒款。特色是風味芳醇扎實。這款大吟釀酒是將醪裝進酒袋裡吊起來，收集慢慢滴落的酒液。建議以冷飲或冷酒方式品嚐其豐富的滋味。

極聖 純米大吟釀 高島雄町 精磨38%

純米大吟釀酒

原料米 高島雄町／精米比例 38%／使用酵母 不公開／日本酒度 +1／酒精度數 16～17度

用夢幻酒米「高島雄町」釀出圓潤的風味

這款酒使用精米比例38%的「高島雄町」與優質的水，並由備中杜氏釀造而成。具有高雅的吟釀香與圓潤的風味。

櫻室町 極大吟釀 室町時代

大吟釀酒

DATA

原料米	雄町	日本酒度	+5
精米比例	40%	酒精度數	17～18度
使用酵母	室町酵母（9號系）		

如白酒般充滿果香的大吟釀原酒

使用岡山縣赤磐產的「雄町」與日本名水百選的「雄町冷泉」，釀造出講究的日本酒。榮獲世界菸酒食品評鑑會等海外大賽日本酒部門的第一名。這款熟成1年的極大吟釀，具有深奧的風味與白酒般的果實香氣。

櫻室町 契約栽培純米酒 瀨戶雄町

純米酒

原料米 雄町／精米比例 65%／使用酵母 室町酵母（9號系）／日本酒度 +3／酒精度數 14～15度

用瀨戶町產契作栽培的「雄町」所釀的純米酒

這款純米酒是使用以高品質聞名的岡山縣瀨戶町產「雄町」，以及「雄町冷泉」釀造而成。特色是具有沉穩的香氣與鮮味。

這款也強力推薦！

岡山

利守酒造

赤磐市

酒一筋 赤磐雄町

純米大吟醸酒

DATA			
原料米	雄町米	日本酒度	+4
精米比例	40%	酒精度數	15～16度
使用酵母	自社酵母		

用復活的夢幻「雄町米」釀造的純米大吟釀

自慶應4（1868）年創業以來，認為「利用當地的米、水、氣候與風土釀造的酒，才是真正的地酒」，目標是釀出愈喝愈覺得美味的酒。這家酒藏的規模雖然不大，卻擁有許多粉絲。因為讓夢幻酒米「雄町米」復活而聲名大噪。對製造工程也非常講究，不使用木桶，而是採用傳承500年的大甕來釀酒。

這款蘊含酒藏技術與心意所釀成的純米大吟釀，含一口在嘴裡，「雄町米」特有的強勁鮮味便會擴散開來。加上高雅的香氣與滑順的口感，讓人一喝就上癮。

酒一筋

生酛純米吟釀

純米吟釀

原料米 雄町米／精米比例 60%／日本酒度 +3～4／酒精度數 15～16度

以費工費時的生酛釀造法釀出的純米吟釀

讓江戶時代傳承至今的天然乳酸菌與酵母繁殖後釀成生酛，再運用於釀酒，因此需花費比平常多2倍以上的時間與精力。這款酒具有豐富深奧的濃醇滋味與清爽順喉的口感。不論冷酒或是燗酒都很好喝。

岡山

多胡本家酒造場

津山市

加茂五葉 大吟釀酒

大吟釀酒

DATA	
原料米	兵庫縣產山田錦
精米比例	40%
使用酵母	協會9號
日本酒度	+5
酒精度數	16度

具有溫和果香的大吟釀

這家酒藏創業於寬文年間，歷史非常悠久。「加茂五葉」一名是取流經五葉松附近的加茂川而來。使用加茂川的伏流水為釀造用水來釀酒。這款風味溫和的大吟釀，建議以冷飲或冷酒方式飲用。

這款也強力推薦！

加茂五葉 純米酒

純米酒

原料米 岡山縣產日本晴／精米比例 60%／使用酵母 協會9號／日本酒度 +2／酒精度數 15度

在酒藏內長期熟成的純米酒

這款長期熟成的純米酒略偏辛口，帶有芳醇的香氣與明顯的酸味。建議冷飲，或以溫燗方式品嚐酒米的風味。

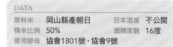

十八盛 朝日純米大吟釀 備前50

純米
大吟釀酒

DATA			
原料米	岡山縣產朝日	日本酒度	不公開
精米比例	50%	酒精度數	16度
使用酵母	協會1801號・協會9號		

以低溫釀造法釀出豐醇的純米大吟釀

這家酒藏創業於天明5（1785）年，位在擁有豐富魚貝類等食材的瀨戶內地區。使用當地的米和水，致力於釀造能搭配各種料理且百喝不膩的餐中酒。這款純米大吟釀使用能夠徹底提引出酒米鮮味的低溫釀造法，建議以冷飲方式飲用。

////// 這款也強力推薦！ //////

十八盛 山廢純米雄町 青螺姬

純米酒

原料米 岡山縣產雄町／精米比例 58%／使用酵母 協會7號／日本酒度 +5／酒精度數 15度

以山廢釀造法釀出具有香氣與酸味的純米酒

山廢特有的香氣與清新的酸味，伴隨鮮味在口中散開。這款百喝不膩的餐中酒帶有和緩的尾韻。建議以冷飲或溫爛方式飲用。

燦然 特別純米 雄町

特別
純米酒

DATA			
原料米	雄町	日本酒度	+2左右
精米比例	65%	酒精度數	15～16度
使用酵母	協會901號		

充滿當地岡山縣產「雄町米」的豐富鮮味

這家酒藏創業於明治11（1878）年。為祈求在眾多酒款中能特別耀眼而取名為「燦然」。為了實現這個心願，希望釀出「具有鮮味且尾韻俐落，喝過一次便讓人永難忘懷的理想美酒」，因此，社長自平成8（1996）年起親自擔任杜氏。大吟釀酒連續獲得日本全國新酒鑑評會的金賞，近年來更在美國、澳洲與亞洲引起矚目。這款純米酒是使用水質優良的高梁川流域的水，以及岡山傲視全國的酒米「雄町」釀造而成，特色是充滿豐富溫和的鮮味。不論爛酒或是冷酒都很好喝。

純米
JUNMAI
岡山県産
雄町

備前雄町米使用

特別
純米酒

燦然

サンゼン

////// 這款也強力推薦！ //////

木村式奇蹟之酒

純米吟釀 雄町

純米
吟釀酒

原料米 木村式自然栽培雄町／精米比例 55%／使用酵母 不公開／日本酒度 不公開／酒精度數 15～16度

以不使用肥料與農藥的自然栽培米釀出的酒

使用以「奇蹟蘋果」聞名的木村秋則先生所提倡不使用肥料與農藥，以自然方式栽種而成的珍貴稻米，奢侈地將米精磨成55%後，再釀成純米吟釀。
這款酒可充分品嚐芳醇的香氣，以及酒米豐富的甜味與鮮味。

萬年雪 森田大吟釀 PREMIUM

岡山

森田酒造

倉敷市

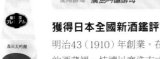

DATA		
原料米	山田錦	日本酒度 +6
精米比例	35%	酒精度數 17.9度
使用酵母	廣島吟釀酵母	

獲得日本全國新酒鑑評會金賞的酒

明治43（1910）年創業。在傳統土藏建築的酒藏裡，持續以寒造方式釀酒。使用岡山產的優質酒米與高梁川的伏流水，釀出能讓自己滿意的味道。這款大吟釀酒獲得2013年日本全國新酒鑑評會的金賞，建議以冷飲或冷酒方式飲用。

這款也強力推薦！

萬年雪 純米生一本荒走

原料米 岡山縣產朝日／精米比例 60%／使用酵母 協會7號／日本酒度 不公開／酒精度數 17.8度

香氣鮮明且滋味豐富 適合冷飲或加冰塊飲用

這款純米酒是以現今少見的槽搾方式釀造。完全沒有加工，具有生酒新鮮強烈的香氣與豐富的滋味。

岡山

丸本酒造

淺口市

純米 賀茂綠（かもみどり）

DATA		
原料米	山田錦	日本酒度 +4
精米比例	40%	酒精度數 15.6度
使用酵母	協會1801號	

可品嚐自家栽培米的芳醇鮮味

堅持活用米的風味來釀酒，因此由酒藏自行栽種稻米。這款純米酒的麴米也是使用藏人栽培的「山田錦」。不僅帶有自家栽培米原有的鮮味，更充滿扎實的酸味，搭配較油膩和重口味的料理也很對味。

這款也強力推薦！

竹林 かろやか

原料米 玉榮／精米比例 60%／使用酵母 協會1501號／日本酒度 +5／酒精度數 15.5度

兼具奢華香氣與 爽口風味的酒

香氣雖然奢華，風味卻很輕盈。清涼感十足，讓人聯想到自岩縫中湧出的清水，而且非常順喉。建議稍微冰鎮後再飲用。

岡山

嘉美心酒造

淺口市

嘉美心 大島傳

DATA		
原料米	曙	日本酒度 -4.5
精米比例	50%	酒精度數 15～16度
使用酵母	自社酵母	

鮮味十足且尾韻俐落的純米吟釀酒

這家酒藏就位在備中杜氏的故鄉「寄島町」。「嘉美心」一名隱含了「期望以清淨的身心釀造御酒」之意，因此選用與日文「神心」同音的字。這款純米吟釀具有溫和的鮮味，尾韻清爽俐落，建議以冷飲或冷酒方式品嚐其鮮味。

這款也強力推薦！

嘉美心 秘寶

原料米 曙／精米比例 58%／使用酵母 協會701號／日本酒度 -4／酒精度數 15～16度

可用各種溫度品嚐 酒藏的代表性銘酒

這款特別本釀造酒中濃縮了酒藏的精髓。具有濃厚的甜味與酸味，均衡感絕佳。建議以冷酒至溫爛方式享受不同溫度的變化。

岡山

朗盧之里 大吟醸原酒

岡山
山成酒造
井原市

大吟醸
酒

DATA	
原料米　山田錦	日本酒度　+5
精米比例　50%	酒精度數　17.8度
使用酵母　協會9號	

可享受大吟醸原有風味與香氣的原酒

文化元（1804）年創業。在稻米、水源、技術皆齊備的備中，以寒造及手工方式釀酒。連續10次獲得岡山自釀品評會的優等賞。「朗盧之里」一名來自江戶末期的漢學家阪谷朗盧的出身地。建議以冷酒或加冰塊方式品嚐大吟醸的風味與香氣。

///// 這款也強力推薦！/////

蘭之譽 原酒

本醸
造酒

原料米 曙／精米比例 70%／使用酵母 協會9號／日本酒度 +1／酒精度數 19.7度

使用岡山米釀出
地酒特有的鮮味

使用岡山縣產的「曙」，並寒造釀出本地特有的原酒。建議飲用時先確實冰鎮，或直接加入冰塊。

磯千鳥 大吟醸 瀬戶のさざ波

岡山
磯千鳥酒造
淺口郡里庄町

大吟醸
酒

DATA	
原料米　朝日	日本酒度　+2
精米比例　50%	酒精度數　15〜16度
使用酵母　協會7號	

如葡萄酒般芳醇的大吟醸酒

寶曆元（1751）年創業。這家酒藏在擁有稻米與水源的環境裡，持續釀酒超過250年。酒質在岡山屬於罕見的偏辛口類型。不惜使用酒造好適米，並採手工方式釀酒。這款大吟醸擁有葡萄酒般豐富的香氣與鮮味，建議冰鎮後用葡萄酒杯享用。

///// 這款也強力推薦！/////

磯千鳥 本醸造

本醸
造酒

原料米 曙／精米比例 65%／使用酵母 協會7號／日本酒度 +2／酒精度數 15〜16度

可用各種溫度品嚐
為愛酒者喜好的酒款

這款本醸造酒是使用岡山縣產的米「曙」釀造，充滿酒米原有的鮮味。屬於清爽的辛口酒，不論冷飲或加熱成爛酒都很好喝。

碧天 純米雄町

岡山
醉機嫌
總社市

純米酒

DATA	
原料米　雄町	日本酒度　+4
精米比例　65%	酒精度數　15.5度
使用酵母　協會901號	

突顯「雄町」鮮味的純米酒

明治40（1907）年創業。使用偏硬水的高梁川伏流水與「雄町」、「曙」等當地產的米，並採手工方式釀出尾韻俐落、百喝不膩的旨口酒。這款純米酒帶有「雄町」的鮮味與清爽的口感，喝再多也不會膩。建議以冷酒或溫爛方式當作餐中酒飲用。

///// 這款也強力推薦！/////

醉機嫌 純米吟醸
（醉いきげん）

純米
吟醸酒

原料米 吟之里／精米比例 50%／使用酵母 協會901號／日本酒度 +5／酒精度數 15.5度

用新酒米「吟之里」
釀造的純米吟醸酒

將新研發出的酒造好適米「吟之里」精米磨成50%。釀出的酒帶有芳醇的風味，尾韻十分清爽俐落。建議冰鎮後飲用。

岡山

來自雄町的故鄉・岡山縣，
讓紐約客成為
回流客的日本酒。

西日本的焦點酒藏

岡山縣倉敷市
菊池酒造

獲得「國際葡萄酒競賽2016」最高金賞
的「燦然」。讓酵母聽古典音樂的父親，
以及辭掉大公司工作、對釀造日本酒孤注
一擲的兒子，兩人在倉敷的小酒藏裡，聯
手挑戰全世界的市場。

文／久保田說子、照片／川瀨典子

倉敷の地酒

燦然

SANZEN

伝統を育み未来に伝えるこだわりの美酒

熱愛釀酒的父親與企圖擴展全球商機的兒子，攜手開創日本酒的可能性。

「燦然」這個品牌共有大吟釀原酒、純米大吟釀原酒、特別純米 雄町、純米酒 山田錦等，為種類豐富的日本酒。

第五代用莫札特音樂打造出「最適合」酵母的環境
第六代朝向世界市場開拓「高品質」日本酒的未來

「沒想到日本酒和松露這麼搭。」這是為了介紹岡山縣菊池酒造的代表性品牌「燦然」而在紐約舉辦晚餐會時，得到有如讚譽高級葡萄酒般的讚美。「香氣十足又很順口，豐郁的滋味還會在口中擴散。」送上這段喝采的人並非居住在美國的日本人，而是當地的紐約客。菊池東先生與大輔先生父子倆表示，這是得到世界認同的美妙瞬間。

菊池酒造創業於明治11（1878）年。以附近的高梁川水來釀酒，這裡的水質屬於口感滑順、風味溫和的軟水。

不僅如此，岡山縣也是雄町的產地。而雄町正是山田錦等各種優良酒米品種之父，原品種的雄町約有9成都產自岡山縣。鮮味十足且風味濃郁。因為栽種不易曾差點絕種，是深受當地酒藏守護、與岡山很有淵源的品種。

「但話說回來，雄町畢竟不易用於釀酒。因為太軟，不適合高精白，而且很容易吸水。要確保最佳的吸水率，杜氏就必須非常細心。」

第五代老闆兼杜氏的東先生，同時也是倉敷管弦樂團的常任指揮，眾所周知，他會在釀造時播放莫札特的音樂。藉由音樂的效果，讓酵母直到釀造的最後階段都能保持活性。更因此成功將溫度降到6度以下，完成雜味較少的清澈酒液。

可惜「燦然」在日本國內的知名度並不高，這曾讓酒藏陷入苦戰。後來在電機大廠研究中心擔任研究員的大輔先生認為，「如果讓擁有超過100年歷史的酒藏倒了，將來一定會很後悔」，於是他決定回來繼承家業，並開始採國際化經營，放眼全球市場。

「燦然 大吟釀」榮獲平成28（2016）年日本全國新酒鑑評會和IWC等金賞，得到很高的評價，成為進軍海外的原動力。

同時推出「奇蹟之酒」，使用因「奇蹟蘋果」而聞名的木村式自然栽培米釀造。這款甘口酒帶有果實風味，喝起來十分清爽順口。

用穀物釀造的日本酒
比葡萄酒更適合搭配料理

大輔先生親自做企劃行銷、跑業務，並實際前往美國、中國、澳洲與香港等地，舉辦試喝活動、晚餐會，力推「用葡萄酒杯品嚐的高品質冷酒」。

「現在是世界富豪們追求健康飲食的時代。日本酒算是被列為世界無形文化遺產中的和食一環，頗得大家的認同。」

原本大輔先生還擔心，不知日本酒的纖細風味能否在海外得到應有的評價，幸好當地人的反應消除了他心中的疑慮。

「日本酒和葡萄酒一樣都是釀造酒。如果日本酒能被列入餐酒酒單，便能慢慢滲透到全世界。何況用穀類釀造的日本酒，具有比葡萄酒更適合搭配料理的優點。」

即使已經得到世界的認同，大輔先生仍表示：「希望釀造出能讓當地人輕鬆買到，每天喝也不會膩的日本酒。未來也會持續追求風味清澈順喉的美酒，讓人一喝便難以忘懷。」

大輔先生負責製作英文版宣傳手冊和網頁，並請人介紹美國的批發商，再與父親一起造訪，努力擴展海外各國的市場。另一方面，到海外舉辦晚餐會時，則由父親東先生親自演奏小提琴，款待來訪的嘉賓。

廣島
原本店

廣島市中區

蓬萊鶴 純米吟釀 奏

純米
吟釀酒

DATA			
原料米	廣島縣產 八反錦	使用酵母	廣島吟釀酵母
		日本酒度	+2
精米比例	60%	酒精度數	15度

名字來自不老長壽・蓬萊山的當地名酒

創業超過200年，歷史悠久的酒藏。昔日此地能看見宮島的彌山，由於彌山很像中國長生不老傳說中知名的蓬萊山，因而將酒名取為「蓬萊鶴」。這款酒使用廣島縣產的米釀造，香氣十足且口味清爽。

這款也強力推薦！

蓬萊鶴 純米大吟釀 生酒

純米
大吟釀酒

原料米 廣島縣產雄町／精米比例 50%／使用酵母 廣島吟釀酵母／日本酒度 +3／酒精度數 16度

堅持使用廣島產原料並採用手工釀造

這款辛口大吟釀具有華麗纖細的香氣，以及透明感十足的風味。建議飲用冷酒，冬天則可加熱成燗酒與火鍋料理一起享用。

廣島
梅田酒造場

廣島市安藝區

本州一 無過濾 純米酒

純米酒

DATA			
原料米	千本錦	日本酒度	+4
精米比例	65%	酒精度數	16.8度
使用酵母	廣島吟釀酵母		

口感滑順溫和的廣島地酒

大正5（1916）年創業。以釀造日本第一好酒為目標而命名。汲取自酒藏後面的岩山流下的軟水，並使用廣島縣產的酒造好適米與吟釀酵母來釀造地酒。這款酒帶有芳醇爽口的滋味，飲用時吟釀香會在口中擴散。建議以冷飲或冷酒方式飲用。

這款也強力推薦！

本州一 無過濾 純米吟釀

純米
吟釀酒

原料米 千本錦／精米比例 60%／使用酵母 廣島吟釀酵母／日本酒度 +3／酒精度數 16.8度

口感溫和風味會在口中擴散

這款酒帶有柔和的口感與輕快舒暢的滋味，適合每天晚餐小酌一番。建議以冷飲或冷酒方式享用。

廣島
八幡川酒造

廣島市佐伯區

大吟釀 天鴻

大吟釀
酒

DATA			
原料米	山田錦	日本酒度	+3
精米比例	35%	酒精度數	17度
使用酵母	協會1801號		

100%使用兵庫縣產的山田錦

文政年間創業，擁有約200年歷史的老字號酒藏。以30多歲的杜氏為主，隨時嘗試新的挑戰。酒藏具代表性的辛口酒「天鴻」，獲得7次日本全國新酒鑑評會的金賞。飲用時，奢華的果香與甜味會在口中擴散開來。

這款也強力推薦！

純米大吟釀 八幡川

純米
大吟釀酒

原料米 千本錦／精米比例 50%／使用酵母 協會901號／日本酒度 +5／酒精度數 17度

可品嘗到葡萄般的豐富香氣

這款辛口酒充分提引出酒米的鮮味，風味十分清爽俐落，極具魅力。建議以冷酒至溫燗方式享用。這是目前很受歡迎的口味。

廣島

139

旭鳳 純にして醇

廣島

旭鳳酒造

廣島市安佐北區

純米酒

DATA			
原料米	八反錦	日本酒度	+5
精米比例	65%	酒精度數	16～17度
使用酵母	廣島吟釀酵母		

香氣十足且口感溫和

慶應元（1865）年創業。除了有來自大田川和谷川兩大河川豐沛的釀造用地下水，還加上優質的酒米，持續釀造酒藏特有的美味傳統日本酒。富有深厚的香氣與濃郁的口感，讓人感到「溫和順喉」、「愈喝愈起勁」，尤以飲用冷酒更顯風味。

/////////// 這款也強力推薦！

旭鳳 純米中生新千本

純米酒

原料米 中生新千本 ／精米比例 70%／使用酵母 協會701號／日本酒度 +5／酒精度數 17～18度

既濃郁又清爽 讓人一杯接一杯

風味濃厚，又能感受到扎實酸味的純米酒。可用各種不同的溫度品嚐，加熱成爛酒飲用，鮮味會更加明顯。

菱正宗 大吟釀

廣島

久保田酒造

廣島市安佐北區

大吟釀酒

DATA			
原料米	廣島縣產	使用酵母	廣島吟釀酵母
	千本錦	日本酒度	±0
精米比例	40%	酒精度數	16.3度

具有悠久歷史的絕佳美味

自慶應4（1868）年創業以來，始終追求品質第一，承繼歷史與傳統並持續釀酒。使用豐富的湧泉與廣島縣產的酒造好適米「千本錦」，釀出這款具有俐落尾韻與清爽鮮味的酒。奢華芳醇的香氣與溫和的口感，正是日本酒的原點。

/////////// 這款也強力推薦！

菱正宗 榮助純米吟釀

純米吟釀酒

原料米 廣島縣產千本錦／精米比例 55%／使用酵母 廣島紅葉酵母／日本酒度 −3／酒精度數 15.3度

因堅持品質而誕生的極致美味

這款純米吟釀酒具有芳醇豐富的香氣以及柔和的風味，整體口感十分均衡。建議搭配和食或法國料理一起享用。

酒將一代 彌山 純米吟釀 原酒

廣島

中國釀造

廿日市市

純米吟釀酒

DATA			
原料米	麴米：戀雄町	使用酵母	協會1801號
	（こいおまち）	日本酒度	+3
	掛米：八反錦	酒精度數	17～18度
精米比例	55%		

將最佳飲用溫度控制在10～15℃釀造

持續釀造清酒約半世紀之後，於平成23（2011）年榮獲日本全國新酒鑑評會的金賞，因此推出「酒將一代 彌山」這個品牌。可以在吟釀香中感受到酒米原有的豐富滋味，冰鎮至10～15℃飲用最美味。

/////////// 這款也強力推薦！

酒將一代 彌山

特別純米 山廢釀造

特別純米酒

原料米 八反錦／精米比例 65%／使用酵母 協會901號／日本酒度 +4／酒精度數 16～17度

靜靜熟成2年 所產生的深奧風味

將山廢釀造的原酒靜置在酒藏裡熟成2年以上，具有深奧的風味。建議以溫爛方式飲用。

廣島

白牡丹 大吟釀

大吟釀酒

DATA			
原料米	山田錦 千本錦	日本酒度	+6
		酒精度數	17度
精米比例	40%		
使用酵母	廣島紅葉酵母・協會1801號		

340多年來皆專注於釀酒
酒都西条裡歷史最久的酒藏

自延寶3（1675）年創業至今，擁有超過340年歷史的老字號酒藏。西条本町的延寶藏和天保藏，米滿釀造場的長春藏、萬年藏、千壽藏，這5家酒藏的生產規模在縣內皆是數一數二。在發揮手工釀造優點的同時也積極導入自動化作業，全年都能進行釀酒。品質深受信賴，自古就是夏目漱石、棟方志功等文化人愛喝的名酒。大吟釀在廣島酒中屬於甘口酒，特色是風味華麗，口感細緻清爽。超過90％以上的大吟釀是賣到以廣島為中心的中國地區，可說是最受當地人歡迎的日常酒。

白牡丹 純米吟釀

純米吟釀酒

原料米　山田錦・八反錦／精米比例60％／使用酵母　廣島紅葉酵母／日本酒度 −2／酒精度數 15度

廣島酒傳統的
甘口酒

廣島酒的特色是帶有濃厚的甘口風味。「白牡丹」繼承了這種濃醇的風味，擁有許多長年支持的忠實粉絲。這款純米吟釀酒發揮酒米的風味，滋味既芳醇又具有深度，不論冷酒或熱燗都好喝，不妨選擇自己喜歡的溫度。

特製GOLD賀茂鶴 大吟釀

大吟釀酒

DATA			
原料米	酒造好適米	日本酒度	+1.5
精米比例	50%	酒精度數	16～17度
使用酵母	不公開		

櫻花瓣造型且加入金箔的高格調酒款

西条是繼灘和伏見之後，日本第三大的銘釀地。堅持使用最優質的米和水，由杜氏採寒造與手工作業釀成。被視為大吟釀先鋒的「賀茂鶴」，香氣雖然較為內斂，不過仍帶有扎實的鮮味。建議以冷酒、冷飲或溫燗方式飲用。

一滴入魂 純米吟釀

純米吟釀酒

原料米　酒造好適米／精米比例60％／日本酒度 +3／酒精度數 15～16度

將酒米鮮味發揮到極限
所產生的豐富香氣

杜氏灌注所有心力在每一粒米、每一滴水上，釀出這款風味強勁的辛口純米吟釀酒。尾韻絕佳且鮮味十足。冷飲或冷酒皆宜。

廣島 福美人酒造 東廣島市

福美人 大吟釀 西条酒造學校

【大吟釀酒】

DATA			
原料米	山田錦	日本酒度	+2.5
精米比例	40%	酒精度數	16～17度
使用酵母	不公開		

被暱稱為酒造學校的名酒藏

西条自明治時代起便很盛行釀酒，今日仍以酒藏林立的白牆街景聞名。從腹地內的「美人之井」汲取軟水釀成的這款「福美人」，帶有淡淡的甜味以及細緻豐富的口感。冰鎮後飲用最美味。

//////// 這款也強力推薦！ ////////

福美人 純米吟釀

【純米吟釀酒】

原料米 廣島八反／精米比例60%／使用酵母 不公開／日本酒度 +5／酒精度數 15～16度

含有果香
最適合當餐中酒飲用

可感受到酒米確實發酵所產生的甜味。這款經典酒最適合拿來當作平日的晚酌酒，或用來招待客人。

廣島 西條鶴釀造 東廣島市

西條鶴 純米大吟釀原酒 神髓

【純米大吟釀酒】

DATA			
原料米	千本錦	日本酒度	±0
精米比例	40%	酒精度數	17度
使用酵母	廣島紅葉酵母		

風味輕快且餘韻爽口的珍貴美酒

這家位於西条的酒藏創業113年來，持續使用源源不絕的名水「天保井水」，堅持採用傳統手工方式進行釀造。這款口感溫和芳醇的純米大吟釀，喝起來非常爽口，從冷酒至冷飲都好喝。連續10年獲得世界菸酒食品評鑑會的金賞。

//////// 這款也強力推薦！ ////////

西條鶴 純米原酒PREMIUM13

【純米酒】

原料米 中生新千本／精米比例65%／使用酵母 廣島紅葉酵母／日本酒度 -3／酒精度數 13度

風味清爽且
甜味具有深度

使用廣島縣產的酒造好適米釀出廣島特有的甘口風味。由於酒精度數較低，很容易入口，推薦給女性朋友。建議飲用冷酒。

廣島 龜齡酒造 東廣島市

龜齡 大吟釀 創

【大吟釀酒】

DATA			
原料米	山田錦	日本酒度	+4
精米比例	45%	酒精度數	17.5度
使用酵母	自社酵母		

甘口酒居多的廣島酒中屬於清爽辛口酒！

「龜齡」取自「千年鶴、萬年龜」之說，含有希望能長命百歲與永遠繁榮之意。這家位於西条的酒藏，長年持續釀造香氣豐富的辛口酒。使用自家水井汲取上來的中硬水與優質酒米。既濃郁又清爽的口感可突顯料理的美味。建議當作餐中酒。

//////// 這款也強力推薦！ ////////

龜齡 辛口純米 八拾

【純米酒】

原料米 中生新千本／精米比例80%／使用酵母 自社酵母／日本酒度 +5／酒精度數 17.5度

這個口味與這個價格！
令人大滿足的逸品

低精白米酒的先鋒。酒米的風味與淡淡的吟釀香讓人微醺。加上價格實惠，都是這款酒大受歡迎的祕密。讓人天天都想喝。

西条的酒造
MAP

廣島縣
西条

白牆與紅磚瓦煙囪四處林立，這裡是昔日的宿場町。西条車站周邊聚集了7家釀造場，很適合來此悠閒漫步。

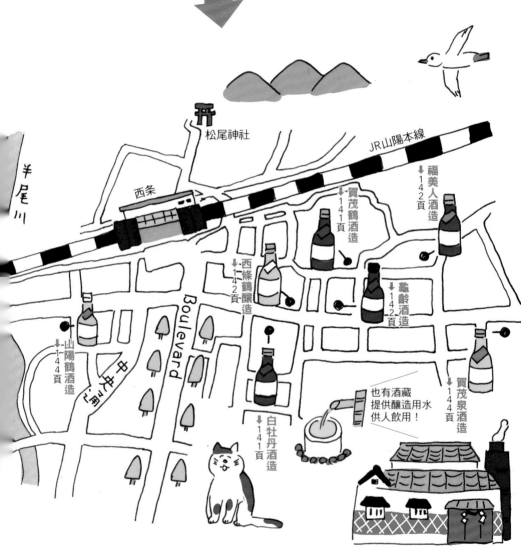

松尾神社

JR山陽本線

西条

賀茂鶴酒造 →141頁

福美人酒造 →142頁

西條鶴釀造 →142頁

龜齡酒造 →142頁

山陽鶴酒造 →144頁

Boulevard

中央通

也有酒藏提供釀造用水供人飲用！

賀茂泉酒造 →144頁

白牡丹酒造 →141頁

羊尾川

賀茂泉 朱泉本醸造

廣島
賀茂泉酒造
東廣島市

純米吟醸

DATA	
原料米	廣島八反 中生新千本
精米比例	58%
使用酵母	KA-1
日本酒度	+1
酒精度數	16度

與灘和伏見並列的銘釀地——西条的純米吟醸

大正元（1912）年創業。「賀茂泉」取自地名「賀茂」與山陽道名水「茗荷清水」。這款朱泉本醸造因為沒有使用碳過濾，所以呈現淡淡的金黃色。具有豐富的鮮味與濃郁感，尾韻十分清爽俐落。建議以溫爛方式飲用。

////// 這款也強力推薦！//////

賀茂泉 廣島八反 純米酒

 純米酒

原料米 廣島八反／精米比例 65%／使用酵母
KA-1／日本酒度 +2／酒精度數 15度

建立純米釀造基礎的一瓶酒

只使用酒米「廣島八反」釀造。清爽的風味與酒米的鮮味會在口中擴散。不論冷飲、冷酒或爛酒都很好喝。

山陽鶴 上撰

廣島
山陽鶴酒造
東廣島市

DATA			
原料米	日本國產米	日本酒度	+1
精米比例	75%	酒精度數	15度
使用酵母	協會901號		

爽口順喉的經典風味

西条是日本三大銘釀地之一。這家酒藏創業於大正元（1912）年，具有100多年的歷史。使用西条獨特的軟水，釀出「甘酸辛苦澀」五味融合為一體、喝起來十分爽口順喉的銘酒。不論以哪種溫度飲用都很美味。

////// 這款也強力推薦！//////

山陽鶴 純米大吟醸 KUBO

 純米大吟醸

原料米 山田錦／精米比例 35%／使用酵母 協會1801號／日本酒度 +4／酒精度數 16度

釀酒時最大限度地提引出酒米的鮮味

將酒造好適米「山田錦」研磨到極限，釀出這款沒有雜味的純米大吟醸。這是香氣與口感都令人相當滿足的一瓶酒。

賀茂金秀 特別純米

廣島
金光酒造
東廣島市

特別純米酒

DATA		
原料米	麴米：雄町 掛米：八反錦	
精米比例	麴米50%・掛米60%	
使用酵母	KA-1	
日本酒度	+4	
酒精度數	16度	

追求自己想喝的酒款

這家酒藏創業於明治13（1880）年。平成14（2002）年推出全新品牌「賀茂金秀」。以純米系為主的新鮮水潤風味，即使在日本數一數二的釀酒業集中地帶，仍有很高的評價。

////// 這款也強力推薦！//////

賀茂金秀 純米吟醸 雄町

 純米吟醸

原料米 雄町／精米比例 50%／使用酵母 廣島KA-1／日本酒度 +3／酒精度數 16度

「雄町」特有的豐郁芳醇風味極具魅力

水果般的奢華香氣會擴散開來，在品嚐到淡淡甜味的同時，仍可感受到清爽的餘韻。這款辛口酒建議飲用冷酒。

廣島

富久長 純米吟釀 八反草

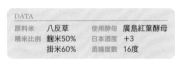

純米吟釀酒

DATA			
原料米	八反草	使用酵母	廣島紅葉酵母
精米比例	麴米50%	日本酒度	+3
	掛米60%	酒精度數	16度

徹底發揮廣島酒米「八反草」的優點

面對瀨戶內海的美麗小鎮「東廣島市安藝津町」，這裡是日本最早使用軟水釀酒，同時也是釀出吟釀酒的廣島杜氏的故鄉。「富久長」的純米吟釀是使用當地的米，釀出如這塊土地般清爽又充滿透明感的風味。鮮味十足且尾韻俐落。

/////// 這款也強力推薦！ ///////

富久長

Sparkling純米酒 HAKUBI

純米酒

原料米 廣島縣產米／精米比例 60％／使用酵母 廣島KA／日本酒度 +3／酒精度數 15度

不斷冒泡的爽快濁酒

酵母在瓶中二次發酵，因而產生碳酸氣泡。這款嗆辣的氣泡純米酒，很適合當成禮物送人。建議充分冰鎮後再飲用。

於多福 純米吟釀

純米吟釀酒

DATA	
原料米	八反35號
精米比例	60%
使用酵母	廣島紅葉酵母
日本酒度	+5.5
酒精度數	15.5度

吟釀酒發源地安藝津町講究的酒款

創業約160年來，持續追求深受當地人喜愛的手工釀造酒。這款純米吟釀具有溫和清爽的香氣與酒米的味道，風味十分調和。不愧是廣島的地酒，搭配牡蠣料理及魚貝類料理均十分對味。建議以冷酒至溫爛方式飲用。

/////// 這款也強力推薦！ ///////

於多福 純米

 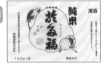

純米酒

原料米 八反錦／精米比例 60%／使用酵母 協會601號／日本酒度 +3／酒精度數 15.5度

廣島縣產米的風味表露無遺

「於多福」是酒藏具代表性的酒。以配合廣島水質研發出的釀造法，細心釀出這款酒。建議以冷飲至熱爛方式飲用。

神雷 藍標純米酒

純米酒

DATA	
原料米	千本錦
精米比例	60%
使用酵母	KA1-25
日本酒度	+6
酒精度數	16～17度

德川時代持續至今的老字號銘釀酒藏

享保元（1716）年創業的老字號酒藏，位在標高500公尺的中國山地。使用清涼的軟水和廣島縣產米進行釀造，具有酒米豐富正點的滋味。在廣島酒中屬於偏辛口風味，口感清爽。建議以冷酒、冷飲或溫爛方式飲用。

/////// 這款也強力推薦！ ///////

神雷 純米大吟釀酒

純米大吟釀酒

原料米 千本錦／精米比例 45％／使用酵母 KA1-25・協會1801號／日本酒度 +2.5／酒精度數 16～17度

酒藏自豪的銘酒，風味溫和而深奧

這款純米大吟釀是使用口感絕佳的軟水與廣島產的「千本錦」釀造。帶有果香與溫和的風味。

水龍 黑松

廣島

水龍 中野光次郎本店

吳市

本釀造酒

DATA			
原料米	日本產酒造好適米	使用酵母	K-701
精米比例	60%	日本酒度	±0
		酒精度數	15度

重視傳統的釀酒方式

這家酒藏創業於明治4（1871）年，持續釀造口味不變的吳市地酒。同時也以「戰前便有超軟水湧出的酒藏」聞名。黑松為風味柔和的本釀造酒，具有喝到最後一口也不讓人厭倦的鮮味，屬於十分溫和的甘口酒。即使單獨飲用也十分美味。

//////// 這款也強力推薦！ ////////

水龍 原酒 ひや

本釀造酒

原料米 日本產酒造好適米／精米比例 60%／使用酵母 協會901號／日本酒度 －2／酒精度數 18度

濃厚又芳醇的本釀造原酒

香氣與滋味皆很濃郁，即使加入冰塊也不會稀釋風味，深受日本酒愛好者的喜愛。可稍微冰鎮後直接喝，或以冷飲方式品嚐。

雨後之月 大吟釀真粹

廣島

相原酒造

吳市

大吟釀酒

DATA			
原料米	山田錦	日本酒度	+3.5
精米比例	35%	酒精度數	17度
使用酵母	協會901號・協會1801號		

廣島酒特有的旨口風味

這家酒藏位於瀨戶內海沿岸，這裡擁有豐沛的優質軟水，同時也是知名的廣島酒發源地，從明治初期便開始鑽研釀造技術。這款大吟釀具有順喉的旨口風味。充滿果實般的水嫩香氣與溫和又深奧的滋味，風味優美且氣勢十足。

//////// 這款也強力推薦！ ////////

雨後之月 辛口純米

純米酒

原料米 八反錦等／精米比例 60%／使用酵母 協會9號／日本酒度 +6／酒精度數 16度

兼具豐厚感與俐落感

這款酒帶有超軟水釀造所產生的柔和風味。雖然是辛口酒，仍能品嚐到酒的滋味與酸味，口味接受度很高。建議以冷酒或冷飲方式品嚐。

寶劍 純米 超辛口

廣島

寶劍酒造

吳市

純米酒

DATA			
原料米	八反錦	日本酒度	+10
精米比例	60%	酒精度數	16度
使用酵母	協會701號		

以被譽為寶劍名水的湧泉釀造

酒藏後山「國立公園野呂山」的雨和雪經過約100年的過濾後，成為酒藏腹地內的地下湧泉，主要使用此水和縣產酒米「八反錦」來釀酒。2001年至2010年間，獲得7次日本全國新酒鑑評會的金賞。這款極致的辛口酒是酒藏的招牌商品。

//////// 這款也強力推薦！ ////////

寶劍 純米吟釀 八反錦

純米吟釀酒

原料米 八反錦／精米比例 55%／使用酵母 廣島KA1-25／日本酒度 +5／酒精度數 16度

被山海環繞的土地所釀出的豐富滋味

帶有淡淡的香甜風味與俐落的尾韻，屬於口感柔和的餐中酒。不妨放進冰箱裡冷藏，飲用之前再拿出來稍微退冰一下。

廣島

華鳩 貴釀酒8年貯藏

DATA			
原料米	日本國產米	日本酒度	−44
精米比例	65%	酒精度數	16度
使用酵母	協會9號系		

濃稠的甘口酒
風味有如雪莉酒一般

一般在釀酒時會使用水，貴釀酒則是以酒來取代一般的釀造用水。

「華鳩」是將貴釀酒熟成8年以上而成，為全日本罕見的長期熟成酒。酒液呈現出美麗的琥珀色，並帶有白蘭地與威士忌般的香氣。含一口在嘴裡，濃厚的甜味便宛如在口中化開一般。這款酒適合搭配鵝肝與起司等帶有特殊風味的食材，與東坡肉、炸物等油膩的料理也很對味。此外還能淋在巧克力或冰淇淋上，替甜點增添成熟的風味。不妨享受酒的甜味所帶來的療癒滋味。

這款也強力推薦！

華鳩 爽口貴釀酒

Hana Colombe白麴混合釀造

原料米 日本國產米／精米比例 70%／
使用酵母 協會9號／日本酒度 −59／
酒精度數 15.5度

如白酒般的
爽快風味與濃郁甜味

提到「華鳩」就會讓人想到貴釀酒。白麴所產生的檸檬酸具有清爽的酸味，同時帶有如白酒般的甘口風味。很適合搭配烤肉或壽喜燒等肉類料理一起享用。標籤上的黑色幼犬是酒藏的招牌狗Colombe。

廣島

白鴻 特別純米酒 綠標

特別
純米酒

DATA			
原料米	麴米：八反35號	使用酵母	瀨戶內21號
	掛米：山田錦	日本酒度	+5
精米比例	60%	酒精度數	15.5度

口味與香氣皆深奧，酒藏的代表性酒款

這家酒藏位於瀨戶內海國立公園的野呂山山麓，四周環繞著山林與稻田。這款「白鴻」使用有螢火蟲飛舞的清流釀成，特別適合搭配魚貝類料理，是很受歡迎的餐中酒。屬於愈喝愈能感受到爽口風味的一瓶酒。從冷酒至熱燗都很美味。

這款也強力推薦！

白鴻 四段式釀造純米 紅標

純米酒

原料米 中生新千本／精米比例
70%／使用酵母 協會601號／
日本酒度 −8／酒精度數 15.5
度

超軟水釀出的
溫和口感

使用優質的釀造用水，以甘口四段式釀造釀出保有鮮味並帶有果香的偏口甜味風味。可以選擇冷酒、冷飲、溫燗或熱燗等方式。

廣島

千福 純米大吟醸 藏

純米大吟醸酒

DATA			
原料米	千本錦	日本酒度	＋4
精米比例	50%	酒精度數	17.5度
使用酵母	瀨戶內21號		

酵母也是廣島縣生產
充滿當地的風味

自安政3（1856）年創業以來，代代皆以「和協一致‧誠心誠意」的精神進行釀酒，並釀出了中國地區具代表性的銘酒「千福」。「千福」是第一代老闆三宅清兵衛為了感謝賢內助的功勞，於是從母親「阿福」和妻子「千登」的名字裡各取一字而來。

所有原料皆堅持使用廣島縣的產品，米100%使用廣島酒造好適米「千本錦」，酵母則使用廣島縣研發出的「瀨戶內21號」。這款酒的魅力在於滑順的口感與偏濃的風味。連續10年獲得世界茹酒食品評鑑會金賞，實力堅強。建議以5～10℃的冷酒或加冰塊品嚐。

這款也強力推薦！

千福

神力 生酛純米無過濾原酒85

純米酒

原料米 神力／精米比例 85%／使用酵母 協會701號／日本酒度 ＋5／酒精度數 19度

讓戰前酒米「神力」復活
並運用在釀酒上

千福的原點在於用「神力」米釀酒。這款酒的精米比例為85%，採接近明治、大正時期的精米比例來精磨原料米，並重現當時主流的生酛釀造法。風味既濃厚又具有酸味，推薦給對日本酒很講究的人。冷酒至溫燗皆宜。

尾道壽齡 本釀造原酒
（おのみち寿齢）

本釀造酒

DATA			
原料米	八反錦	使用酵母	協會601號
	中生新千本	日本酒度	＋3
精米比例	70%	酒精度數	19度

在風光明媚的尾道釀出爽口的辛口酒

安政元（1854）年創業。由於戰後的老闆相當長壽，因此將酒名取為帶有祝賀長壽之意的「尾道壽齡」。這是一款鮮味均衡且順喉的廣島酒。在高酒精度的強勁風味中可感受到些微的苦味。最適合搭配瀨戶內海的魚貝類料理一起享用。

這款也強力推薦！

尾道壽齡 純米吟醸
（おのみち寿齢）

純米吟醸酒

原料米 中生新千本／精米比例 60%／使用酵母 協會701號／日本酒度 ＋1／酒精度數 15.6度

香氣溫和
冰鎮後鮮味更明顯

這款酒的甜味與酸味十分均衡，滋味清爽且百喝不膩。適合以冷酒、冷飲與燗酒方式飲用，但最建議品嚐冷酒。

廣島

藤井酒造

竹原市

龍勢 別格品 生酛純米大吟釀

DATA

原料米	山田錦	日本酒度	+11
精米比例	40%	酒精度數	18度
使用酵母	無添加		

具有道地釀造酒的魅力

文久3（1863）年創業的天然釀造酒藏。位在面臨瀨戶內海的城市，風光明媚，直至今日仍以地下水為自來水，水質非常清澈。在這片土地上誕生的「龍勢」，具有纖細且多層次的香氣。可稍微冰鎮或加熱至人肌爛，搭配和食或西餐一起享用。

╲╲╲╲╲ 這款也強力推薦！ ╲╲╲╲╲

龍勢 純米大吟釀 黑標

原料米 山田錦／精米比例 50%／使用酵母 協會9號／日本酒度 +7／酒精度數 17度

餘韻清爽俐落的純米大吟釀酒

龍勢具代表性的純米大吟釀酒。具有均衡的香氣與鮮味，可以突顯料理的美味。建議飲用稍微冰鎮過的冷酒或加熱成溫爛。

廣島

竹鶴酒造

竹原市

小笹屋竹鶴 生酛純米大吟釀

DATA

原料米	廣島縣產八反	使用酵母	無添加
		日本酒度	±0
精米比例	40%	酒精度數	18度

用餐時可搭配飲用
有如米飯般的餐中酒

這家酒藏位在廣島縣竹原市的美觀地區，這裡的街景保留了歷史風貌。前身是從事製鹽業的「小笹屋」，享保18（1733）年才開始釀酒。這裡同時也是日果威士忌（Nikka Whisky）的創始人竹鶴政孝先生的老家，持續不斷地釀造道地的日本酒。這款遠馳名的辛口純米酒帶有濃厚的風味，最適合加熱成爛酒飲用。「小笹屋竹鶴」的純米大吟釀採用無添加酵母的生酛釀造法，並以木桶進行釀製。不會過度強調存在感，既能突顯料理的美味，也能嚐到酒米原有的鮮味。冷飲就很好喝，但建議加熱成偏熱的爛酒。也可比較看看冷酒和爛酒的風味有何不同。

╲╲╲╲╲ 這款也強力推薦！ ╲╲╲╲╲

清酒竹鶴 雄町純米

原料米 廣島縣產雄町／精米比例 70%／使用酵母 協會6號／日本酒度 +14／酒精度數 15.6度

帶有強烈酸味的極品

帶有令人印象深刻的酸味，堪稱「酸味一體」的一支酒。這款純米酒調和了強烈的酸味與濃厚的鮮味。全量使用廣島縣產的酒米「雄町」釀出明顯的酸味。適合搭配肉類料理、中菜以及與法國料理。加熱成爛酒飲用，更能感受到溫和的風味。

廣島

幻（まぼろし）純米大吟醸 幻赤箱

純米
大吟釀酒

DATA

原料米	山田錦	日本酒度	±0
精米比例	45%	酒精度數	16.4度
使用酵母	蘋果酵母		

藉由蘋果酵母帶出
豐富奢華的香氣

這家酒藏創業於明治4（1871）年，位在廣島縣瀨戶內海沿岸的中央位置。有安藝小京都之稱的竹原，自古便很盛行釀造日本酒。這裡擁有源源不絕的優質湧泉，正是這股清水支撐著此地的釀酒業。

這家酒藏超過4成以上的酒皆為吟釀酒，在日本國內相當少見。其中最值得一提的是獨自研發的酵母。第4代老闆認為「酵母是決定日本酒風味的一大要素」，因此不斷研究，後來接觸到可以釀出豐醇滋味、奢華香氣與爽口酸味的「蘋果酵母」，才誕生出這支極品酒。這款偏甘口風味的酒帶有「山田錦」的濃醇滋味，口感溫和且尾韻俐落。

這款也強力推薦！

誠鏡 純米竹原
（純米たけはら）

純米酒

原料米 新千本／精米比例 65%／使用酵母 協會10號／日本酒度 −1／酒精度數 15.4度

用好水好米釀出
偏甘口的風味

忠於創業當時的基礎，釀出酒藏具代表性的一瓶酒。這款略偏甘口的酒具有均衡的鮮味、酸味與香氣，酒質非常純樸，堪稱是日本酒的原點。搭配家常菜十分對味，最適合每天晚上小酌一番。不論冷飲或燗酒都很好喝。

天寶一 辛口純米千本錦

純米酒

DATA

原料米	千本錦	日本酒度	+5
精米比例	60%	酒精度數	16.5度
使用酵母	9號系（KA1-25）		

目標是釀出突顯和食美味的日本酒

由滿懷熱情的杜氏與少數幾名藏人以手工方式釀造。為了徹底提升料理的美味，致力於釀造既可襯托料理，同時具有濃郁鮮味的極致餐中酒。這款尾韻爽口俐落的辛口酒，讓人忍不住想多喝一杯。最適合以冷酒或冷飲方式飲用。

這款也強力推薦！

天寶一 中汲山田錦純吟

純米
吟釀酒

原料米 山田錦／精米比例 55%／使用酵母 協會9號系／日本酒度 +3／酒精度數 16.5度

使用山田錦中
最頂級的米

這款酒帶有細緻的果實風味，洗米的鮮味會在口中擴散開來。口感極佳，很適合搭配料理享用。建議以冷酒或冷飲方式飲用。

花醉 活性純米酒 どぶ

廣島

花醉酒造

庄原市

純米酒

DATA

原料米	八反錦	日本酒度	+5
精米比例	60%	酒精度數	19～20度
使用酵母	廣島吟釀酵母		

只用米和米麴並以手工精心釀造的生酒

明治33（1900）年創業。在擁有澄淨水質與清澈空氣的土地上，100%使用廣島縣產「八反錦」釀出的花醉，是酒藏最有人氣的濁醪。由於在瓶內二次發酵，屬於容易入口的氣泡日本酒，口味非常溫和。建議放進冰箱充分冰鎮後再飲用。

////// 這款也強力推薦！//////

花醉 純米古酒

純米酒

原料米 八反／精米比例 60%／使用酵母 協會9號／日本酒度 +5／酒精度數 17～18度

口味如白蘭地般深奧又濃郁

這款琥珀色的古酒是在酒藏內經過27年的時間慢慢熟成。除了和食之外，還可搭配義大利料理和中菜，甚至也和巧克力也十分對味。

廣島

比婆美人酒造

庄原市

比婆美人 大吟釀

大吟釀酒

DATA

原料米	千本錦	使用酵母	協會6號
精米比例	麴米40%	日本酒度	+3.5
	掛米40%	酒精度數	17～18度

使用自家水田栽種的酒米

昭和23（1948）年由9家釀造所合併，之後在昭和35（1960）年誕生出現在的酒藏。「比婆美人」一名是來自位在廣島縣東北部、被指定為國家公園的美麗「比婆山」。

這款大吟釀使用中國地區山脈的湧泉，並從栽種稻米開始釀酒，因此得以釀出「比婆美人」獨具的風味。擁有酒米甘甜的香氣與清爽溫和的餘韻。加熱成爛酒可品嚐柔和滑順的酸味；以冷飲方式飲用則能享受濃郁的水果香氣。很適合搭配生魚片與紅燒魚等料理一起享用，會讓人忍不住一杯接一杯。

////// 這款也強力推薦！//////

廣島

比婆美人

純米原酒

純米酒

原料米 八反35號／精米比例 60%／使用酵母 不公開／日本酒度 +5.5／酒精度數 18～19度

活用酒米風味釀出溫和的口感

庄原是中國地區十分知名的豪雪地帶。當地人會將雪當成天然的冰箱，這款純米原酒便是放入雪室中貯藏。具有酒米和米麴釀出的扎實米味，以及溫和的味道。屬於廣島酒特有的偏甘口風味。

美和櫻 純米吟釀酒

廣島

美和櫻酒造

三次市

純米吟釀

DATA		
原料米	八反35號	日本酒度 +2.5
精米比例	50%	酒精度數 15.3度
使用酵母	廣島吟釀酵母	

酒米主要產地三次市的自家精米酒

這家酒藏自行栽種原料來源的酒米並自行精米。製麴工程也不假他人之手,不惜費時費工進行釀酒作業,在業界享有一定的口碑。略偏甘口的美和櫻具有均衡的風味與香氣。扎實的酒米滋味與豐富的香氣會在口中擴散開來。

/////// 這款也強力推薦! ///////

美和櫻 純米酒

純米酒

原料米 八反錦/精米比例 70%/使用酵母 廣島21號/日本酒度 +4.5/酒精度數 15.3度

美味的米和美味的水孕育出的酒款

使用優質原料並細心釀出可品嚐到酒米扎實風味的純米酒。口味豐富濃厚,讓人大感滿足。

瑞冠 純米山廢釀造合鴨米

廣島

山岡酒造

三次市

純米酒

DATA		
原料米	龜之尾	日本酒度 +9
精米比例	65%	酒精度數 16.5度
使用酵母	藏付2號	

在廣島具代表性的酒米產地釀造的酒

這家酒藏以「地酒乃文化」為口號,目標是為地方的生活與文化做出貢獻。重視日本酒的風味,100%使用自然農法栽種的「合鴨米」,並採用手工少量釀造方式維持高品質。這款經過熟成的酒具有柔和的鮮味,不論冷酒或熱燗都很好喝。

/////// 這款也強力推薦! ///////

瑞冠 純米發泡濁生

純米酒

原料米 新千本/精米比例 65%/使用酵母 協會1401號/日本酒度 +2/酒精度數 15.8度

微氣泡酒輕快的口感大受歡迎

這款酒在瓶內進行二次發酵後,清爽的碳酸氣泡會擴散開來。這款保有酒米甜味的濁酒,讓人忍不住一喝再喝。建議稍微冰鎮後再飲用。

大號令 特撰

廣島

馬上酒造場

安藝郡熊野町

本釀造酒

DATA		
原料米	中生新千本	日本酒度 +5
精米比例	55%	酒精度數 15.6度
使用酵母	協會901號	

內行人才知道的隱藏版銘酒

這家酒藏創業於明治26(1893)年,由全家人採用手工方式少量釀造。使用木樽並用酒袋壓搾醪,堅持以傳統方法細心釀造。這款風味舒暢的本釀造酒,夏天可搭配涼拌豆腐或蕎麥麵,冬天則可配火鍋一起飲用。建議以熱燗或冷酒方式品嚐。

/////// 這款也強力推薦! ///////

大號令 純米吟釀

純米吟釀

原料米 掛米:八反錦・麴米:中生新千本/精米比例 掛米50%・麴米55%/使用酵母協會901號/日本酒度 +3/酒精度數 16.6度

尾韻清爽俐落風味澄澈的純米吟釀

這款稀有的純米吟釀,具有酒米高雅的甜味與清爽俐落的尾韻。在當地日本酒的愛好者之間也相當受歡迎。

廣島

老龜 特別純米

特別
純米酒

DATA
原料米	八反錦	日本酒度	+1
精米比例	60%	酒精度數	16度
使用酵母	廣島紅葉酵母		

釀酒時重視料理與日本酒之間的調和

這家酒藏於元祿10（1697）年左右創業，具有悠久的歷史。以不使用化學肥料、減農藥栽種出的米為原料，並由第15代老闆兼杜氏自行釀造，口感滑順且充滿果香。清爽的風味可以搭配各種料理。建議以5℃～15℃的冷酒飲用。

老龜 純米吟釀

純米
吟釀酒

原料米 千本錦／精米比例 50%
／使用酵母 廣島吟釀酵母／
日本酒度 −3／酒精度數 15度

甘甜的香味與豐富的滋味令人上癮

特色是具有完熟果實般甘甜濃郁的香氣與風味。不妨充分冰鎮後加入一點蘇打水飲用。搭配具酸味的水果也很對味。

醉心 究極之醉心 大吟釀

大吟釀酒

DATA
原料米	山田錦
精米比例	30%
使用酵母	自社培養酵母
日本酒度	+2.5（標準值）
酒精度數	17度

細緻且讓人喝不膩的美味

萬延元（1860）年在自古就是銘釀地的三原市創業。眾所周知，「醉心」是日本畫大師橫山大觀終生喜愛的銘酒。這款大吟釀是使用兵庫縣三田市生產的酒米「山田錦」，將米精磨至30％，以及從位於廣島縣中央的鷹之巢山山麓汲取的珍貴軟水釀造而成。具有優雅的香氣，以及高雅濃郁的甜味與鮮味。

醉心

純米吟釀 醉心稻穗

純米
吟釀酒

原料米 山田錦・廣島縣產米／精米比例 60%／使用酵母 自社培養酵母／日本酒度 +2.5（標準值）／酒精度數 15度

以「稀有軟水」釀出的滑順風味

這款純米吟釀是以醉心獨特的軟水釀造而成，具有高雅溫和的香氣與細緻滑順的辛口風味。可以充分品嚐米的鮮味，因此又被譽為「味吟釀」。

豐之秋 特別純米 雀與稻穗

DATA			
原料米	山田錦 改良雄町	使用酵母	協會901號
		日本酒度	+3
精米比例	58%	酒精度數	15度

如米飯般充滿鮮味的 特別純米酒

明治29（1896）年創業。直到20多年前都還使用松江市內的井水作為釀造用水，後來為追求優質的水源，改用松江市郊外自山麓岩石間湧出的水。十分重視日本酒和料理之間的調和，以「豐富美味、舒暢宜人」為信念，採用手工方式精心釀酒，獲得日本全國新酒鑑評會及海外競賽等各項大獎，在各方面都有很高的評價。

這款「特別純米 雀與稻穗」完全實踐了酒藏的信念，將沉穩的香氣、酒米溫和的甜味與豐富的鮮味全都濃縮在酒液中。建議以45℃左右的溫爛飲用。

豐之秋

トヨノアキ アカ

純米酒

原料米 島根縣產五百萬石／精米比例 麴米65%・掛米70%／使用酵母 協會901號／日本酒度 +4／酒精度數 15度

也適合搭配法國料理 與義大利料理的純米酒

為了「將島根推向全世界」，這款純米酒100%使用島根縣產的「五百萬石」，充分展現土地的特色。具有豐富柔和的滋味，除了和食之外，也很適合搭配法國料理與義大利料理。

開春 純米超辛口

純米酒

DATA			
原料米	神之舞	日本酒度	+15
精米比例	60%	酒精度數	15～16度
使用酵母	協會9號		

專釀特色酒款的小酒藏所釀的超辛口酒

一年製造量約400石的小規模酒藏，釀酒作業十分嚴謹，鉅細靡遺的品質管理，不放過任何一個細節。專門釀造具有特色的酒款，日本全國都有熱情的粉絲。這款百喝不膩的純米超辛口帶有清爽的餘韻，建議以冷酒或冷飲方式飲用。

開春 生酛山口

純米酒

原料米 山田錦／精米比例 65%／使用酵母 無添加／日本酒度 +6／酒精度數 17～18度

以生酛釀造法釀出 風味扎實的純米原酒

這款純米原酒是以費工費時的生酛釀造法釀成。具有生酛特有的酸味、俐落的尾韻與濃厚的鮮味，加熱成爛酒會更具風味。

李白 純米大吟釀

純米大吟釀酒

DATA
原料米	山田錦	日本酒度 +4
精米比例	45%	酒精度數 16度
使用酵母	61K-1	

冠上酒仙李白名號的純米大吟釀酒

「李白」是留下許多歌頌美酒詩句的唐朝詩人。這款酒的名稱是由出身於松江市、擔任第25任和第28任日本內閣總理大臣的若槻禮次郎所命名。這款純米大吟釀的風味濃郁，很適合搭配料理。建議冰鎮後享用。

李白 純米吟釀 WANDERING POET

純米吟釀酒

原料米 山田錦／精米比例 55%／使用酵母 61K-1／日本酒度 +3／酒精度數 15度

酒藏的代表性銘酒
適合搭配各種料理

滋味溫和濃郁，尾韻卻十分清爽俐落。不妨依自己的喜好選擇冷酒、冷飲或溫爛方式享用。

天穩 純米吟釀 佐香錦

純米吟釀酒

DATA
原料米	佐香錦	日本酒度 +4
精米比例	60%	酒精度數 15度
使用酵母	島根K-1	

每天喝也不會膩的口味

「天穩」一名來自日蓮宗的經文。共獲得9次日本全國新酒鑑評會的金賞。比起具有衝擊性的味道，酒藏更重視酒的溫和風味，因此有不少酒是採費工費時的生酛釀造。這款純米吟釀是以長期低溫發酵的吟釀釀造法釀成，帶有偏辛口的清爽風味。

天穩 特別純米 馨

特別純米酒

原料米 佐香錦／精米比例 60%／使用酵母 島根K-1／日本酒度 +9／酒精度數 15度

以島根酒米「佐香錦」
釀造的辛口純米酒

這款具有溫和香氣與柔和鮮味的辛口酒，是用奧出雲產的「佐香錦」釀造而成。加熱成爛酒更能品嚐其豐郁的滋味。

隱岐譽 純米吟釀

純米吟釀酒

DATA
原料米	山田錦	日本酒度 +5
精米比例	55%	酒精度數 15度
使用酵母	協會901號	

在隱岐之島豐富的大自然中釀出的酒

由隱岐之島上5家具有歷史的釀造商合併而成。「隱岐譽」是公開募集所獲得的名稱。使用對馬暖流帶來的豐沛雨水，以及茂密森林孕育出的優質水來釀酒。這款酒帶有濃郁滑順的口感，建議冰鎮或加熱成爛酒飲用。

隱岐譽 純米酒

純米酒

原料米 改良雄町／精米比例 60%／使用酵母 協會901號／日本酒度 +6／酒精度數 15度

加熱成爛酒
味道更豐富的純米酒

這款純米酒是使用「改良雄町」釀成，口感柔和且具有鮮味。飲用冷酒也很美味，建議加熱成爛酒更能突顯豐富的滋味。

國暉 無過濾 特別純米

島根

島根
國暉酒造

特別
純米酒

松江市

DATA			
原料米	島根縣產酒造好適米	使用酵母	島根K1酵母
		日本酒度	+8
精米比例	60%	酒精度數	15～16度

保有日本酒原有鮮味的琥珀色酒

將松平家位於宍道湖畔的土藏遷移並改造成酒藏之後，在此進行釀酒。為了盡可能保有日本酒原有的香氣與鮮味，極力避免使用活性碳過濾酒液。這款酒因為沒有經過過濾，所以可以品嚐到日本酒原有的風味。為清爽順喉的餐中酒。

這款也強力推薦！

國暉 無過濾 純米吟釀

純米吟釀酒

原料米 島根縣產佐香錦／精米比例 55%／使用酵母 島根K1酵母／日本酒度 +5／酒精度數 15～16度

用島根酒米「佐香錦」釀造的辛口餐中酒

特色是具有「佐香錦」特有的清爽尾韻，以及令人舒暢的順喉感。這是一款能突顯料理美味，讓人食指大動的餐中酒。

月山 純米吟釀

島根

島根
吉田酒造

純米吟釀酒

安來市

DATA			
原料米	佐香錦改良雄町	使用酵母	自社酵母
		日本酒度	+2
精米比例	55%	酒精度數	15～16度

使用超軟水釀造的柔和酒款

創業於文政9（1826）年，是山陰地區最早得到藩主認可，深具歷史的酒藏。由於使用獲選為島根縣名水百選的超軟水為釀造用水，因此酒質的特色是柔和順口。這款純米吟釀酒相當清爽順喉，不過仍具有扎實的鮮味與溫和的酸味。

這款也強力推薦！

月山 芳醇辛口純米

純米酒

原料米 五百萬石・神之舞／精米比例 70%／使用酵母 自社酵母／日本酒度 +9／酒精度數 15～16度

尾韻俐落爽口的出雲流辛口純米酒

以「五百萬石」和「神之舞」釀造的純米酒。在芳醇的鮮味中仍帶有銳利的辛口風味，不愧是出雲流的釀酒方式。

蒼斗七星 特別純米酒65

島根

島根
青砥酒造

特別純米酒

安來市

DATA			
原料米	島根縣產佐香錦	使用酵母	不公開
		日本酒度	不公開
精米比例	65%	酒精度數	17～18度

酒藏具代表性的特別純米酒

採用現今酒藏幾乎都不使用的木槽壓搾，以及雫取、無過濾、無加水等工程進行釀酒。為了發揮日本酒原有的特色，在釀造方式上十分講究。這款酒輕盈的酸味與鮮味絕妙地調和，雖然無過濾、無加水，仍然相當爽口易飲。

這款也強力推薦！

秘傳之酒白酒 （しろざけ）

原料米 島根縣產米／精米比例 70%／使用酵母 不公開／日本酒度 不公開／酒精度數 19～20度

口感溫和且帶甜味的濁酒

這款外觀美麗的濁酒具有濃稠的質感以及雪白的顏色。風味溫和，口感卻很扎實。在新酒的季節還會推出期間限定的生酒。

島根 旭日酒造 出雲市

生酛純米 ★旭日 改良雄町

純米酒

DATA

原料米	島根縣產改良雄町	使用酵母	藏付酵母
		日本酒度	＋10
精米比例	70%	酒精度數	14～15度

適合以燗酒品嚐的生酛釀造純米酒

這家酒藏認為微生物才是主角，非常講究原料與日本酒原有的風味，並採用嚴謹的作業進行釀造。同時灌注心力在費工費時的生酛釀造與熟成酒等作業上。由於生酛釀造的酒質濃稠，因此才能釀出加水後依然保有溫和口感的純米酒。

這款也強力推薦！

八千矛 純米酒

純米酒

原料米	島根縣產五百萬石等
	／精米比例 70%／使用酵母
	協會701號／日本酒度 ＋11
	／酒精度數 15～16度

風味沉穩的出雲大社御神酒

出雲大社御神酒中知名的純米酒。可以品嚐到經過適度熟成的傳統風味，感覺十分沉穩。建議以冷飲或燗酒方式飲用。

島根 富士酒造 出雲市

出雲富士 純米吟釀 山田錦50 紅標

純米吟釀酒

DATA

原料米	山田錦	日本酒度	＋5
精米比例	50%	酒精度數	16度
使用酵母	不公開		

以傳統技術釀出絕不妥協的純米吟釀

蒸米、釀麴、壓搾等工程，刻意完全不使用最新的機器進行，而是採用傳統設備，由出雲杜氏以手工方式釀造。這款風味深奧的純米吟釀帶有柔和的口感，十分容易入口，很適合搭配和食的高湯、醋飯等味道細膩的食材。

這款也強力推薦！

出雲富士 特別純米 佐香錦 黑標

特別純米

原料米	島根縣產佐香錦／精
	米比例 60%／使用酵母 KA1
	／日本酒度 ＋6／酒精度數 16
	度

搭配魚類和肉類料理都對味的特別純米酒

這款酒的特色是具有俐落的酸味與「佐香錦」強烈的鮮味。不論搭配紅肉魚還是肉類料理都很對味。

島根 酒持田本店 出雲市

山三正宗（ヤマサン正宗） 佐香錦 純米吟釀 無過濾原酒

純米吟釀酒

DATA

原料米	島根縣產佐香錦	使用酵母	協會9號
		日本酒度	±0
精米比例	60%	酒精度數	17度

出雲的小酒藏所釀造的純米吟釀

這家酒藏位在供奉釀酒之神的佐香神社附近，持續釀酒超過130年。由出雲杜氏以傳統技術持續釀造日本酒。使用島根縣產的酒米釀酒，特色是充分突顯米的鮮味。這款無過濾原酒在俐落的尾韻中可感受到深奧的風味，不論冷酒或燗酒都好喝。

這款也強力推薦！

山三正宗（ヤマサン正宗） 萌 純米 無過濾生原酒

純米酒

原料米	島根縣產五百萬石／
	精米比例 70%／使用酵母 SY
	酵母／日本酒度 －3／酒精度
	數 17度

不敢喝日本酒的人也能接受的純米生原酒

具有奢華的香氣與柔和的口感，連喝不慣日本酒的女性都很喜歡。稍微冰鎮後可當作餐前酒，也可在飯後搭配水果享用。

美波太平洋 純米

純米酒

DATA

原料米	五百萬石	日本酒度	+11〜12
精米比例	65%	酒精度數	15〜16度
使用酵母	協會7號		

最適合當作餐中酒的純米酒

在傳說的「八岐大蛇」神話中，雲南市木次町被視為日本最早開始釀酒的地方，這家酒藏於大正12（1923）年在此創業，目前由藏元擔任杜氏，以嚴謹的作業進行釀酒。這款純米酒的滋味豐富、尾韻俐落，餘韻也很清爽，最適合當作餐中酒。

▨▨▨▨▨ 這款也強力推薦！ ▨▨▨▨▨

雲 純米吟釀 無過濾生原酒

純米吟釀酒

原料米 佐香錦／精米比例 55%／使用酵母 協會7號／日本酒度 不公開／酒精度數 19〜20度

冷酒、溫燗或加冰塊都很好喝的生原酒

這款無過濾生原酒充滿豐富的香氣，可以感受到酒米的鮮味。建議當作餐前酒或餐中酒飲用，也可以加入碎冰或冰塊品嚐。

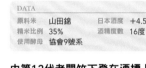

出雲譽 大吟釀「我が道を行く」

大吟釀酒

DATA

原料米	山田錦	日本酒度	+4.5
精米比例	35%	酒精度數	16度
使用酵母	協會9號系		

由第12代老闆竹下登在酒標上揮毫

這家酒藏從慶應2（1866）年起，便在有無數神話流傳的出雲地區持續釀酒。使用奧出雲的清流為釀造用水，並與當地人一起從栽種酒米開始釀酒。這款大吟釀的名稱是來自第74任日本內閣總理大臣，同時也是第12代老闆竹下登的座右銘。

▨▨▨▨▨ 這款也強力推薦！ ▨▨▨▨▨

KAKEYA 純米生原酒

純米酒

原料米 五百萬石／精米比例 70%／使用酵母 協會9號系／日本酒度 +4／酒精度數 17度

碳酸氣泡不斷翻騰的氣泡生原酒

將「五百萬石」精米磨成70%後，釀成無過濾的薄濁氣泡酒。建議充分冰鎮後飲用，更能享受碳酸的刺激感與酒米的鮮味。

絹乃峰 純米 藏生地

純米酒

DATA

原料米	五百萬石 佐香錦 神之舞	使用酵母	協會901號 協會1401號
精米比例	65%	日本酒度	±0
		酒精度數	16〜17度

全量純米酒的酒藏所釀的芳醇純米酒

平成26（2014）年全面更新設備，成為島根縣首家只釀造純米酒的酒藏。完全使用飯南町當地產的酒米，並以限定吸水、手工釀麴、槽搾等方式釀造全部的酒。這款香氣極高的純米酒，建議加冰塊享用。

奧出雲 純米大吟釀

島根

奧出雲酒造

仁多郡奧出雲町

純米
大吟釀酒

DATA			
原料米	島根縣奧出雲町產 改良八反流	使用酵母	協會1801號
		日本酒度	+2
精米比例	40%	酒精度數	16度

用米鄉的米釀出的純米大吟釀

這家酒藏從2014年度起改採全量純米釀造。由於所在地是酒造好適米的產地，因此原料米完全使用奧出雲町產的米，並由自家精米後進行釀造。這款酒具有奢華的香氣與純米酒特有的深奧風味，適合以葡萄酒杯品嚐。建議冷飲或飲用冷酒。

////// 這款也強力推薦！ //////

仁多米越光
（仁多米コシヒカリ）
純米大吟釀

純米
大吟釀酒

原料米 島根縣奧出雲町產仁多米越光／精米比例 50％／使用酵母 協會1801號／日本酒度 +1／酒精度數 15度

以知名品牌米釀造的純米大吟釀

使用以「東魚沼、西仁多」聞名的「仁多越光米」。冷飲或溫燗為佳。

玉鋼 大吟釀

大吟釀酒

島根

簸上清酒

仁多郡奧出雲町

DATA			
原料米	山田錦	日本酒度	+4
精米比例	35%	酒精度數	16.5度
使用酵母	協會1801號		

具有日本刀般的
強勁風味與清爽餘韻

這家酒藏於正德2（1712）年在奧出雲創業，以釀造適合當地風土與飲食文化的酒為目標。同時也以無氣泡酵母的發源酒藏而聞名。為表揚前一代老闆留下的偉大功績，還在當時酒藏所在地的橫田町六日市豎立紀念碑。

「玉鋼」一名取自日本國內唯一在當地生產的日本刀的原料玉鋼。這款酒一如其名，帶有強勁的風味與適度的辛味，可以同時品嚐到鮮味與俐落的尾韻。從燉魚到肉類料理都很搭，應用範圍相當廣。建議以冷飲方式享用。

////// 這款也強力推薦！ //////

七冠馬
純米吟釀 「七冠馬一番人氣」

純米
吟釀酒

原料米 山田錦／精米比例 50％／使用酵母 協會9號／日本酒度 +4／酒精度數 15.5度

適合所有料理的萬能餐中酒

以日本賽馬史上被視為最強的馬「七冠馬Symboli Rudolf」為意象的酒。如同名馬不論何種距離的競賽都能壓倒性地獲勝，這款酒則是可以搭配任何料理的萬能餐中酒。建議以冷飲或溫燗方式品嚐其溫和的風味。

扶桑鶴 純米吟釀 佐香錦

DATA

原料米	佐香錦	日本酒度	+3.5
精米比例	55%	酒精度數	15度
使用酵母	協會9號系		

帶有島根酒米佐香錦的細膩風味

位在靠日本海一側的石見地區雖然氣候較為溫暖，但早晚氣溫仍低，空氣也很新鮮，相當適合釀酒，這家酒藏於明治36（1903）年在此地創業。目標是釀出融入生活之中，能以冷飲或燗酒品嚐的餐中酒，因此細心地將酒液一一裝入瓶中進行加熱殺菌，再以一升瓶裝放進冷房酒藏裡以低溫貯藏熟成。不進行活性碳過濾等調整工程，讓飲用者可感受到米原有的鮮味。釀造用水則使用日本第一清流高津川的伏流水。這款純米吟釀是使用島根縣研發出的酒米「佐香錦」釀成，建議以冷飲或溫燗方式品嚐其細膩的風味。很適合搭配炸物與比目魚等生魚片一起享用。

//////// 這款也強力推薦！ ////////

扶桑鶴

特別純米酒

原料米 麴米：佐香錦・掛米：神之舞／精米比例 60%／使用酵母 協會7號／日本酒度 +5.5／酒精度數 15度

能以各種溫度品嚐的特別純米酒

使用島根縣產酒米釀造。這款酒的風味清新，可以品嚐到酒米的鮮甜與芳醇的酸味。適合搭配各種料理，尤其與重口味料理及炸物等油脂較多的料理更是對味。從冷飲至偏熱的燗酒都很好喝，可品嚐各種不同溫度的風味。

環日本海 純米大吟釀 水澄之里

DATA

原料米	山田錦	日本酒度	+3
精米比例	40%	酒精度數	16度
使用酵母	協會9號系		

用當地契作栽培米釀造的純米大吟釀

這家酒藏創業於明治21（1888）年，以「連接人心的酒」為理念進行釀造。獲得22次日本全國新酒鑑評會的金賞。釀造適合搭配當地海鮮享用，且風味絕佳的爽口酒。這款純米大吟釀具有芳醇的香氣與柔和的口感，建議冰鎮後飲用。

//////// 這款也強力推薦！ ////////

渦 純米吟釀 八反錦 精磨55%

原料米 八反錦／精米比例 55%／使用酵母 K1酵母／日本酒度 +1／酒精度數 16度

帶有輕快風味可爽快暢飲

將酒造好適米「八反錦」精米磨成55%後釀成的純米吟釀酒。具有豐富的香氣與溫和的酸味，建議以冷酒方式飲用。

宗味 改良雄町純米大吟醸酒

純米大吟釀酒

DATA

原料米	改良雄町	酒精度數	15度
精米比例	50%		
使用酵母	協會1801號系		

適合當餐中酒飲用的純米大吟釀酒

慶長7（1602）年創業，擁有超過400年歷史的酒藏。不追求外表華麗與味道具衝擊性的酒款，而是以每天能搭配料理一起品嚐的餐中酒為目標。這款酒帶有低調的吟釀香，不會搶走料理的風味，不僅可當作餐中酒，還能品嚐到酒米扎實的鮮味。

＼＼＼＼＼ 這款也強力推薦！ ／／／／／

宗味 生酛純米酒

純米酒

原料米 五百萬石／精米比例 70%／日本酒度 +3／酒精度數 15度

兼具強勁與溫和的純米酒

這款純米酒帶有爽快的酸味，雖然略偏辛口，卻能品嚐到鮮味與餘韻。建議以冷飲或燗酒方式飲用，更能享受其俐落的尾韻。

島根

菊彌榮 大吟釀

大吟釀酒

DATA

原料米	山田錦	日本酒度	+5
精米比例	40%	酒精度數	16.5度
使用酵母	協會9號		

以山田錦釀造的大吟釀酒

明治10（1877）年創業，以提供能與料理一起開心享用的酒為目標。由於第2代老闆發現會讓日本酒腐壞的「火落菌」，對清酒業界做出了貢獻，因此相當知名。這款大吟釀是將酒造好適米「山田錦」精米磨成40%後釀成，建議冰鎮後飲用。

＼＼＼＼＼ 這款也強力推薦！ ／／／／／

菊彌榮 純米吟釀 和韻

純米吟釀酒

原料米 山田錦／精米比例 50%／使用酵母 協會9號／日本酒度 +2／酒精度數 15～16度

尾韻俐落、風味濃郁的純米吟釀酒

「菊彌榮」一名取自「祈望日本繁榮」之意。這款使用「山田錦」釀造的純米吟釀帶有濃醇的辛口風味，建議加熱成溫燗。

加茂福 純米吟釀

純米吟釀酒

DATA

原料米	五百萬石	日本酒度	+5
精米比例	60%	酒精度數	17度
使用酵母	島根大學酵母HA11		

以「死神」聞名的特色酒藏所釀的純米吟釀

大正11（1922）年以賀茂神社的御神酒酒商身分創業。連續獲得日本全國新酒鑑評會金賞等獎項，技術優秀且深獲好評。同時以推出「古代酒」和「死神」等獨特酒款而聞名。這款純米吟釀是使用島根大學製造的新酵母釀造，建議飲用冷酒。

＼＼＼＼＼ 這款也強力推薦！ ／／／／／

加茂福 純米酒

純米酒

原料米 五百萬石／精米比例 70%／使用酵母 協會701號／日本酒度 +12／酒精度數 15度

適合燗酒的超辛口純米酒可當作餐中酒

全量使用酒造好適米「五百萬石」的純米酒。這款尾韻俐落的超辛口酒最適合當餐中酒。不妨加熱成燗酒搭配各種料理享用。

華泉 大吟釀

大吟釀酒

DATA

原料米	山田錦 佐香錦	使用酵母	協會1801號
精米比例	40%	日本酒度	+3
		酒精度數	16.5度

吟釀香令人印象深刻的大吟釀酒

華泉酒造與石州酒造皆在江戶時代的享保年間創業，昭和48（1973）年雙方將製造部門合併。使用「山田錦」等酒造好適米與青野山的伏流水來釀造。這款風味濃醇的大吟釀酒具有強烈的吟釀香，放進冰箱冰鎮後會更美味。

奏 純米吟釀

純米吟釀酒

原料米 佐香錦／精米比例 50%／使用酵母 島根K1酵母／日本酒度 +4.5／酒精度數 17.2度

風味濃醇的
純米吟釀酒

這款酒是使用津和野町當地收成的酒米「佐香錦」釀成。清爽順喉並具有淡淡的吟釀香，建議充分冰鎮後再飲用。

初陣 純米大吟釀

純米大吟釀酒

DATA

原料米	佐香錦	日本酒度	−5
精米比例	45%	酒精度數	16度
使用酵母	協會1801號		

米、水、氣候
只有在津和野才釀得出來的酒

津和野位在山陰的山區，冬天非常嚴寒，不但被日本國土廳指定為「水鄉百選」，同時也是優質酒米的生產地。完全具備了良酒所不可或缺的「寒冬」、「優質釀造用水」、「優質酒米」等條件，並充分利用在釀酒上。「初陣」一名來自第一代老闆以廣島藩士護衛軍之姿，參加鳥羽伏見一役的「初陣（首戰）」而來。這款清涼感十足的辛口酒具有恰到好處的酸味。

大正10（1921）年左右建造的貯藏藏庫，被指定為日本國家登錄有形文化財。

初陣 純米吟釀

純米吟釀酒

原料米 佐香錦／精米比例 50%／使用酵母 島根酵母／日本酒度 −2／酒精度數 16度

滋味豐醇的
純米吟釀酒

這款純米吟釀是以津和野町當地產的「佐香錦」釀成。帶有清爽的淡麗辛口風味，不過仍能感受到酒米的豐醇鮮味。最適合當作餐中酒飲用，不過建議充分冰鎮後，先單獨品嚐看看酒的風味。

鳥取 中井酒造 倉吉市

八潮 有機純米吟醸 黑門

純米吟醸酒

DATA

原料米	有機 山田錦	使用酵母	協會9號
精米比例	55%	日本酒度	+3
		酒精度數	16度

以有機栽培米釀造的純米吟醸酒

這家酒藏創業於明治10（1877）年，持續在鳥取縣釀造地酒超過140年以上。獲得6次日本全國新酒鑑評會的金賞。近年來致力於使用有機栽培的「山田錦」來釀造有機清酒。這款以有機栽培「山田錦」釀造的純米吟醸，建議冰鎮後飲用。

這款也強力推薦！

八潮 純米大吟醸 無過濾原酒 丈

純米大吟醸酒

原料米 五百萬石／精米比例 50%／使用酵母 協會9號／日本酒度 +5／酒精度數 17度

沒有多餘工程
保有鮮味的無過濾原酒

沒有過濾或加水，因此能品嚐到純米大吟醸原有的鮮味。風味雖然扎實，但卻十分容易入口，屬於任何人都能接受的口味。

鳥取 千代結酒造（千代むすび酒造） 境港市

千代結（千代むすび） 純米吟醸強力50

純米吟醸酒

DATA

原料米	強力	日本酒度	+5
精米比例	50%	酒精度數	16度
使用酵母	協會9號		

不論冰鎮或溫熱都好喝的純米酒

慶應元（1865）年創業。以當地產的酒米與取水路程需1小時的中國山系湧泉，釀出這款能突顯稻米鮮味的濃醇辛口酒。獲得2014年日本全國新酒鑑評會的金賞。特色是具有夢幻酒米「強力」特有的鮮味與清爽的酸味。冰鎮或溫燗皆宜。

這款也強力推薦！

千代結（千代むすび） 特別純米 五百萬石

特別純米酒

原料米 五百萬石／精米比例 55%／使用酵母 協會9號／日本酒度 +3／酒精度數 16度

順口且喝不膩的
特別純米酒

特色是口感柔和、辛味較不明顯。飲用冷酒就很美味，也可冷飲或以溫燗方式品嚐。適合搭配燒烤、關東煮與魚類料理。

鳥取 中川酒造 鳥取市

因幡鶴（いなば鶴） 純米大吟醸 強力

純米大吟醸酒

DATA

原料米	強力	日本酒度	+2
精米比例	40%	酒精度數	16.5度
使用酵母	協會9號		

用「強力」釀造的正統鳥取地酒

文政11（1828）年創業。為了使用當地特有的米和水釀出真正的地酒，努力讓發源於鳥取縣的夢幻酒米「強力」復活，因此成為日本全國知名的酒藏。這款純米大吟醸重視「強力」的特色，風味厚重卻十分易飲。建議先以冷酒方式品嚐。

這款也強力推薦！

福壽海 大吟醸

大吟醸酒

原料米 山田錦或強力／精米比例 35～40%／使用酵母 協會9號／日本酒度 +3／酒精度數 16.5度

具有豐富的吟醸香
與柔和的風味

為了祈求長生不老，而自「福如東海、壽比南山」中取「福壽海」來替酒命名。這款大吟醸具有豐富的吟醸香與柔和的口感。

日置櫻 純米吟釀 傳承強力

純米吟釀酒

DATA			
原料米	強力	日本酒度	+14
精米比例	55%	酒精度數	15.7度
使用酵母	協會9號		

使用嚴選酒米並以手工釀造的純米吟釀酒

這家酒藏為了釀造出「不媚俗的酒」，使用的酒造好適米完全採用契作栽培。透過15間農家以低農藥、低肥料栽培法種出珍貴的米，再使用北臨日本海、南面中國山地的積雪地區的湧泉釀造，擁有來自日本全國的粉絲。酒藏附近有棵每到舊曆年就會盛開的櫻花樹，將等待春天來臨的心情與把酒言歡的期待結合，而將酒名取為「日置櫻」。

這款純米吟釀是以被稱為夢幻酒米的「強力」釀造，飲用冷酒可享受到更加清爽的風味，若以冷飲或燗酒方式飲用，則能品嚐到富有深度的鮮味。

這款也強力推薦！

日置櫻 生酛強力

純米酒

原料米 強力／精米比例 70%／使用酵母 自社酵母／日本酒度 +13.5／酒精度數 15.8度

夢幻酒米×生酛釀造具獨特的多層次風味

這款極品酒是使用以講究方式栽培出的強力，並花時間慢慢釀造而成。很難以一句話形容，具有複雜又深奧的鮮味，以及生酛特有的扎實酸味，兩者巧妙融合。建議加熱成燗酒小口小口地慢慢品嚐。

稻田姬 純米吟釀 稻田姬強力
（いなたひめ強力）

純米吟釀酒

DATA			
原料米	強力	日本酒度	+3.5
精米比例	55%	酒精度數	15.5度
使用酵母	自社酵母		

創業340年的酒藏手工釀造的酒

這家酒藏採用契作農家極力不使用化學肥料栽種的高品質酒米，以及偏軟水的「大山」湧泉釀出淡麗辛口風味的酒款。這款純米吟釀酒是使用鳥取縣原產的夢幻酒米「強力」釀成，帶有淡淡的清爽風味。

這款也強力推薦！

稻田姬 純米酒 稻田姬強力
（いなたひめ強力）

純米酒

原料米 強力／精米比例 60%／使用酵母 自社酵母／日本酒度 +6／酒精度數 15.5度

加熱成燗酒最能品嚐到「強力」獨特的風味

這款純米酒帶有「強力」特有的鮮味，令人印象深刻。可冷飲或是加熱成燗酒，建議以偏熱的燗酒搭配重口味料理一起享用。

辨天娘 純米酒 生酛 強力

純米酒

DATA

原料米	鳥取縣 若櫻町產強力	使用酵母	無添加
精米比例	70%	日本酒度	+7
		酒精度數	15度

受爛酒粉絲矚目的純米酒

這款講究的純米酒是由一年製造量只有100石的小規模酒藏釀造而成，受到熱情爛酒粉絲的支持。酒米只使用自社栽培米和契作栽培米。這款純米酒是使用夢幻酒米「強力」，並以費時費工的生酛釀造法釀成。建議加熱成爛酒品嚐米的鮮味。

////// 這款也強力推薦！//////

辨天娘 純米酒 玉榮

純米酒

原料米 鳥取縣若櫻町產玉榮／精米比例 70%／使用酵母 協會7號／日本酒度 +8／酒精度數 15度

清爽的酸味能刺激食慾 最適合當作餐中酒飲用

這款純米酒充滿了米的鮮味。最適合以偏熱的爛酒當作餐中酒飲用。可以品嚐到如現煮白飯般的稻米美味。

諏訪泉 純米吟釀 滿天星

純米吟釀酒

Junmai Ginjo MANTENSEI "Star-Filled Sky"

DATA

原料米	麴米：山田錦 掛米：玉榮
精米比例	50%
使用酵母	協會9號 瀨戶內21號
日本酒度	+6
酒精度數	15〜16度

使用頂級「山田錦」釀出溫和的口感

智頭町不僅有替鳥取沙丘帶來泥沙的千代川源頭流經，整個町的面積更有93%都是山林，因此林業相當興盛，空氣也非常清新，而這家酒藏就位在如此適合釀酒的自然環境裡。使用如此豐富的大自然孕育出的優質軟水，釀出酒藏特有的風味。原料米也是選用頂級的米。

這款純米吟釀所使用的頂級「山田錦」，是由採用有機堆肥整土的富田農場栽種。約經過2年的時間熟成才出貨，口感十分溫和，鮮味與爽口度皆無可挑剔。適合搭配雞蛋料理和貝類料理。建議加熱成爛酒飲用。

////// 這款也強力推薦！//////

諏訪泉 純米酒

純米酒

原料米 麴米：山田錦・掛米：山田錦／精米比例 70%／使用酵母 協會7號／日本酒度 +7／酒精度數 15度

可搭配各種料理 值得常備的一瓶酒

這款純米酒的特色是帶有輕盈且濃郁的鮮味。可搭配炸竹筴魚、馬鈴薯沙拉、燉煮料理與一夜干烤魚等各種家常菜，家裡常備一瓶會很方便。可冷飲，也可加熱成60℃左右的溫度飲用。

八鄉 特別純米酒

特別純米酒

DATA			
原料米	鳥取縣產八鄉產山田錦	使用酵母	協會901號・ALPS
		日本酒度	+3
精米比例	60%	酒精度數	15.8度

具有清爽的果香風味

酒藏名稱是來自又名久米城的米子城所盛開的櫻花。這家酒藏於安政2（1855）年在米子城下創業，昭和60（1985）年搬遷到環境更適合釀酒的大山山麓。這款酒的口感絕佳又具有果香，冰鎮後飲用會更加爽口。

這款也強力推薦！

強力 特別純米酒

特別純米酒

原料米 鳥取縣強力／精米比例 60%／使用酵母 協會701號／日本酒度 +4／酒精度數 15.8度

活用夢幻酒米「強力」風味的特別純米酒

「強力」的鮮味與扎實的酸味完美調和的特別純米酒。以溫燗方式慢慢地品嚐，還能讓身體跟著一起放鬆。

山陰東鄉 生酛純米酒 強力

純米酒

DATA			
原料米	強力	日本酒度	−10〜+10
精米比例	65%	酒精度數	15度
使用酵母	協會6號		

當作餐中酒喝法很自由的純米酒

這家小酒藏基於「酒是襯托料理的配角」的想法，以釀出可用各種不同溫度與方法自由品嚐的日本酒為目標。堅持採用費時費工的生酛釀造法。冷酒、溫度很高的燗酒、加熱成燗酒後放涼等，不論哪種喝法都很美味。

這款也強力推薦！

山陰東鄉 生酛純米酒 山田錦

純米酒

原料米 山田錦／精米比例 60%／使用酵母 協會7號／日本酒度 +5〜15／酒精度數 15度

可用各種不同溫度品嚐的生酛釀造純米酒

溫和的香氣、芳醇的鮮味以及清爽的酸味都能刺激食慾。這款以「山田錦」釀造的純米酒可以當作餐中酒，用各種不同的溫度品嚐。

鷹勇 純米吟釀 中垂（なかだれ）

純米吟釀酒

DATA			
原料米	山田錦	使用酵母	協會9號
	玉榮	日本酒度	+5.1
精米比例	50%	酒精度數	15〜16度

帶有芳醇香氣的清爽純米吟釀酒

獲得13次日本全國新酒鑑評會金賞。以清爽的辛口酒聞名，講究的味道傳承自獲頒「現代名工」及「黃綬褒章」的知名杜氏坂本俊夫先生，在日本全國擁有許多粉絲。這款純米吟釀酒是萃取被稱為「中垂」的最優質部分裝瓶而成，口感十分滑順。

這款也強力推薦！

鷹勇 純米吟釀 強力

純米吟釀酒

原料米 強力／精米比例 50%／使用酵母 協會9號／日本酒度 +2.4／酒精度數 15〜16度

用夢幻酒米「強力」釀出的純米吟釀酒

可感受到「強力」特有的輕快酸味與扎實的鮮味。當作餐中酒飲用時，建議加熱成燗酒搭配重口味的料理。

獺祭 純米大吟釀 精磨23％

純米大吟釀酒

DATA

原料米	山田錦	日本酒度	不公開
精米比例	23％	酒精度數	16度
使用酵母	不公開		

目標是釀出所有人覺得美味的酒

這家酒藏不為讓人喝醉也不為賣酒而釀酒，一心只為了讓人品嚐美酒，因此提出各種讓酒豐富生活的提案。非常講究酒的品質，並非只由杜氏與藏人負責釀酒，而是由所有年輕員工滿懷心意進行釀酒。

這款酒的原料米只使用最頂級的「山田錦」，將其精米磨成23％後細心釀造，充滿純米大吟釀透明感十足的奢華香氣。非常容易入口，富有深度的滋味中蘊含著蜂蜜般的甜味。最適合的飲用方式是4～5℃的冷酒。這款酒讓日本與全世界的清酒粉絲皆深深著迷。

////// 這款也強力推薦！ //////

獺祭 磨きその先へ

原料米 山田錦／精米比例 不公開／使用酵母 不公開／日本酒度 不公開／酒精度數 16度

超越精磨23％的最頂級銘酒

在標榜高精米的日本酒愈來愈多的情況下，這家酒藏為超越目標而研發出這款酒。2014年歐巴馬總統訪日時，安倍首相親手贈送的就是這款日本酒。具有洗鍊的香氣與多層次的複雜風味，飲用後會留下令人舒暢的餘韻。

山口

金冠黑松 大吟釀 錦

大吟釀酒

DATA

原料米	山田錦	日本酒度	＋3
精米比例	35％	酒精度數	17度
使用酵母	自社酵母		

代表山口且深受當地人喜愛的大吟釀

這家酒藏位在從錦帶橋往上游方向走約5公里的山麓，利用寒冷清涼的豐富軟水，持續以手工方式進行釀酒，並獲得無數獎項。這款代表山口的大吟釀酒，具有果實般的水嫩香氣與溫和的口感。

////// 這款也強力推薦！ //////

日下無雙 純米酒

純米酒

原料米 西都之雫／精米比例 60％／使用酵母 自社酵母／日本酒度 ＋3／酒精度數 16度

酸味扎實且滋味豐富

這款純米酒不僅味道十分豐富，還帶有清爽的吟釀香。不論以冷酒、冷飲或燗酒方式飲用，都能品嚐到香氣與風味的變化。

金雀 純米吟醸50

山口

堀江酒場

岩國市

純米
吟釀酒

DATA	
原料米	山田錦
精米比例	50%
使用酵母	自社酵母
日本酒度	不公開
酒精度數	16度

山明水秀之地孕育出的極致酒款

江戶中期創業。這家酒藏位在流經錦帶橋的錦川上游，四周被溪谷與清流環繞。使用從得天獨厚的自然環境中嚴選出的酒米，這款酒帶有滑順的口感與溫和的鮮味，淡淡的吟釀香令人陶醉不已。

\\\\\\ 這款也強力推薦！\\\\\\

金雀 純米吟醸 秘傳隱生酛

純米
吟釀酒

原料米 八反錦／精米比例 55%／使用酵母 自社酵母／日本酒度 +8／酒精度數 16度

融合家傳技法與最新技術

這款現代感十足的芳香淡麗酒中，飄散著古法釀造所產生的深奧風味。從冷酒至燗酒，不論哪種溫度都好喝。

雁木 純米大吟釀 夕凪 (ゆうなぎ)

山口

八百新酒造

岩國市

純米
大吟釀酒

DATA			
原料米	山田錦	日本酒度	不公開
精米比例	45%	酒精度數	16度
使用酵母	山口酵母9H		

氣質與風格出眾的新鮮香氣

明治10（1877）年創業。受惠於山口縣具代表性的清流「錦川」而開始釀酒。後來多次因為周遭環境變遷而陷入困境。然而該酒藏對釀酒的熱情始終不減，最後成功保住了優質的水源。目前僅釀造純米酒，不使用活性碳過濾調整酒質，而是直接裝瓶出貨。「雁木」一名來自錦川碼頭呈階梯狀的棧橋。

懷抱對釀酒的神祕與感動所釀出的這款純米大吟釀，具有高雅的新鮮香氣與柔和的風味。濃醇的鮮味與清爽的順喉感也讓人感到很滿足。

\\\\\\ 這款也強力推薦！\\\\\\

雁木 Sparkling 純米 發泡濁生原酒

純米酒

原料米 山田錦／精米比例 60%／使用酵母 山口酵母9H／日本酒度 不公開／酒精度數 14度

可當成乾杯酒或餐前酒 也很適合搭配水果品嚐

在瓶內進行二次發酵的氣泡濁酒。口感既清爽又溫和，含一口在嘴裡，高雅柔和的甜味便會擴散開來。充滿細緻氣泡的口感也令人上癮。建議當作餐前酒或餐中酒，搭配和食、西餐與中菜等料理享用。

五橋 大吟釀 錦帶五橋

大吟釀酒

DATA			
原料米	山田錦	日本酒度	+4
精米比例	35%	酒精度數	16.8度
使用酵母	協會1801號・9E		

用錦川的伏流水
釀造的山口地酒

這家酒藏創業於明治4（1871）年。錦帶橋是日本三大名橋之一，為橫跨在岩國市錦川上的五連拱式木橋。「五橋」是為了追求錦帶橋的優美，並希望架起心與心之間的橋樑而命名。使用契作栽培的酒米，並不時前往當地視察，讓釀酒作業與農業之間建立起緊密的連結。此外，水也被視為重要的原料之一，這家酒藏使用錦川的伏流水，目標是以軟水釀出特有的細膩酒質。由山口縣出身的杜氏與藏人所釀出的酒，可謂道道地地的山口地酒。這款酒具有奢華的吟釀香與細膩的風味。如水般的柔滑口感，正是手工釀造才有的特色。

五橋 純米酒 木桶釀造

純米酒

原料米 伊勢光（イセヒカリ）・山田錦／精米比例 70%／使用酵母 協會701號／日本酒度 +2／酒精度數 15.8度

充滿酒米原有的
芳醇香氣與濃郁口感

這款酒充滿了木桶釀造特有的溫和木質香氣。酸味適中，口感溫和，酒米濃郁的鮮味與甜味十分均衡。這款偏辛口風味的酒，飲用後會留下柔和滑順的餘韻。建議以溫燗方式飲用。

山口

杉姬 鴻城乃譽 純米吟釀

純米吟釀酒

DATA			
原料米	山田錦	日本酒度	+4
精米比例	50%	酒精度數	15.5度
使用酵母	山口酵母9E		

堅持使用當地原料並讓昔日品牌復活

創業約400年，與山口歷史共存的酒藏。堅持使用山口的米、山口的水，還讓昭和初期創立的品牌在相隔40年後復活。這款清爽的辛口酒儘管製法已經不同，但仍傳承代代不變的味道。可依自己喜歡的溫度，選擇以冷酒或燗酒方式飲用。

杉姬 大吟釀

大吟釀酒

原料米 山田錦／精米比例 35%／使用酵母 協會1801號・協會901號／日本酒度 +3.5／酒精度數 16.5度

使用香氣高的酵母
追求清爽感的辛口酒

將山口縣產的酒米「山田錦」精米磨成35％後，採用四段式釀造。特色是口感清爽，風味濃郁。冷酒或冷飲皆宜。

和可娘 純米無過濾生原酒
（わかむすめ）

純米酒

DATA	
原料米	西都之雫 日之光
精米比例	70%・60%
使用酵母	協會701號
日本酒度	不公開
酒精度數	17～18度

一整年都可釀酒的酒藏獨具的風味

全年都能品嚐到新酒的四季釀造酒藏。一次的釀造量只有400公斤，非常少量。持續採用手工方式細心地釀造新日本酒。這款風味濃醇的偏甘口酒，較強的酸味抑制了甜味，柔和的滋味讓人百喝不膩。

和可娘 （わかむすめ）
純米吟釀無過濾生原酒 新

純米吟釀酒

原料米 秋田小町／精米比例 60%／使用酵母 不公開／日本酒度 不公開／酒精度數 17～18度

珍貴的現搾口味

100%使用酒造好適米，具有無過濾生原酒特有的深穩口感與澀味，同時尾韻十分高雅。甜味不會太強烈。

特別純米 貴

特別純米酒

DATA	
原料米	掛米：八反錦 麴米：山田錦
精米比例	60%
使用酵母	不公開
日本酒度	不公開
酒精度數	15度

可算是「貴」系列中的標準口味

這家酒藏創業於明治21（1888）年。厚東川的源頭流經秋吉台・秋芳洞的石灰岩地形，從地下汲取其富含礦物質的中硬水來釀酒。這裡的水是使酒藏的酒具有辛口風味的要素之一。此外，採冬天釀酒、夏天種米的一貫製法，並使用酒藏內的冰箱進行全量瓶裝貯藏，以徹底控管品質。這款特別純米酒的水潤口感中可感受到酒米溫和的滋味，喝起來非常順口，可說是「貴」系列中的標準口味。這支酒與生魚片和生蠔十分對味，冬天則建議搭配吸滿高湯的關東煮。

純米吟釀雄町 貴

純米吟釀酒

原料米 岡山縣產雄町／精米比例 50%／日本酒度 不公開／酒精度數 16度

使用「雄町」釀造的爽口風味

活用中硬水特色釀出的爽快感，讓飲用者深深著迷。使用和「山田錦」一樣被評為酒米最頂級品種的「雄町」釀造而成，鮮味均衡且十分容易入口。柔和的酸味與爽口的尾韻是「雄町」獨具的特色。可品嚐到強勁且具有深度的風味。

長陽福娘 山田錦純米吟釀山口9E

純米
吟醸酒

DATA

原料米	山田錦	日本酒度	+5
精米比例	50%	酒精度數	15度
使用酵母	山口9E酵母		

山海資源豐富的萩所孕育出的美酒

這家酒藏創業於明治34（1901）年，目標是釀造出能活用稻米鮮味的酒。使用山口縣獨自研發的酵母釀出酒藏的高級酒，具有純米的深奧風味，以及吟釀酒特有的溫和果香。高雅的鮮味與恰到好處的酸味也是一大魅力。

這款也強力推薦！

長陽福娘 山口錦 辛口純米酒

純米酒

原料米 山口錦／精米比例 60%／使用酵母 協會901號／日本酒度 +8／酒精度數 16度

使用「山田錦」釀出的清爽滋味

濃郁度適中且尾韻俐落的辛口酒。可當作餐中酒搭配各種料理享用，因此最適合晚餐時小酌一番。建議以冷酒方式飲用。

東洋美人 壱番纏 純米大吟釀

純米
大吟醸酒

DATA

原料米	山田錦	日本酒度	±0
精米比例	40%	酒精度數	15.8度
使用酵母	自社酵母		

藉由流經稻米中的水來達成願望

這家酒藏創業於大正10（1921）年。以「感謝及熱情」為座右銘，抱持著尊重傳統與大自然的心持續進行釀酒。為了透過日本酒對當地社會做出貢獻，努力成為能夠磨練人格的企業，並將這樣的態度也落實在釀酒上頭。

「東洋美人」系列中最頂級的壱番纏，是以最佳的米、水、人與時間在萩市釀造出的酒款，充滿高雅的吟釀香與具透明感的細膩酒質，同時還能品嚐到恰到好處的酸味，口感十分鮮明。溫和的酒米鮮味會在口中擴散。建議搭配白肉魚生魚片、炙燒鮮魚等下酒菜，冰鎮後用葡萄酒杯品嚐。

這款也強力推薦！

東洋美人

限定大吟釀 地帆紅

大吟醸酒

原料米 山田錦／精米比例 40%／使用酵母 自社酵母／日本酒度 +2／酒精度數 15.8度

山口縣內限定 充滿高級感的甘口酒

這款甘口酒帶有溫和的果香，風味柔和高雅。充滿「山田錦」特有的濃郁口感與鮮味，酒質輕快具透明感，只要喝過一次便永難忘懷。這款大吟釀帶有「東洋美人」的優雅風味，讓人百喝不膩。建議以冷酒方式飲用。

寶船 大吟釀

山口
中村酒造
萩市

大吟釀酒

DATA

原料米	山田錦	日本酒度	+5
精米比例	40%	酒精度數	17～18度
使用酵母	協會1801號		

誕生在明治維新發源地的偏辛口酒

這家酒藏創業於明治35（1902）年，首要目標是釀出持續受當地人喜愛的酒。這款酒是100%使用「山田錦」以低溫慢慢釀成的極品，具有芳香的果香與細緻的風味，順喉易飲，為酒藏自豪的傑作。建議加冰塊或飲用冷酒。

////// 這款也強力推薦！//////

寶船 純米吟釀

純米吟釀

原料米 山田錦／精米比例 50%／使用酵母 協會1801號／日本酒度 +5.5／酒精度數 15～16度

被視為吉祥酒
持續受人喜愛

使用純米以吟釀釀造法釀製的偏辛口酒。可以品嘗到酒米豐富的滋味，以及吟釀特有的持久香氣。最適合冰鎮後飲用。

毛利公 超特撰大吟釀

山口
山縣本店
周南市

大吟釀酒

DATA

原料米	山口縣產 山田錦	使用酵母	協會901號
精米比例	35%	日本酒度	+3.5
		酒精度數	16.5度

因是屈指可數的精良酒藏才能不斷探究

這家位於瀨戶內的小規模酒藏創業於明治8（1875）年。相當重視傳統，使用滋味豐富的米與口感柔和的水，追求釀出美味的酒。這款「毛利公」具有清透的果香與細膩的風味，完全不像是以米為原料釀造的酒。建議以冷酒方式飲用。

////// 這款也強力推薦！//////

かほり鶴 純米大吟釀 鶴之里米

純米大吟釀酒

原料米 八代的鶴之里米（つるの里米）・山田錦／精米比例 50%／使用酵母 山口酵母9H／日本酒度 +1.5／酒精度數 15.5度

用最頂級的米
輕鬆釀成的酒

使用在白頭鶴會飛來棲息的環境，以對土地友善的方式栽種出的酒米「山田錦」。香氣奢華，風味深奧。建議飲用冷酒。

Ohmine Junmai Daiginjo

山口
大嶺酒造
美彌市

純米大吟釀酒

DATA

原料米	山口縣產 山田錦	使用酵母	不公開
精米比例	40%	日本酒度	不公開
		酒精度數	14度

受到海外讚賞與矚目的酒

這家酒藏活用大自然的恩賜，以打破常識的思維釀造出新時代的日本酒，並因此馳名。「Ohmine」是使用山口縣產的頂級酒米「山田錦」，以及被視為神水的「辯天湧泉」釀造，特色是具有如白桃般的芳醇香氣與甜味。

////// 這款也強力推薦！//////

Ohmine Junmai

純米酒

原料米 山口縣產山田錦／精米比例 60%／使用酵母／日本酒度 不公開／酒精度數 14度

酒米的溫和感與鮮味
十分調和

這款低酒精度數的酒在日本酒中十分罕見，帶有爆米香般令人懷念的甜味與香氣。最適合當作餐中酒飲用。

中國的各種日本酒

在此介紹中國的古酒、濁酒與氣泡日本酒。

氣泡酒

(山口縣) 酒井酒造

ねね

在溫和的氣泡感後會出現淡淡的甜味與清爽的酸味。推薦給不敢喝日本酒的人。

(島根縣) 李白酒造

李白 華露-CARO- Sparkling

這款道地的辛口氣泡酒是使用古代米「紫黑米」釀成。口感雖然輕盈，飲用後仍會留有日本酒特有的餘韻。

濁酒

(鳥取縣) 太田酒造場

辨天娘 純米濁 強力 8番娘

雖然具有強力的深濃鮮味，但不會太過厚重，口感也很舒暢。以熱燗方式飲用可增加酒的力道，更能感受到濃醇的風味。

古酒

(島根縣) 酒持田本店

山三古滴十一年 熟成 大吟釀

花11年的時間長期熟成的大吟釀酒。口味濃郁，餘韻卻很清爽。建議以冷酒方式飲用。

其他種類

(廣島縣) 岡本龜太郎本店

岡龜保命酒

將桂皮等16種藥材浸泡在本味醂中，釀成日式利口酒。米的甜味與藥材的香氣十分均衡，口味溫和。

其他氣泡酒&濁酒&古酒

種類	縣府	藏元	商品名稱	概要
氣泡酒	鳥取	千代結酒造	微氣泡純米吟釀 しゅわっと空	在空瓶內進行二次發酵所產生的碳酸氣泡，口感既清爽又順喉。
濁酒	鳥取	中川酒造	因幡鶴（いなば鶴）純米吟釀 精磨50%強力 生濁	率先使用強力釀酒的酒藏所釀造的濁酒，具有類似吟釀香的淡淡香氣，滋味濃郁強勁。由於在瓶內發酵而帶有微氣泡感。
	廣島	加茂鶴酒造	純米酒 初夏之濁酒	口感柔和的甘口酒，帶有米的鮮味。即使在炎熱的夏天也能清爽飲用的純米濁酒。
	島根	日本海酒造	純米濁酒 白豚（白ブタ）	容易入口的低酒精度數濁酒，淡淡的甜味十分美味。瓶子上的白豚圖案非常可愛。
古酒	岡山	多胡本家酒造場	清酒加茂五葉 大吟釀十年古酒	靜置3700天熟成的大吟釀，溫和的滋味會在口中慢慢擴散開來。
	山口	堀江酒造	金雀 秘藏 長期熟成大吟釀	花費20年時間慢慢熟成的大吟釀酒。這是一款受長到期熟成研究會認定的古酒。

四國的酒

愛媛縣

四國中藏元最多的隱藏版銘釀地

在四國中擁有最多酒藏，高達46家，為隱藏版的銘釀地。在積雪愈深愈寒冷的山區裡，擁有豐沛的伏流水，可以釀出柔和甘口的酒質。近年來該縣更獨自研發出酵母「EK-1」和酒米「雫媛（しずく媛）」。受歡迎的酒款也從以往的淡麗甘口酒轉變為芳醇的類型。

代表性酒藏
● 石鎚酒造（p.188）

高知縣

縣民特愛喝酒的「酒國‧土佐」

高知縣人愛喝酒，自古便相當聞名，甚至擁有「酒國‧土佐」之稱。為配合提供山珍海味的鄉土料理「皿鉢料理」，釀造的酒屬於能豪邁暢飲的淡麗辛口酒質。近年來還研發出獨自的酵母（統稱為「高知酵母」）以及縣產酒米「吟之夢」，因此陸續推出充滿香氣、風味水潤的地酒。

代表性酒藏
● 濱川商店（p.191）
● 醉鯨酒造（p.194）
● 司牡丹酒造（p.196）

香川縣

酒藏數不多卻能釀出高水準的酒款

北有瀨戶內海、南有阿讚山脈，擁有明媚的自然風光。雖然只有7家藏元，但受到廣島杜氏的影響，釀造的日本酒具有很高的水準。酒質淡麗甘口。由於香川縣以烏龍麵聞名，因此以「品嚐讚岐好酒、用烏龍麵取代甜點」為宣傳口號，積極向觀光客行銷。

代表性酒藏
●丸尾本店（p.177）

德島縣

孕育出名酒的優質「山田錦」產地

「山田錦」產地占縣內土地的8成，擁有豐富的大自然環境。以吉野川、那珂川流域為主，共有28家藏元。同時也是生產優質「山田錦」的知名產地。該縣自行研發出的「德島酵母」被當成香氣極高的吟釀酵母使用。致力於推廣當地的「阿波酒」。

代表性酒藏
●本家松浦酒造場（p.181）
●芳水酒造（p.184）

175

<table>
<tr><td>

香川

森國酒造

小豆郡小豆島町

</td><td>

吟釀酒 **ふふふ。**

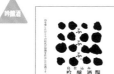

吟釀酒

DATA	
原料米	千本錦
精米比例	60%
使用酵母	協會1801號
	協會901號
日本酒度	+4
酒精度數	17度

推薦給女性品嚐的淡麗旨口酒

小豆島唯一的酒藏。在堅守傳統製法的同時，也因為是新的酒藏，而能以更自由的想法進行釀酒。將廣島縣產「千本錦」經過高度精磨後進行釀造，不經過濾所完成這款偏辛口的淡麗酒。具有奢華的香氣與鮮味。

</td><td>

/////// 這款也強力推薦！ ///////

春之光 大吟釀

大吟釀酒

原料米 千本錦／精米比例 40%／使用酵母 協會1801號・協會901號／日本酒度 +4／酒精度數 17度

建議加冰塊飲用的一瓶酒

這款酒帶有果實般的豐富香氣與柔滑的滋味，餘韻十分高雅爽口。建議飲用冷酒或加冰塊享用。

</td></tr>

<tr><td>

香川

川鶴酒造

觀音寺市

</td><td>

川鶴 大吟釀 吉祥翔鶴

大吟釀酒

DATA			
原料米	兵庫縣產	使用酵母	協會1801號
	山田錦	日本酒度	+5
精米比例	40%	酒精度數	17度

傾注杜氏所有技術釀出的極品

「如川流之不息，以率直之心，讓飲者感動之酒」，繼承第一代的這份精神，致力於釀造日本酒。這款酒100％使用嚴選的兵庫縣產「山田錦」，具有果香與清爽順喉的尾韻。米麴的鮮味也十分深奧，飲用後餘韻無窮。

</td><td>

/////// 這款也強力推薦！ ///////

川鶴 讚州大瀨戶55特別純米

特別純米酒

原料米 香川縣產大瀨戶／精米比例 55%／使用酵母 協會701號／日本酒度 +3／酒精度數 15度

使用讚岐米釀出的溫和口感

這款酒使用香川縣生產的米「大瀨戶」，具有輕盈的鮮味與溫和的口感。從冷酒至燗酒都好喝，可用不同溫度品嚐。

</td></tr>

<tr><td>

香川

綾菊酒造

綾歌郡綾川町

</td><td>

綾菊 大吟釀 重陽

大吟釀酒

DATA			
原料米	香川縣產	使用酵母	協會1801號
	大瀨戶	日本酒度	+3.5
精米比例	50%	酒精度數	15度

帶有華麗的香氣與溫和的滋味

這家酒藏連續13年獲得日本全國新酒鑑評會的金賞。寬政2（1790）年創業，使用香川縣當地產的米與流經酒藏旁的綾川伏流水進行釀造。這款大吟釀酒具有奢華的香氣與溫和的鮮味，搭配瀨戶內的白肉魚十分對味。

</td><td>

/////// 這款也強力推薦！ ///////

綾菊 がいな酒

純米酒

原料米 香川縣產讚崎yoimai（さぬきよいまい）／精米比例 70%／使用酵母 協會7號／日本酒度 +3.5／酒精度數 15度

風味深奧有所堅持的一款酒

這款酒是使用香川縣生產的「讚崎yoimai」釀成，鮮味與酸味較為強烈。適合搭配重口味料理。

</td></tr>
</table>

香川

金陵 純米吟釀 濃藍

純米吟釀酒

DATA

原料米	大瀨戶	日本酒度	+0.7
精米比例	58%	酒精度數	15～16度
使用酵母	協會1901號		

金陵起源的藍色標籤

為了紀念將藍染之美推廣到全日本的創業者，因此以充滿日本文化與美感的傳統藍設計成標籤，並希望能將傳統延續到下一代。這款酒充分突顯出香川縣酒米「大瀨戶」的優點，清爽的果香與柔和的鮮味十分調和。

這款也強力推薦！

金陵 煌金陵 純米大吟釀酒

純米大吟釀酒

原料米 山田錦／精米比例 35%／使用酵母 自社酵母／日本酒度 －3.2／酒精度數 16～17度

風味鮮明俐落的高雅辛口酒

果實的香氣與爽口的滋味會在口中擴散開來。清爽順喉的口感很適合搭配調味清淡的料理。

悅凱陣 手工釀造純米酒

純米酒

DATA

原料米	香川縣產大瀨戶
精米比例	60%
使用酵母	熊本9號
日本酒度	+8
酒精度數	15～16度

讓日本酒愛好者深感佩服的規模與存在感

這家酒藏繼承江戶時代的酒商，並於明治18(1885)年創業。幕府末期的勤皇志士經常進出，據說桂小五郎和高杉晉作曾潛伏過的酒藏至今仍被保留下來。「悅凱陣」一名是為了慶祝日本在中日與日俄戰爭中獲勝而命名。堅持採用手工方式進行小規模釀造，目標不在釀出迎合眾人的酒，而是釀出只有真正的日本酒愛好者會接受的酒。

活用香川縣產「大瀨戶」的獨特滋味與香氣，釀出這款具有芳醇鮮味與強勁風味的酒。酸味也非常扎實，喝起來滿足感十足。

這款也強力推薦！

譽凱陣 純米吟釀

純米吟釀酒

原料米 山田錦／精米比例 60%／使用酵母 熊本9號／日本酒度 +7／酒精度數 15～16度

口感清爽的究極餐中酒

這款純米吟釀是將嚴選的「山田錦」精米磨成60%，並使用滿濃水系的伏流水細心釀造而成。保有酒米的味道，口感舒暢且帶有清爽的辛口風味。從冷酒至燗酒都好喝，可用各種不同的溫度品嚐。

香川縣高松市
丸尾本店

製造量只有500石的小藏元，每年皆會依酒米品種和產地分別釀造數種不同的酒，令販賣店與常客引頸企盼不已。來自香川琴平的獨特品牌「悅凱陣」，幾乎已經沒有可與之匹敵的競爭對手。

文／久保田說子、照片／川瀨典子

追求獨特的口味，
酒米品種與產地的多樣化
每年都讓酒通們讚嘆不已。
正因為頑固才能爬上頂點。

曾藏匿過幕末志士高杉晉作和桂小五郎的長
谷川佐太郎舊宅，由丸尾本店繼承下來。

因為是「這裡才有的酒」
即使不宣傳仍廣為人知

　　「許多人為了追求有特色的酒、自己喜
愛的酒，而來到我們酒藏。這裡恐怕不太適
合日本酒的入門者來訪。」負責釀造「悅凱
陣」的丸尾本店老闆兼杜氏丸尾忠興先生如
此表示。丸尾先生非常重視「能與料理搭配
的酒」，因此在酒米的選擇上特別講究。

　　「雖然也會使用山田錦釀造，不過單純
就是非常順口，整體來說風味太過清澈，就
我來看，並不適合當作餐中酒。相較之下，
用雄町釀造的酒具有酸味，甚至可以感受到
獨特的苦味，比較適合當作餐中酒。因為可
以和料理的苦味互相抵消。」

　　丸尾先生在釀酒上強勢且毫不退讓的
態度，受到追求個性酒款的販賣店支持，在

知名店家的推薦下，還曾被漫畫《美味大挑
戰》介紹過。不論賣酒的人還是喝酒的人，
只要成為酒藏的粉絲就很難離開。

　　「不和他人在同一個戰場上爭勝負。」

　　看似高傲的態度，背後當然存在丸尾先
生莫大的覺悟。

之前的杜氏所留下的專業書籍裡，記載了有關明治時代使用的酒米資訊，搖動著丸尾先生的心。「只要釀造2～3年，自然會知道米的特色。」由於是未知的復古酒米，只能以少量釀造的方式嘗試看看。「酸味一定要有，香氣倒是不必要。」據說丸尾先生每年都會造訪法國的葡萄酒莊，並從中得到釀酒的靈感。

「今年的成果如何？」令人興奮的試酒
有不少常客會自行在家裡熟成後再飲用

「以前曾被杜氏耍得團團轉，也曾被市場動向牽著鼻子走。」由於有過這種痛苦的經驗，丸尾先生決定「不再釀造到處都有的酒」。光是酒米的品種，每年都會使用8～9種。而且山田錦和龜之尾分別選擇4個產地，雄町則採用當地與岡山等產地，即使是種類相同的酒米也會依照產地區分使用。例如福井的五百萬石、廣島的八反錦、熊本的神力，以及源自本地大瀨戶的讚崎yoimai……。水量調整在130％，不過由於酒米的硬度與米質各有不同，因此還會事先進行試驗，找出吸水所需的必要時間。

「雄町能釀出滋味柔和豐富的酒。尤其是用岡山赤磐栽種的雄町所釀的酒，很適合搭配亮皮魚與起司。龜之尾則具有獨特的複雜風味。口味比雄町輕盈、清澈，適合搭配海膽、魚膘。比較令人意外的是神力，不妨配上番茄品嚐看看。」丸尾先生只要一談起酒和料理的搭配就停不下來。

丸尾本店有8成是生酒、2成經過火入作業，這個比例也令人驚嘆。

「經過火入的酒會更接近水，但若將生酒用貯藏瓶熟成，生酒的味道就會逐漸消失，變成更溫和的口味。喝起來十分美味。沒錯，就像熟成後的葡萄酒。所以愛好者當中，有些人會以常溫熟成後再飲用，甚至一次買好幾瓶相同的酒，然後錯開時間慢慢品嚐風味的變化。」

丸尾本店的酒雖然不易買到，卻是讓人最想入手的名酒。特約店每年都引頸企盼釀出的成果，甚至會遠道而來試喝。儘管如此，為了維持品質，仍與特約店約好不增加產量。在女兒與女婿的支持下，丸尾先生將以永不妥協的精神持續走在釀酒這條路上。

鳴門鯛 純米大吟釀

DATA			
原料米	兵庫縣產 山田錦	使用酵母	協會1801號
		日本酒度	+2.5
精米比例	40%	酒精度數	16～17度

既優雅又強勁的風味
可襯托和食的細膩味道

這家德島最古老的釀造藏元自文化元（1804）年創業以來，持續堅守200多年來的傳統與技術。由於期望可以釀出像在鳴門海峽優游的鯛魚般淡麗優雅的酒，因此取名為「鳴門鯛」。

將兵庫縣產的「山田錦」精米磨成40％後，在醪的狀態下以低溫發酵30天。豐潤的鮮味與細膩的酸味融合成優雅的滋味，可以襯托和食的細膩味道。尤其適合搭配鯛魚等白肉魚的生魚片。可以享受到純米大吟釀特有的高雅甜香與溫和的餘韻。

這款也強力推薦！

鳴門鯛 （ナルトタイ）

純米原酒 水與米（水卜米）

原料米 新潟縣產雪童子舞（ゆきんこ舞）／精米比例 65%／使用酵母 協會1801號／日本酒度 －1／酒精度數 14～15度

可用葡萄酒杯品嚐的
清爽風味

這款酒採用只靠天然乳酸菌力量發酵的獨特製法，帶有清爽的香氣與充滿果實風味的舒暢口感，連女性和日本酒入門者都很容易入口。榮獲IWC 2015純米酒部門的最高金賞。

御殿櫻 大吟釀櫻香

DATA			
原料米	山田錦	日本酒度	－2
精米比例	40%	酒精度數	18度
使用酵母	德島酵母		

加入冰塊品嚐奢華的香氣

以德島縣當地產的酒米為主，並使用吉野川的支流鮎喰川的伏流水為釀造用水。採用傳統槽搾方式細心釀造。這款酒具有大吟釀特有的奢華果香與滑順清爽的口感。可稍微冰鎮或加冰塊飲用。

這款也強力推薦！

御殿櫻 純米酒

原料米 松山三井／精米比例 60%／使用酵母 協會901號／日本酒度 +2／酒精度數 15度

建議以燗酒品嚐
芳醇的香氣與鮮味

這款酒雖然具有米的芳醇香氣與鮮味，但喝起來一點也不沉重，最適合搭配和食品嚐。建議加熱成燗酒飲用。

津乃峰 阿波美人

徳島
津乃峰酒造
阿南市

純米酒

DATA

原料米	八反錦	日本酒度	+5
精米比例	65%	酒精度數	15.5度
使用酵母	LED夢酵母		

連酒神也開心的尊貴美酒

這家酒藏位在津峯山山麓，自創業以來便負責釀造津峯神社供奉給神明的御神酒。這款辛口純米酒是使用酒造好適米與新酵母LED夢酵母釀成。可以享受到沉穩的香氣與清爽的鮮味。建議以冷酒或溫燗方式飲用。

///////// 這款也強力推薦！ /////////

津乃峰 吟釀

吟釀酒

原料米 山田錦／精米比例 35%／使用酵母 LED夢酵母／日本酒度 +6／酒精度數 17.5度

香氣較低，可搭配料理品嚐的餐中酒

將嚴選的酒造好適米精米磨成35%，提引出來的鮮味。由於香氣較低，很適合當作餐中酒搭配料理一起享用。

入鶴 大吟釀

徳島
近清酒造
阿南市

大吟釀酒

DATA

原料米	山田錦	日本酒度	+5
精米比例	45%	酒精度數	17度
使用酵母	徳島縣工業技術中心		

讓人感到幸福的芳醇鮮味

安政元（1854）年創業，以讓喝的人感到幸福為目標，由藏元一家人用心進行釀造。將自家栽種的「山田錦」精米磨成45%，並使用南阿波山系的伏流水釀成這款大吟釀。可以品嚐到芳醇的香氣與酒米的鮮味。建議飲用冷酒或加入冰塊。

///////// 這款也強力推薦！ /////////

入鶴 純米吟釀

純米吟釀酒

原料米 山田錦・絹光／精米比例 55%／使用酵母 徳島縣工業技術中心／日本酒度 +4／酒精度數 16度

香氣沉穩的淡麗辛口酒

將「山田錦」與「絹光」精米磨成55%，再以低溫熟成。具有沉穩的香氣與讓人喝不膩的淡麗辛口風味。建議飲用冷酒。

清酒 眉山 特別純米酒

徳島
吉本釀造
徳島市

特別純米酒

DATA

原料米	福井縣產 五百萬石	日本酒度	+1
		酒精度數	14.5度
精米比例	60%		
使用酵母	徳島縣工業技術中心		

如眉山般的美酒

這家酒藏位在伊予的街道上，自創業以來便對釀酒使用的原料米和水十分講究，採用傳統製法，並以「滿懷心意用手工方式釀酒」為座右銘。「眉山」一名來自象徵徳島市的山名。風味既濃郁又清爽。

///////// 這款也強力推薦！ /////////

清酒 眉山 吟釀酒

吟釀酒

原料米 阿波山田錦／精米比例 50%／使用酵母 徳島縣工業技術中心／日本酒度 +1／酒精度數 17.4度

使用流經眉山的名水釀成的酒

這款酒使用流經眉山山腳下的鮎喰川伏流水與「阿波山田錦」釀造而成。風味十分柔和清爽。

徳島

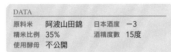

瓢太閤 純米大吟醸

純米大吟醸酒

DATA

原料米	阿波山田錦	日本酒度	－3
精米比例	35%	酒精度數	15度
使用酵母	不公開		

阿波的大自然所孕育出的酒

這家酒藏保有自江戶時代末期傳承下來的技術，並以「日日求新」為座右銘進行釀酒。這款酒100%使用「阿波山田錦」與吉野川的伏流水釀成。充滿令人舒暢的果香，從米芯提引出的圓潤風味與清爽的尾韻，十分具有魅力。

///// 這款也強力推薦！/////

瓢太閤 純米酒 己道

純米酒

原料米 阿波山田錦／精米比例 80%／使用酵母 不公開／日本酒度 +7／酒精度數 15度

充滿酒米味道的濃醇風味

將白麴加入麴米中，釀出酸味明顯又有適度辛味與濃厚美味的酒。建議稍微冰鎮或以溫爛方式飲用。

穴吹川 連續四國一之清流水釀造純米酒

純米酒

DATA

原料米	山田錦 吟之里	使用酵母	自社酵母
		日本酒度	±0
精米比例	50%	酒精度數	15.5度

用四國第一清流釀造的美酒

這家酒藏的四周環繞著四國山系與吉野川，大自然資源十分豐富，致力於以講究的「水、米、人」用心釀造。這款酒是使用四國第一清流與自家栽培米、契作栽培米，並在一年中最寒冷的時期進行釀造。具有清爽的香氣與酒米水嫩的鮮味。

///// 這款也強力推薦！/////

喜來 純米吟醸 紅（豐潤）

純米吟醸酒

原料米 德島縣產吟之里／精米比例 53%／使用酵母 不公開／日本酒度 +2／酒精度數 15～16度

阿波杜氏從種米開始釀造的酒

這款酒使用杜氏親自參與種米作業的自家栽培米釀造。具有十分濃郁的風味與輕盈爽口的香氣。

今小町 和右衛門 吟醸酒

吟醸酒

DATA

原料米	山田錦 五百萬石	使用酵母	LED夢酵母
		日本酒度	+4
精米比例	50%	酒精度數	17～18度

以傳統技術釀出細膩的風味

這家酒藏創業於享和2（1802）年。原本是菸草製造商，自大正15（1926）年開始釀酒。使用LED夢酵母釀出的吟醸香，具有澄淨清透的果香。給人一種細緻的風味，卻又留下水潤鮮明的印象。

///// 這款也強力推薦！/////

今小町 穰 純米吟醸

純米吟醸酒

原料米 山田錦・五百萬石／精米比例 55%／使用酵母 LED夢酵母／日本酒度 +4／酒精度數 18～19度

毫無修飾的豐富滋味與香氣

「穰」取自五穀豐穰之意與杜氏的名字而來。這款酒沒有進行過濾，因此可以享受到壓榨後特有的顏色、香氣與鮮味。

笹綠 純米

德島
矢川酒造
三好市

純米酒

DATA			
原料米	香川縣產大瀨戶	使用酵母	協會9號
		日本酒度	－3
精米比例	55%	酒精度數	15.5度

溫和的鮮味讓人一杯接一杯

這家酒藏幾乎位在四國的正中央，四周環繞著吉野川清流與阿讚山系的綠樹，以「喝不膩的酒」為座右銘進行釀酒。這款酒使用香川縣產的「大瀨戶」，具有溫和又濃郁的口感。香氣沉穩，很適合搭配料理，讓人忍不住一杯接一杯。

這款也強力推薦！

笹綠 吟釀

吟釀酒

原料米 香川縣產大瀨戶／精米比例 50%／使用酵母 協會9號／日本酒度 ＋3.5／酒精度數 15.3度

百喝不膩的辛口吟釀酒

使用香川縣生產的「大瀨戶」。這款辛口吟釀酒具有清爽的香氣與俐落的口感，讓人百喝不膩。

芳水 純米大吟釀

德島
芳水酒造
三好市

純米大吟釀酒

DATA			
原料米	兵庫縣產山田錦	使用酵母	熊本9號
		日本酒度	＋8
精米比例	50%	酒精度數	16.5度

香氣與鮮味十分均衡的一瓶酒

這家酒藏自大正2（1913）年創業以來，充分活用適合釀酒與貯藏酒的風土環境，專心一意地投入日本酒的釀造。使用嚴選的原料米以及來自吉野川上游的伏流水，並細心打造可以讓醪完整糖化與發酵的環境，以嚴謹的作業釀出尾韻清爽俐落的辛口酒。

「芳水」一名是來自前人讚譽吉野川為「芳水」而來。使用兵庫縣產的「山田錦」，並活用酒米的鮮味釀出自然的味道。喝起來清爽順喉，具有高雅的吟釀香與清爽的酸味，奢華馥郁的鮮味會在口中擴散開來。建議以冷酒或冷飲方式飲用。

這款也強力推薦！

芳水 純米吟釀 淡遠

純米吟釀酒

原料米 福井縣產五百萬石／精米比例 55%／使用酵母 協會9號／日本酒度 ＋8／酒精度數 15.6度

清爽的酸味很適合搭配料理

將福井縣產的「五百萬石」精米磨成55%釀成。在清淡溫和的口感中，仍能感受到富有深度的扎實滋味，整體風味相當均衡。高雅內斂的吟釀香與清爽的酸味可襯托料理的美味。

德島

三芳菊酒造

三好市

三芳菊 純米大吟醸 生原酒 阿波五百萬石50

純米大吟釀酒

DATA			
原料米	德島縣產五百萬石	使用酵母	不公開
		日本酒度	不公開
精米比例	50%	酒精度數	15.5度

「五百萬石」特有的柔和口感

將酒藏內的情形透過上傳影片播放出去，積極向年輕世代宣傳日本酒的魅力。這款酒是將阿波生產的「五百萬石」精米磨成50％，並使用松尾川的龍岳湧泉釀造。可以在柔和的口感中品嚐到強勁的風味。

////////// 這款也強力推薦！ //////////

三芳菊 岡山雄町 純米吟醸 無過濾生原酒

純米吟釀酒

原料米 岡山縣產雄町／精米比例 60％／使用酵母 德島酵母／日本酒度 不公開／酒精度數 16度

雄町特有的深奧風味

這款酒具有「雄町」特有的濃郁口感與深奧風味。適度的酸味可以襯托料理的美味，搭配西餐等味道濃郁的料理也很對味。

德島

那賀酒造

那賀郡那賀町

旭若松 無過濾生原酒 雄町100％

純米酒

DATA			
原料米	雄町	日本酒度	+2
精米比例	70%	酒精度數	20.1度
使用酵母	協會10號系		

孤高的藏元所釀造的強勁地酒

這家酒藏自享保10（1725）年創業以來，便堅持不迎合時代，以堅毅的態度持續釀酒。使用自家栽種的知名酒造好適米「雄町」，並堅持只用米和水來釀造這款純米酒。強勁濃郁的風味可帶出酒米的鮮味。

德島／愛媛

愛媛

協和酒造

伊予郡砥部町

初雪盃 大吟醸

大吟釀酒

DATA			
原料米	兵庫縣產山田錦	使用酵母	愛媛縣培養酵母
		日本酒度	+5
精米比例	50%	酒精度數	15度

費時費工的手工釀造風味

這家酒藏創業於明治20（1887）年。堅持採用傳統槽搾與袋搾的方式釀酒。完全以手工作業釀出的酒，味道十分富有深度。這支大吟醸可說是該酒藏的經典酒款，特色是味道既豐富又清爽。

////////// 這款也強力推薦！ //////////

初雪盃 特別純米

特別純米酒

原料米 愛媛縣產松山三井／精米比例 60％／使用酵母 愛媛縣培養酵母／日本酒度 +4／酒精度數 15度

稻米柔和的鮮味與香氣

這款特別純米酒帶有淡淡的香氣與米柔和的鮮味，飲用後不留餘味，十分清爽。可用各種溫度品嚐，建議當作餐中酒享用。

酒仙 榮光 特別大吟釀

大吟釀酒

DATA

原料米	兵庫縣產山田錦	使用酵母	協會酵母
精米比例	35%	日本酒度	+2
		酒精度數	15.5度

以最高技術釀出的極品

這家酒藏堅持只釀出自己能接受的酒，並以品質為本位徹底採用手工釀造。將大顆的「山田錦」精米磨成35%，且從洗米到釀麴、壓榨作業為止完全採手工方式。可用冷酒當作餐前、餐中酒飲用。2015年榮獲日本全國新酒鑑評會金賞。

/////// 這款也強力推薦！ ///////

純米吟釀 松山三井

純米吟釀酒

原料米 愛媛縣產松山三井／精米比例 50%／使用酵母 愛媛酵母／日本酒度 ±0／酒精度數 15.5度

鮮味豐富的奢侈美酒

將愛媛縣生產的「松山三井」自家精米磨成50%，再以少量生產方式釀出淡麗風味中飄散著豐富鮮味的美酒。

久米之井 純米大吟釀原酒

純米大吟釀酒

DATA

原料米	兵庫縣產山田錦特等米
精米比例	40%
使用酵母	愛媛酵母EK-1
日本酒度	+3
酒精度數	16.8度

專精於釀造日本酒，擁有410多年的傳統技術

慶長7（1602）年創業，在松山城城主的命令下而開始釀酒的酒藏。這款酒是將兵庫縣產的特等「山田錦」精米磨成40%後釀成。新鮮的香氣與豐富的味道十分均衡，為年輕杜氏灌注熱情釀造而成的一瓶酒。

/////// 這款也強力推薦！ ///////

久米之井 鳳冠久米之井 純米吟釀

純米吟釀酒

原料米 愛媛縣產雫媛／精米比例 60%／使用酵母 愛媛酵母EK-7／日本酒度 +4／酒精度數 15.3度

口感柔和，讓人百喝不膩的酒

這款酒使用愛媛縣研發出的酒造好適米「雫媛」。口感雖濃醇，卻帶有馥郁柔和的風味。冷酒或溫燗皆宜。

櫻うづまき 純米吟釀 櫻風

純米吟釀酒

DATA

原料米	山田錦	日本酒度	+1
精米比例	50%	酒精度數	15.5度
使用酵母	自社酵母		

可搭配各種料理的一瓶酒

這家酒藏自明治4（1871）年創業以來，始終以「適合當地料理、受當地人喜愛」為釀酒目標。這款酒100%使用松山市北条產的「山田錦」，並以自社酵母發酵成滋味豐富的順口好酒。可搭配各種料理，很適合當作餐中酒飲用。

/////// 這款也強力推薦！ ///////

櫻うづまき 大吟釀 坂上之雲

大吟釀酒

原料米 山田錦／精米比例 35%／使用酵母 自社酵母／日本酒度 +4／酒精度數 17.5度

酒藏精心釀製的地酒 取名自大河劇小說

酒名是來自司馬遼太郎以松山市出身的偉人為主角的作品。以袋吊方式壓榨出的酒液，帶有豐郁的香氣與清爽的滋味。

雪雀 大吟釀 壽

DATA

原料米	山田錦	日本酒度	+5
精米比例	40%	酒精度數	16.4度
使用酵母	愛媛酵母EK-1		

將卓越的技術活用在釀酒上

「雪雀」的命名之父是與酒藏創始人有深交的日本前首相犬養毅。總杜氏還曾接受勞働大臣表揚，並獲選為現代名工。這款酒可品嚐到果實般的新鮮香氣與細緻滑順的風味，同時還帶有奢華的含香，最適合在喜慶筵席上飲用。

這款也強力推薦！

雪雀 純米大吟釀

原料米 山田錦／精米比例 50%／使用酵母 愛媛酵母EK-1／日本酒度 +4／酒精度數 15.8度

可品嚐酒米鮮味的均衡好酒

這款酒具有澄澈透明的香氣與微微的鮮甜滋味，整體融合成高雅的風味。建議冰透後飲用。

山丹正宗 吟釀酒

DATA

原料米	松山三井	日本酒度	+4
精米比例	60%	酒精度數	15度
使用酵母	自社酵母		

口感如名刀「正宗」般鋒利

今治市唯一的酒藏。名稱的由來是基於創始人的出生地，以及期望酒的口感能如名刀「正宗」般鋒利，因此取名為「山丹正宗」。這款酒具有高雅的香氣與淡麗爽口的風味。連續3年獲得「最適合用葡萄酒杯品飲的日本酒大獎」的最高金賞。

這款也強力推薦！

山丹正宗 雫媛 純米吟釀
（しずく媛）

原料米 雫媛／精米比例 50%／使用酵母 愛媛酵母EK-1／日本酒度 +4／酒精度數 16度

口感柔和
推薦給入門者

這款酒具有果香與溫和的風味，十分適合入門者品嚐。獲得第29屆日本全國酒類大賽純米吟釀、純米大吟釀部門的第一名。

清酒 壽喜心 雄町純米

DATA

原料米	岡山縣產備前雄町	使用酵母	愛媛酵母EK-1
精米比例	60%	日本酒度	-1.5
		酒精度數	16.2度

適合在喜慶場合暢飲的酒

這家酒藏以釀造「可以單喝的酒」為座右銘，態度堅毅且毫不妥協。「壽喜心」一名隱含希望在喜慶的場合裡，飲用者能以溫和的心情享用的之意。含一口在嘴裡，宛如哈密瓜般的甜甜香氣便會散開，口感十分柔和，但仍能品嚐到扎實的鮮味。

這款也強力推薦！

清酒 壽喜心 純米吟釀
五百萬石

原料米 福井縣產五百萬石／精米比例 50%／使用酵母 協會1801號／日本酒度 +2.5／酒精度數 16.2度

香氣與鮮味
形成絕佳的平衡

這款酒使用福井縣生產的「五百萬石」。清爽的香氣與豐郁的甜味會在口中擴散，風味富有變化且均衡感絕佳。

石鎚 純米大吟釀 槽搾

純米
大吟釀酒

DATA			
原料米	麴米： 兵庫縣產 山田錦 掛米： 松山三井	精米比例 使用酵母 日本酒度 酒精度數	麴米50% 掛米50% 自社酵母 +1 17～18度

灌注愛情與熱情釀造
適合佐餐飲用的酒

這家酒藏位在西日本最高峰的石鎚山山麓，以藏元一家人為主進行釀酒。釀造用水使用自酒藏水井湧出的清水，並採箱麴法將全量的米分成2槽，花費2天的時間慢慢壓搾。此法不能大規模釀造，唯有手工作業才能灌注愛情與熱情進行細膩的釀酒作業。酒米溫和的鮮味與吟香味調和而成的優雅酸味，讓這款純米大吟釀的風味更顯沉穩。建議以冷酒、冷飲或溫爛方式享用。

石鎚 純米吟釀 綠標

純米
吟釀酒

原料米 麴米：兵庫縣產山田錦・掛米：愛媛縣產松山三井／精米比例 麴米50%・掛米60%／使用酵母 自社酵母・KA-1／日本酒度 +5／酒精度數 16～17度

口味豐醇
適合搭配各種下酒菜

為釀出口味豐郁的餐中酒，仔細地處理釀酒的原料，並花約40天進行長期低溫發酵。含一口在嘴裡，溫和的吟釀香與鮮明的酸味便會擴散。洗鍊的風味可搭配各種料理，建議當作餐中酒。

伊予賀儀屋 無過濾 純米酒 紅標

純米酒

DATA			
原料米	愛媛縣產 松山三井	使用酵母 日本酒度	愛媛酵母EK-1 +4
精米比例	60%	酒精度數	14～15度

從冷酒至溫爛都好喝的萬能酒款

這家酒藏的釀酒理念是「酒要用夢想和心意釀造」，非常重視肉眼看不見的心意，並持續挑戰每年只在冬天進行釀酒。這款伊予賀儀屋具代表性的萬能餐中酒，帶有輕盈的口感與清爽的風味，還可感到酒米扎實的鮮味，喝再多也不會膩。

伊予賀儀屋 無過濾 純米大吟釀 綠標

純米
大吟釀酒

原料米 愛媛縣產雫媛／精米比例 45%／使用酵母 愛媛酵母EK-1／日本酒度 +3／酒精度數 16～17度

可輕鬆享用的
日本酒

柔和的鮮味與清爽的餘韻形成均衡的風味。不妨以冷酒或冷飲方式當作餐中酒飲用，也可以加熱成溫爛品嘗。

梅錦 純米吟釀原酒 酒一筋

愛媛

純米
吟釀酒

梅錦
山川

四國
中央
市

DATA

原料米	山田錦	日本酒度	−0.5
精米比例	60%	酒精度數	16.9度
使用酵母	協會901號・愛媛酵母EK-1		

擁有不輸給濃厚香氣的強烈鮮味

這家酒藏以「嶄新、美味、釀造」為座右銘，前後共獲得31次日本全國新酒鑑評會的金賞。這款酒具有原酒特有的濃厚香氣，以及不輸給這股香氣的強烈鮮味。味道十分扎實，很適合搭配重口味的中菜與肉類料理。

這款也強力推薦！

梅錦 吟釀酒 酒通的酒
（つうの酒）

吟釀酒

原料米 麴米：山田錦・掛米：吟吹雪・其他／精米比例 60%／使用酵母 協會1801號・協會901號・愛媛酵母EK-1／日本酒度 +4／酒精度數 15.8度

不愧是酒通愛好的淡麗辛口酒

具有爽口的辛味與淡淡的香氣。冷飲時可配上生魚片和滷菜，燗酒則適合搭配醋拌菜和湯品等和食。

千代之龜 純米大吟釀 長期熟成 銀河鐵道

愛媛

純米
大吟釀酒

千代之龜
酒造

喜多郡
內子町

DATA

原料米	愛媛縣產松山三井	使用酵母	協會901號
精米比例	45%	日本酒度	+5
		酒精度數	16度

經過10年熟成的濃醇辛口酒

創業屆滿300年的老字號酒藏。以「對生命認真」為釀酒信條，採用全量槽搾方式，費工費時地釀出毫無雜味的柔和酒質。這款酒使用當地的無農藥米釀造，具有奢華的香氣與濃醇的滋味。建議冷凍成冰沙狀享用。

這款也強力推薦！

愛媛

千代之龜 純吟火入 青龜EK-7

純米
吟釀酒

原料米 愛媛縣產松山三井／精米比例 55%／使用酵母 愛媛酵母EK-7／日本酒度 −7／酒精度數 15度

使用市場首見的愛媛酵母釀出爽快的口感

這款酒使用市場首見的愛媛酵母EK-7釀造。具有果香般的吟釀香與清爽的口感。建議充分冰鎮後再飲用。

京ひな 大吟釀 吹毛劍

愛媛

大吟釀酒

酒六酒造

喜多郡
內子町

DATA

原料米	兵庫縣產山田錦	使用酵母	愛媛酵母
精米比例	40%	日本酒度	+5左右
		酒精度數	15度

如利劍般鮮明強烈的滋味

這家酒藏位在仍保有明治街景的內子町中心位置，以「高品質且不過量生產」為座右銘，堅持採用傳統方式，以手工釀造所有的酒。活用愛媛酵母低調高雅的香氣釀出爽快的口感。可以好好品嚐這款酒帶有的清澈風味。

這款也強力推薦！

京ひな 純米大吟釀辛口 一刀兩斷

純米
大吟釀酒

原料米 愛媛縣產山田錦・松山三井／精米比例 50%／使用酵母 協會9號／日本酒度 +8左右／酒精度數 15度

尾韻俐落鮮明又輕快的辛口酒

這款酒帶有俐落的尾韻與清爽的辛味，喝起來非常順喉。擁有純米特有的濃郁感。除了和食外也可搭配各種料理。

愛媛

愛媛 梅美人酒造 ｜ 八幡濱市

鷹雄 大吟釀酒

大吟釀酒

DATA

原料米	山田錦	日本酒度	－2
精米比例	40%	酒精度數	17度
使用酵母	協會9號		

十分講究且充滿八幡濱文化的一支酒

這家酒藏位在八幡濱的市中心，腹地內的建築物被指定為日本國家登錄有形文化財。堅持手工釀造，細心地壓搾出每一滴酒。這款酒的酒精度數雖然偏高，口感卻十分清爽。風味濃郁且充滿果香，是非常有魅力的一支酒。

這款也強力推薦！

梅美人 純米大吟釀酒

純米大吟釀酒

原料米 雫媛／精米比例 50%／使用酵母 協會9號／日本酒度 －1／酒精度數 17度

自然不造作的風土孕育出的地酒

奢華的香氣與彷彿在口中化開的柔和鮮味完美地調和。具有高雅的甜味與富有深度的口感，餘韻也很舒暢。

愛媛 川龜酒造 ｜ 八幡濱市

川龜 特別純米

特別純米酒

DATA

原料米	山田錦 五百萬石	使用酵母	自社酵母
		日本酒度	＋6
精米比例	60%	酒精度數	15.5度

帶有洗鍊的溫和風味

這家酒藏在堅守傳統手法的同時，也不斷嘗試研發自家酵母等新挑戰。目標是釀出「雖不搶眼卻風味洗鍊的酒」，因為是手工釀造，所以只生產能力範圍所及的量。這款酒既溫和又帶有果香，與酒米的鮮味極為調和，非常順口。

這款也強力推薦！

川龜 山廢純米吟釀

純米吟釀酒

原料米 山田錦／精米比例 50%／使用酵母 自社酵母／日本酒度 ＋3／酒精度數 15.5度

具有山廢特有的濃郁度與爽口感

這款酒使用「山田錦」與自家酵母釀造，充滿細膩洗鍊的風味。具有山廢特有的濃郁度與爽口感。

愛媛 緒方酒造 ｜ 西予市

本釀造 兒島惟謙

本釀造酒

DATA

原料米	山田錦
精米比例	55%
使用酵母	協會7號
日本酒度	＋4
酒精度數	15.5度

四國名門釀出集精華於一身的酒

這家酒藏創業於寶曆3（1753）年，有許多名留日本歷史的人物皆出身於此。在繼承傳統的同時也致力於集結近代技術進行釀酒。由於「兒島惟謙」與創始人一族有很深的關係，因此以曾擔任過大審院院長且被譽為「護法之神」的偉人來命名。可品嚐到帶有果香的清爽口感。

這款也強力推薦！

原酒 東洋

原料米 山田錦／精米比例 75%／使用酵母 協會7號／日本酒度 ＋3／酒精度數 18.3度

使用名水釀造的芳醇口味

這款酒的酒精度數雖然偏高，卻能品嚐到溫和濃郁的滋味與豐富的香氣。建議加入冰塊飲用。

美丈夫 舞雫媛（舞しずく媛）

純米大吟釀酒

DATA			
原料米	愛媛縣產雫媛	使用酵母	熊本酵母
精米比例	50%	日本酒度	+3
		酒精度數	15度

將「雫媛」用熊本酵母釀出俐落的尾韻

這家酒藏位在高知縣最東邊，自明治37（1904）年創業以來，利用土佐豐富的自然環境，細心地釀酒。「只想釀造美味的好酒」，在如此單純的熱切想法下，採取少量生產與低溫發酵方式進行釀酒，並徹底管理品質，因為該酒藏認為提供最佳狀態的酒是酒藏的責任。

以嚴選的大顆「松山三井」改良而成的愛媛縣產「雫媛」，最適合吟釀釀造，將其精米磨成50％，並以具獨特酸味的熊本酵母釀出這款酒。可以享受到清爽的口感與留在口中的豐富餘韻。也很適合用來搭配料理，建議當作餐中酒飲用。

\\\\\\ 這款也強力推薦！ \\\\\\

美丈夫 夢許

純米大吟釀酒

原料米 兵庫縣產山田錦／精米比例 30%／使用酵母 熊本酵母／日本酒度 +3／酒精度數 16度

集結酒藏所有力量釀成的特別限定酒

將最頂級的兵庫縣產「山田錦」精米磨成30％，並用熊本酵母慢慢釀造。上槽後直接將生酒裝瓶，再以−1℃低溫熟成，可說是酒藏使出渾身解數釀出的一瓶酒。這款最頂級的限定酒具有高雅的香氣與原酒特有的豐郁感。

土佐鶴 大吟釀原酒 天平

大吟釀酒

DATA			
原料米	山田錦	日本酒度	+5
精米比例	40%以下	酒精度數	17～18度
使用酵母	熊本酵母系		

土佐孕育出的日本名釀酒

這家酒藏創業於安永2（1773）年，位在高知縣東部的安田川流域，獲得43次日本全國新酒鑑評會金賞，得獎次數居冠。抱持品質第一的態度，擁有優秀的釀造技術。這款從貯藏桶直接裝瓶的手工原酒，具有濃郁的吟釀香氣與芳醇辛口的風味。

\\\\\\ 這款也強力推薦！ \\\\\\

土佐鶴 純米大吟釀

純米大吟釀酒

原料米 山田錦／精米比例 40%以下／使用酵母 熊本酵母系／日本酒度 +4／酒精度數 16～17度

以傳承的釀酒技術讓吟釀香更明顯

馥郁的吟釀香與濃郁的口感互相調和，可充分感受到大吟釀美味的一瓶酒。適合搭配壽司與生魚片等料理。

南 純米吟釀

高知

南酒造場

安藝郡安田町

純米吟釀酒

DATA

原料米	松山三井	日本酒度	+8
精米比例	50%	酒精度數	17度
使用酵母	高知酵母		

數量有限且香氣極高的夢幻美酒

這家酒藏一年的生產量只有530石，以仔細嚴謹的作業進行釀造，並由但馬杜氏細心地指導釀酒。全量使用傳統的箱麴法釀造，純米酒的比例高達9成。這款尾韻清爽俐落的辛口酒，奢華的吟釀香與酸味、甜味之間形成絕佳的均衡口感。

////// 這款也強力推薦！//////

南 特別純米

特別純米酒

原料米 松山三井／精米比例60％／使用酵母 高知酵母／日本酒度 +8／酒精度數 16度

活用酒米鮮味
風味扎實的酒款

這款風味扎實的酒具有清爽的口感，並能充分展現酒米鮮味及俐落的尾韻。這款辛口限定酒，建議冰鎮後再飲用。

菊水 純米大吟釀酒

高知

菊水酒造

安藝市

純米大吟釀酒

DATA

原料米	山田錦	日本酒度	+2
精米比例	40%	酒精度數	16～17度
使用酵母	不公開		

在傳統中獨領風騷

雖然酒藏位在溫暖的高知縣，但在「品質至上」的精神下，為了能以長期低溫發酵方式釀造日本酒，領先全日本導入低溫釀造設備與低溫貯藏設備。這款辛口酒雖然具有奢華的香氣，餘韻卻十分清爽俐落。建議以冷酒或冷飲方式飲用。

////// 這款也強力推薦！//////

四萬十川 純米吟釀

純米吟釀酒

原料米 山田錦／精米比例60％／使用酵母 不公開／日本酒度 +4／酒精度數 14～15度

透明澄澈的口感
令人聯想到四萬十川

這款土佐淡麗酒是將「山田錦」精米磨成60％後釀成，具有透明澄澈的口感與清爽順喉的風味。

安藝虎 純米

高知

有光酒造場

安藝市

純米酒

DATA

原料米	不公開	日本酒度	+1左右
精米比例	60%	酒精度數	15度
使用酵母	不公開		

令人舒暢又能襯托料理美味的酒

這家酒藏以釀造可以療癒心靈的酒為目標，因此非常重視香氣與風味，所有的酒不經過濾就直接裝瓶，不惜費工費時地進行釀酒作業。這款酒具有清爽的香氣與純米酒特有的舒暢口感。建議當作餐中酒，以冷酒至溫燗等不同的溫度品嚐。

////// 這款也強力推薦！//////

安藝虎 山田錦80%精米純米

特別純米酒

原料米 阿波山田錦／精米比例80％／使用酵母 不公開／日本酒度 +8左右／酒精度數16度

口感清爽的
新感覺餐中酒

這款酒具有「山田錦」特有的清爽扎實口感，尾韻十分俐落。這支新感覺的餐中酒也很適合搭配重口味的料理。

高知

高知 仙頭酒造場

安藝郡藝西村

純米大吟釀酒

土佐白菊 冰溫貯藏純米大吟釀
（土佐しらぎく）

DATA

原料米 山田錦	日本酒度 不公開
精米比例 40%	酒精度數 15～16度
使用酵母 協會9號系	

帶有冰溫熟成的柔滑口感

這家酒藏位在高知縣東部沿海的田園地區。以「FRESH & JUICY」為理念，追求釀造容易入口的酒。以四國山系的伏流水為釀造用水，再將「山田錦」用冰溫慢慢熟成。這款酒具有天鵝絨般的柔滑口感與沉穩的風味。冷酒或溫燗皆宜。

////////// 這款也強力推薦！ //////////

特別純米酒

土佐白菊 斬辛 特別純米酒
（土佐しらぎく）

原料米 八反錦／精米比例 60%／使用酵母 協會7號／日本酒度 不公開／酒精度數 15～16度

尾韻清爽俐落的辛口餐中酒

帶有「八反錦」扎實的米鮮味與酸味，以及土佐酒特有的清爽餘韻。這款辛口餐中酒可以襯托料理的美味。

高知 高木酒造

香南市

純米大吟釀酒

豐能梅 純米大吟釀 龍奏

DATA

原料米 吟之夢	日本酒度 +1
精米比例 40%	酒精度數 16.5度
使用酵母 高知酵母	

彷彿龍神隱身其中的旨口酒

酒藏的上空曾出現過龍捲風，因此取名為「龍奏」，象徵由龍神演奏。堅持選用高知的原料，100%使用高知縣產的「吟之夢」與高知酵母來釀酒。這款酒具有高雅奢華的香氣與調和甘辛味而來的鮮味。獲得2013年純米酒大賞的最高金賞。

////////// 這款也強力推薦！ //////////

純米吟釀酒

豐能梅 純米吟釀

原料米 松山三井／精米比例 50%／使用酵母 高知酵母／日本酒度 +3／酒精度數 16.3度

突顯料理美味的稱職配角

這款風味均衡、讓人百喝不膩的餐中酒，很適合搭配料理。獲得2014年純米酒大賞純米吟釀部門的金賞。

高知

高知 アリサワ酒造

香美市

大吟釀酒

文佳人 大吟釀原酒

DATA

原料米 山田錦	日本酒度 +5
精米比例 40%	酒精度數 17度
使用酵母 高知酵母·熊本酵母	

以冷酒方式飲用能增加清涼感

這家酒藏創業於明治10（1877）年。將「山田錦」精米磨廢40%，並取全量以傳統方式進行槽搾、瓶火入、冰溫貯藏等工程，釀出新鮮又具清涼感的酒。這款酒擁有生貯藏原酒特有的水潤感與強勁風味。建議充分冰鎮後用葡萄酒杯飲用。

////////// 這款也強力推薦！ //////////

特別純米酒

文佳人 liseur特別純米酒

原料米 不公開／精米比例 55%／使用酵母 不公開／日本酒度 不公開／酒精度數 16.5度

清爽順喉 有如葡萄酒

具有溫和的香氣與恰到好處的鮮味及酸味。清爽易飲，適合當作餐中酒。建議稍微冰鎮後搭配山豬、鹿、鴨等野味料理享用。

山田太鼓 純米吟醸酒

DATA			
原料米	吟之夢	日本酒度	+2
精米比例	50%	酒精度數	16.5度
使用酵母	高知酵母		

用高知酵母與縣產米釀出的土佐地酒

這家酒藏創業於明治6（1873）年。利用高知的原料與風土，致力於釀造受當地人喜愛的酒。這款酒是將高知縣產的酒造好適米「吟之夢」精米磨成50%，再以吟釀釀造法釀成，具有果香與清爽的酸味。

松翁 本釀造 空

原料米 松山三井／精米比例 65%／使用酵母 高知酵母／日本酒度 +6／酒精度數 15.5 度

尾韻銳利
土佐經典的辛口酒

這款經典的辛口酒，具有土佐酒特有的強勁風味與俐落的尾韻。爽口易飲，愛喝辛口酒的人絕對不容錯過。燗酒也很美味。

醉鯨 純米大吟釀 山田錦

DATA			
原料米	兵庫縣產	使用酵母	熊本酵母
	山田錦	日本酒度	+8
精米比例	30%	酒精度數	17度

如海洋之王巨鯨般
風味強勁的酒

這家酒藏位在高知市長濱知名的觀光景點桂濱附近。「醉鯨」一名是來自深愛日本酒的土佐藩第15代藩主山內容堂的稱號「鯨海醉侯」。在土佐傳統的淡麗辛口風味中，加入全新的技術與真心，致力於釀出味道強勁、尾韻俐落的酒。

將最頂級的兵庫縣產酒米「山田錦」精米磨成30%，並用熊本酵母以低溫慢慢釀造。這款酒具有酒米鮮明豐富的滋味，十分清爽順喉，可以突顯料理的美味，讓人一杯接一杯。

醉鯨 純米吟釀 吟麗

原料米 愛媛縣產松山三井／精米比例 50%／使用酵母 熊本酵母 +8／酒精度數 16度

讓人百喝不膩
酒藏具代表性的一瓶酒

這款酒具有強烈的鮮味與俐落的尾韻。釀造時刻意降低了香氣，以便當作餐中酒襯托出料理的美味。適合搭配所有和食，尤其與醬油風味的料理特別對味。這支酒是「醉鯨」具代表性的純米吟釀酒，不論怎麼喝都不會膩。

龜泉 純米吟醸生 山田錦

純米吟醸酒

DATA

原料米	兵庫縣產 山田錦	使用酵母	CEL-19
精米比例	50%	日本酒度	+5
		酒精度數	16～17度

酒藏的招牌酒，可品嚐酒的原有風味

這家酒藏非常講究米、水、酵母，並致力於釀造種類豐富的日本酒。這款酒100%使用兵庫縣產的「山田錦」，酒的鮮味與酸味融合成清爽俐落的口感。若以冷藏方式熟成，口感會更加滑順，可以品嚐到日本酒原有的風味。

龜泉 純米吟醸生 CEL-24

純米吟醸酒

原料米 八反錦／精米比例 50%／使用酵母 CEL-24／日本酒度－5～－15／酒精度數 13.5～14.5度

用高知研發的酵母釀出香氣十足的酒

這款酒是使用高知縣研發的CEL-24酵母釀成，充滿果實的風味。酸味與甜味形成絕妙的均衡口感，喝起來很像白酒。

久禮 純米荒走（純米あらばしり）

純米酒

DATA

原料米	松山三井	日本酒度	+5
精米比例	60%	酒精度數	18度
使用酵母	高知酵母		

擁有哈密瓜風味的淡麗辛口酒

這家酒藏位在清流四萬十川的源流區域。近年來致力於用自家杜氏釀造吟醸酒。「久禮」一名來自土佐盛行一本釣的小鎮久禮之名。這款淡麗辛口酒融合了男性喜愛的辛味與酸味，以及哈密瓜般的香氣與風味。

久禮 辛口純米＋10

純米酒

原料米 松山三井／精米比例 60%／使用酵母 高知酵母／日本酒度 ＋10／酒精度數 16度

很適合搭配鰹魚半敲燒的酒

輕快的辛口很適合搭配豪邁的土佐料理，是款可以一喝再喝的酒。溫成較熱的燗酒也很好喝。

桃太郎 純米大吟醸

純米大吟醸酒

DATA

原料米	松山三井	日本酒度	+2
精米比例	50%	酒精度數	15.7度
使用酵母	CEL-19		

甜度適中且平易近人的酒

這家酒藏位在四萬十川的上游區域，以伏流水為釀造用水，並採用嚴謹的作業方式以手工釀造。由於希望釀出平易近人的酒款，因此取名為「桃太郎」。具有清爽的吟醸香與適度的甜味，口感也很柔和。建議以冷酒方式飲用。

入駒 濁酒

原料米 風鳴子／精米比例 55%／使用酵母 AC-95／日本酒度－10／酒精度數 18.5度

具有醪的濃厚香氣與風味

這款酒刻意留下沉澱物，可以品嚐到醪的濃厚香氣與風味。由於酒精度數較高，因此很適合寒冷的夜晚飲用。

秀吟司牡丹 純米大吟釀原酒

純米大吟釀

DATA	
原料米	山田錦
精米比例	45%
使用酵母	熊本酵母 高知酵母 協會1801號
日本酒度	+3左右
酒精度數	16～17度

風味深奧且均衡感絕佳的酒款

這家酒藏創業於慶長8（1603）年，擁有400多年的歷史，是高知縣最古老的酒藏，且與坂本龍馬有很深的淵源。「司牡丹」是由擔任明治新政府的宮內大臣——佐川出身的田中光顯伯爵命名。該酒藏提倡品質至上主義，以「源、和、創、獻」為社訓。共獲得25次日本全國新酒鑑評會的最高金賞。

這款酒是將最頂級的酒造好適米「山田錦」精米磨成45%，並用任淀川水系的湧泉釀造。具有高雅的吟釀香與優雅柔和的淡麗辛口風味，同時也能品嚐到富有深度的滋味，堪稱極品。

////// 這款也強力推薦！//////

船中八策 純米酒

純米酒

原料米 山田錦・五百萬石等／精米比例 60%／使用酵母 熊本酵母／日本酒度 +8左右／酒精度數 15～16度

充滿土佐浪漫 風味鮮明的辛口烈酒

「船中八策」一名來自坂本龍馬在船上所提出的新政府體制的8大基本方針。

這款酒具有天然的香氣與酒米滑順濃郁的滋味，餘韻十分清爽俐落，不愧是土佐的辛口純米酒。冷飲至爛酒皆宜，可用各種不同的溫度享用。

無手無冠 純米生原酒

純米酒

DATA			
原料米	麴米：風鳴子 掛米：日之光	使用酵母	協會7號
精米比例	麴米65% 掛米70%	日本酒度	+5
		酒精度數	18.2度

活用四萬十川的資源釀成的地酒

這家酒藏位在四萬十川流域充滿綠意的山區，在釀造地酒時，徹底活用鄉土資源。這款酒只使用以有機肥料栽種的稀有減農藥米，並以手工方式細心地釀出講究的風味。可品嚐到沉穩的香氣與米的鮮味。

////// 這款也強力推薦！//////

無手無冠 特別純米酒

特別純米酒

原料米 麴米：吟之夢・掛米：吟之夢／精米比例 麴米55%・掛米55%／使用酵母 協會701號／日本酒度 +5／酒精度數 16.5度

真正的稻米才有的 純正鮮味

這款酒的香氣內斂且口感清爽，可以品嚐到米的扎實鮮味。與料理的搭配度很高，最適合當作餐中酒飲用。

四國的
各種日本酒

在此介紹四國的古酒、濁酒與氣泡日本酒。

氣泡酒

愛媛縣 千代之龜酒造

梨風

使用愛媛縣產的米，釀出風味有如白酒般的氣泡酒。清爽的氣泡口感很適合搭配西式料理。還被選為坎城影展正式酒會上提供的招待酒。

高知縣 濱川商店

美丈夫しゅわっ!!

將碳酸氣泡仔細地注入吟釀酒中，帶有細膩氣泡的清爽風味。可加冰塊與柑橘類水果飲用，或當成雞尾酒的基酒使用，兩者都很好喝。

濁酒

德島縣 芳水酒造

濁酒

這款充滿香氣的淡麗辛口濁酒，非常適合搭配重口味的料理。清爽俐落的餘韻十分具有魅力。不論以冷飲、冷酒或加冰塊方式飲用，都很美味。

愛媛縣 成龍酒造

伊予賀儀屋無過濾味口本醸造薄濁酒

保留濃厚俐落的口感，是本醸造中猶帶著沉澱物的珍貴濁酒，為酒藏的限定商品。建議加入冰塊享受清爽的風味。

古酒

德島縣 **本家松浦酒造**

鳴門鯛 純米吟釀 大古酒

將純米吟釀酒置於酒藏中，花20年時間慢慢熟成的秘藏酒。具有雪莉酒般的馥郁香氣與濃厚的酸味，可享受餘韻繚繞不散的滋味。

香川縣 綾菊酒造

綾滴 大吟釀十年古酒

將最頂級的大吟釀酒置於酒藏中慢慢熟成的古酒。經過10年的時間後，酒液會呈現淡淡的琥珀色，可以感受到優雅的風味。建議稍微冰鎮後再飲用。

其他氣泡酒&濁酒&古酒

種類	縣府	藏元	商品名稱	概要
氣泡酒	高知	菊水酒造	氣泡清酒 きららきくすい	保有日本酒原本的優點，口感卻像香檳一樣清爽暢快。這是一款加有金箔的甘口酒。
濁酒	愛媛	雪雀酒造	ゆきひといろ	這款活性濁酒可以感受到躍動的氣泡感與醇濃厚的鮮甜滋味。屬於冬季限定商品。
濁酒	高知	高木酒造	純米吟釀 いとをかし 活性薄濁	具有蘋果般的香氣與醇甜風味，十分容易入口，很受女性歡迎。建議充分冰鎮後再飲用。
古酒	德島	齋藤酒造場	御殿櫻 純米古酒 長期熟成	這款酒藉由長期熟成使溫和感與濃郁度倍增。適合搭配中華料理等口味較重的料理。
古酒	德島	吉本釀造	秘藏酒 眉山之夢	置於酒藏中慢慢熟成的秘藏酒。具有優質的香氣與深奧的風味。建議加冰塊或冰鎮後飲用。

九州・沖繩的酒

佐賀縣

每人平均清酒消費量居九州第一

由於江戶時代佐賀藩獎勵釀酒，因此成為燒酒王國九州中以釀造日本酒為主的縣。經典酒款是甘口的普通酒，但近年來因該縣自有的酒米「佐賀之華」與「卑彌呼酵母」相繼登場，也讓風味高雅的佐賀吟釀愈來愈有人氣。

代表性酒藏

- 天山酒造（p.211）
- 天吹酒造（p.212）
- 富久千代酒造（p.217）

長崎縣

愈來愈多人加入釀造吟釀酒的行列

縣內共有25家藏元。雖然位在燒酒文化色彩甚濃的地方，但近年來致力於提升長崎酒的飲用人數，因此有酒藏開始自行栽種「山田錦」，並紛紛投入釀造吟釀酒。酒質多為柔和的偏甜風味。

代表性酒藏

- 杵之川（p.221）
- 今里酒造（p.221）

熊本縣

孕育出9號酵母的吟釀酒製造商

該縣以人稱球磨燒酒的米燒酒聞名，但在熊本市和菊池市的周邊地區卻擁有根深蒂固的清酒文化。甚至有吟釀酒製造商因發現「熊本酵母」（現在的協會9號酵母），而對吟釀酒的釀造做出莫大的貢獻。以五味均衡且濃醇扎實的酒質為主流。

代表性酒藏

- 熊本縣酒造研究所（p.224）
- 山村酒造（p.225）
- 龜萬酒造（p.227）

鹿兒島縣

因清酒釀造復活而誕生出全新的薩摩酒

該縣原本是以地瓜燒酒為主，但相隔40年後，某間酒藏重啟了清酒的釀造。利用市來串木野市的冠岳伏流水為釀造用水，釀出純米酒和純米吟釀酒，因此誕生了全新的薩摩酒。

代表性酒藏

- 薩摩金山藏（p.234）

福岡縣

被稱為「九州的灘」的山田錦產地

運用筑後平原栽種出的優質米與筑後川的豐沛水源，自古便很盛行釀酒。加上是繼兵庫縣之後的山田錦產地，因此又被稱為「九州的灘」。縣內約有70家酒藏，酒質非常多樣化。很早開始便鼓勵地產地消的釀酒方式，近年來更誕生了該縣自有的酒米「夢一獻」。

代表性酒藏

- 白糸酒造（p.200）
- 杜之藏（p.207）
- 三井之壽（p.205）
- 高橋商店（p.208）

大分縣

自江戶時代起便是釀酒勝地

由於山區較多且冬季氣候寒冷，因此相當盛行釀造日本酒。江戶時代還曾上貢名為「麻地酒」的美酒給幕府。近年來有愈來愈多酒藏使用新誕生的縣產米「戀心（こいごころ）」來釀酒。多為濃醇甘口酒。

代表性酒藏

- 濱嶋酒造（p.229）
- 西之譽銘釀（p.231）
- 薰長酒造（p.230）

宮崎縣

打破南九州
沒有得獎酒藏的歷史

該縣生產的酒，以燒酒的量占壓倒性的多數。釀造清酒的酒藏，只有位於延岡市與宮崎市山區的2家酒藏。延岡市的酒藏曾獲得鑑評會的金賞，宮崎市的酒藏則致力於吟釀酒的釀造。

代表性酒藏

- 千德酒造（p.233）

沖繩縣

導入冷氣設備來製造清酒

只有宇流麻市裡有一家酒藏在釀造清酒。該酒藏導入冷氣設備，並使用外縣市的米為原料來釀造純米吟釀與本釀造等清酒。雖然製造量少，但身為泡盛王國‧沖繩最早的日本酒，目前正受到矚目。

代表性酒藏

- 泰石酒造（p.234）

白糸 糸島產山田錦純米酒 田中六五

福岡

白糸酒造

糸島市

純米酒

DATA			
原料米	山田錦	日本酒度	不公開
精米比例	65%	酒精度數	15度
使用酵母	不公開		

在山田錦農田的環繞下 精心釀成的一款酒

這家酒藏創業於安政2（1855）年，位在福岡縣西部的糸島。山田錦被視為最頂級的酒米，而這家酒藏便以「四周環繞著種植山田錦的農田」聞名。採用全日本罕見的古法「撥木搾」進行壓搾作業。撥木搾是將醪裝進酒袋後堆積在木槽裡，接著把重石吊在作為支柱的撥木上，利用槓桿原理慢慢加壓以搾出酒液的製法。由數名壯漢一起將重達1.2噸的石頭吊起，場面非常震撼。如此費時費工釀出的純米酒田中六五具有深奧的滋味，以及清爽的甜味與鮮味，這是一款別處絕對品嚐不到的極品酒。

福岡

／／／／／ 這款也強力推薦！ ／／／／／

喜藏50 純米吟釀酒

純米吟釀

原料米 福岡縣產山田錦／精米比例 50%／使用酵母 協會9號／日本酒度 不公開／酒精度數 15度

福岡縣糸島產酒米 孕育出的吟釀酒

將糸島農家細心栽種出的「山田錦」精米磨成50%，再用協會9號酵母進行釀造。這款酒採用撥木搾法釀出溫和的風味。充滿酒米扎實的鮮味，果香餘韻無窮。建議以冷酒方式飲用。

綾杉 純米原酒

福岡

綾杉酒造場

福岡市南區

純米酒

DATA	
原料米	夢一獻
精米比例	麴米60% 掛米65%
使用酵母	協會7號
日本酒度	+4
酒精度數	17度

具有日本酒愛好者喜歡的濃醇旨口風味

寬政5（1793）年在福岡市天神創業的老字號酒藏。運用米的風味，持續釀酒超過200年。這款酒具有扎實的鮮味，讓愛好者們感佩不已。最適合以冷酒方式飲用，但即使加熱成溫燗，或在夏天加冰塊飲用，都很美味。

／／／／／ 這款也強力推薦！ ／／／／／

綾杉 上撰

吟釀酒

原料米 夢一獻／精米比例 70%／使用酵母 協會7號／日本酒度 +0.5／酒精度數 15度

口感柔滑的甘口酒，適合每天飲用

採用上撰釀造法，由麴釀出的柔和甜味十分受歡迎。從冷酒至熱燗皆宜，最適合每晚小酌一番。

福岡

吟釀 如水

吟釀酒

DATA

原料米	山田錦 夢一獻	使用酵母	協會9號
		日本酒度	+3
精米比例	55%	酒精度數	15.3度

持續受博多人喜愛的辛口地酒

博多僅存的釀酒商。「如水」是酒藏具代表性的品牌，名字取自福岡藩組的黑田如水（官兵衛）。酒米使用山田錦與夢一獻，採低溫發酵釀出偏辛口的風味，每一口都嚐得到清爽的口感。建議用玄界灘的海鮮當下酒菜，以冷酒或冷飲方式飲用。

///// 這款也強力推薦！ /////

氣泡清酒 あわゆら

原料米 日之光／精米比例 70%／使用酵母 福岡夢酵母／日本酒度 −60～−80／酒精度數 7度

使用「福岡夢酵母」很受女性歡迎的酒

這款酒的酒精度數只有一般日本酒的一半左右。加上酸味清爽，很受女性歡迎。爽口的風味來自酵母釋出的蘋果酸。

大吟釀 筑紫野

大吟釀酒

DATA

原料米	山田錦	日本酒度	+5
精米比例	38%	酒精度數	15度
使用酵母	自社酵母		

用水井湧出的寶滿山伏流水釀造

這家福岡縣歷史最悠久的酒藏創業於延寶元（1673）年。這款酒使用最頂級的酒米「山田錦」並採手工釀造，具有淡淡的高雅香氣，不會搶過料理的風味。雖然是辛口酒，仍能品嚐到米的甜味。口味溫和，讓人百喝不膩。建議飲用冷酒。

///// 這款也強力推薦！ /////

大賀 純米吟釀

純米吟釀酒

原料米 山田錦／精米比例 60%／使用酵母 自社酵母／日本酒度 ±0／酒精度數 15度

2015年春天推出的新品牌

這款偏辛口風味的酒具有溫和的香氣，讓人百喝不膩。「山田錦」的鮮味會在口中擴散，讓人一杯接一杯。建議飲用冷酒。

萬代 大吟釀

大吟釀酒

DATA

原料米	福岡縣產 山田錦	使用酵母	KMR酵母
		日本酒度	+5
精米比例	35%	酒精度數	15度

第一杯到最後一杯皆美味的酒

寬政4（1792）年創業。水、原料米、釀造法，這家酒藏對於釀酒的一切都很講究。「萬代」在博多當地經常被當成祝賀酒。芳醇的果香風味與濃厚的鮮味完美調和，是杜氏灌注所有心力釀出的一瓶酒。最適合以冷酒方式飲用。

///// 這款也強力推薦！ /////

博多之森 超辛口純米酒

純米酒

原料米 福岡縣產山田錦／精米比例 60%／使用酵母 熊本酵母／日本酒度 +9／酒精度數 15度

新感覺的超辛口純米酒

雖然是超辛口酒，但十分爽口順喉，讓人感受不到辛味。餘韻清爽且帶有鮮味。建議飲用冷酒。也可冷飲或以熱燗方式享用。

西乃藏 純米大吟釀 滿壽美人

福岡

光酒造

糟屋郡粕屋町

純米大吟釀酒

DATA			
原料米	山田錦	日本酒度	+4
精米比例	50%	酒精度數	15度
使用酵母	鈴木酵母		

使用「山田錦」釀造、達參賽水準的酒

昭和34（1959）年創業。歷經燒酒的製造販賣之後，開始研發清酒「西乃藏」。這款純米大吟釀是使用最頂級的酒造好適米「山田錦」，並徹底採用手工方式釀造。具有溫和高雅的香氣、柔滑的口感與清爽順喉的餘韻。是福岡罕見的辛口酒。

///// 這款也強力推薦！/////

西乃藏 純米酒

純米酒

原料米 夢一獻／精米比例 65%／使用酵母 鈴木酵母／日本酒度 +3／酒精度數 15度

可享受酒米特有香氣的淡麗辛口純米酒

風味雅致的偏辛口酒。清爽的滋味中帶有濃郁的鮮味。口感十分柔和，充滿純米酒濃郁芳醇的香氣。

楢之露 純米大吟釀

福岡

勝屋酒造

宗像市

純米大吟釀酒

DATA			
原料米	山田錦	日本酒度	+6.5
精米比例	40%	酒精度數	15.5度
使用酵母	協會9號		

名字來自宗像大社的御神木「楢木」

這家酒藏創業於寬政2（1790）年。負責釀造提供給宗像大社的御神酒，致力於以傳統技法和手工方式釀造講求品質的酒。是只有5名藏人的小酒藏。這款大吟釀是使用富含礦物質的城山伏流水並採低溫發酵方式，釀出讓人喝了還想再喝的風味。

///// 這款也強力推薦！/////

沖之島 特別本釀造

特別本釀造酒

原料米 山田錦／精米比例 70%／使用酵母 協會9號／日本酒度 +2.5／酒精度數 15.5度

用當地米釀出甜味香濃的特別本釀造酒

這款特別本釀造是以當地契作農家栽種的酒米「山田錦」釀造。帶有淡淡的清爽甜味。建議以冷酒或溫爛方式飲用。

豐盛 原酒

福岡

豐村酒造

福津市

DATA	
原料米	麗峰（レイホウ）
精米比例	70%
使用酵母	協會7號
日本酒度	−1.5
酒精度數	19度

持續釀造地酒，販售對象以本地為主

明治7（1874）年創業。堅守代代傳承下來的製法，持續釀造講究的日本酒。這款酒沒有加任何一滴水，直接將釀酒槽中的酒液裝瓶。具有奢華的香氣與濃郁的口感，可以品嘗到風味濃厚的傳統日本酒。建議飲用冷酒。

///// 這款也強力推薦！/////

豐盛 純米酒

純米酒

原料米 山田錦／精米比例 60%／使用酵母 協會9號／日本酒度 +9／酒精度數 15度

保有昔日風情的小鎮所釀造的溫和純米酒

堅持只用米和水作為純米酒的原料。具有豐富的含香，十分溫和順喉。濃縮了日本酒原有的美味。

寒北斗 純米大吟釀 吟遊

純米
大吟釀酒

DATA	
原料米	山田錦
精米比例	35%
使用酵母	熊本酵母
日本酒度	+4
酒精度數	16度

福岡

寒北斗酒造

嘉麻市

風味清爽，宛如夜空中閃耀的北斗七星

這家酒藏創業於享保14（1729）年。「寒北斗」是使用當地的酒米「山田錦」，以及從自家水井汲取的遠賀川伏流水，採用長期低溫發酵等講究的製法釀成。具有高貴優雅的香氣與沉穩的風味。建議以冷酒方式飲用。

///// 這款也強力推薦！ /////

寒北斗 純米

純米酒

原料米 山田錦・夢一獻／精米比例 55%／使用酵母 協會901號／日本酒度 +3.5／酒精度數 15度

如對待自己小孩般細心釀造的清酒

酒藏的經典酒。這款酒藏自豪的手工清酒，具有溫和的香氣與喝不膩的鮮味。建議當作餐中酒，冷酒與爛酒皆宜。

一鳥萬寶 純米酒

純米酒

DATA			
原料米	合鴨農法無農藥栽培米日之光	使用酵母	協會9號
		日本酒度	−3
精米比例	60%	酒精度數	15度

福岡

瑞穗菊酒造

飯塚市

稻米盛產地特有的手工釀造酒

這家小酒藏於明治元（1868）年創業，位在美味稻米的產地。以追求品質為目標，不忘傳統產業的驕傲，並由藏元擔任杜氏。這款酒使用以合鴨農法栽種的無農藥栽培米。口味清爽且略偏甘口，風味具有深度。適合以冷酒或溫爛方式飲用。

///// 這款也強力推薦！ /////

五穀豐穰 純米吟釀

純米吟釀酒

原料米 山田錦／精米比例 55%／使用酵母 協會9號／日本酒度 +3／酒精度數 15度

使用福岡當地米釀造如假包換的地酒

這款略偏辛口的酒大量使用福岡縣糸島產的「山田錦」，具有溫和的果實風味。香氣十分均衡。建議以冷酒或冷飲方式飲用。

庭之鶯 （庭のうぐいす） 特別純米

特別純米酒

DATA			
原料米	夢一獻	日本酒度	+3
精米比例	60%	酒精度數	15度
使用酵母	自社酵母		

福岡

山口酒造場

久留米市

讓人想續杯的酒

這家酒藏創業於天保3（1832）年。因看見從北野天滿宮飛來的樹鶯用庭院裡的湧泉潤喉，便以此命名。此後180多年，持續釀造扎根於生活的酒。這款風味清爽俐落的酒很容易入口，帶有新鮮輕盈的口感。爽快感十足，讓人百喝不膩。

///// 這款也強力推薦！ /////

庭之鶯 純米吟釀
（庭のうぐいす）

純米吟釀酒

原料米 夢一獻／精米比例 50%／使用酵母 自社酵母／日本酒度 ±0／酒精度數 15度

銘釀地筑後特有風味水潤清新的地酒

近年來，「庭之鶯」在日本全國的粉絲急速增加。果實的香氣與甜味、酸味形成完美的平衡，是相當受歡迎的一款酒。

福岡

山之壽 大吟釀

山之壽酒造

久留米市

大吟釀酒

DATA
原料米	山田錦
精米比例	40%
使用酵母	自社酵母
日本酒度	不公開
酒精度數	17度

讓地方人士感到驕傲的酒

文政元（1818）年創業。平成3（1991）年第19號颱風對九州造成了莫大的損害，酒藏也因此全毀。2年後重建完成，又重新開始釀酒。這款酒帶有新鮮的果實香氣，溫和馥郁的滋味能自然地沁入心脾。

▨▨▨▨ 這款也強力推薦！▨▨▨▨

山之壽 純米吟釀

純米吟釀酒

原料米 山田錦／精米比例 55%／使用酵母 自社酵母／日本酒度 不公開／酒精度數 16度

帶有果汁般香氣的純米吟釀酒

這款酒充滿西洋梨與荔枝般的甜甜香氣與風味。兼具純米酒的豐富滋味與大吟釀的氣質，口感非常爽口。

筑紫之譽 大吟釀酒

筑紫之譽酒造

久留米市

大吟釀酒

DATA
原料米	山田錦
精米比例	40%
使用酵母	協會7號
日本酒度	+2
酒精度數	15度

堅持採用昔日的傳統製法

自明治30（1897）年創業以來，便採用一開始就以木製「甑」蒸米的釀酒法。活用手工釀造的優點，以少量生產方式進行釀酒。這款酒是將原料米「山田錦」以低溫發酵釀成，具有果香與濃郁的滋味。略偏辛口。

▨▨▨▨ 這款也強力推薦！▨▨▨▨

筑紫之譽 特別純米酒

特別純米酒

原料米 夢一獻／精米比例 60%／使用酵母 協會7號／日本酒度 +5／酒精度數 15度

以筑後川才抓得到的「鱇魚」當下酒菜

這款辛口酒的口感十分柔和，可品嚐到酒原有的鮮味。最適合搭配筑後川的名產「鱇魚」享用。冷酒或溫燗皆宜。

若竹屋 純米吟釀 溪

若竹屋酒造場

久留米市

純米吟釀酒

DATA
原料米	山田錦
精米比例	50%
使用酵母	協會9號系
日本酒度	+2
酒精度數	15度

酒藏自豪的酒款，集日本酒之大成

元祿12（1699）年創業。由於賣酒是必須與人接觸的行業，因此致力於將「自然的正確態度」傳承給下一代，持續以獨特的方式釀酒。這款具代表性的純米吟釀，清爽滑順的口感可突顯米的鮮味。冷酒或溫燗皆宜。

▨▨▨▨ 這款也強力推薦！▨▨▨▨

若竹屋 博多練酒

原料米 夢一獻‧糯米／精米比例 70%／使用酵母 協會9號／日本酒度 −140／酒精度數 3度

入口即化的口感與酸甜滋味很受歡迎

酒精度數低、宛如優格般的口感都是這款「博多練酒」獨有的特色。很受女性歡迎，建議冰鎮後再飲用。

三井之壽 純米吟釀 芳吟

純米吟釀酒

DATA		
原料米	山田錦	日本酒度 +3
精米比例	55%	酒精度數 15度
使用酵母	自社酵母	

釀酒的座右銘是
化學與品味及熱情

這家酒藏創業於大正11（1922）年，由藏元擔任杜氏。在2014年日本全國新酒鑑評會中，該酒藏的獲獎率高達9成以上，成績斐然，並連續4年獲得福岡縣酒類鑑評會的金賞。以釀酒需要「化學與品味及熱情」為座右銘，釀造的日本酒有9成以上都是純米酒。

這款酒使用糸島當地生產的酒米「山田錦」，以及流經酒藏旁的小石原川伏流水釀造。「三井」是因為昔日共有3個湧泉水井而得名，在水資源如此豐富的土地上釀出的「三井之壽」，具有溫和的酸味與鮮味，口味非常調和且富有深度。

山廢純米大辛口
辛釀 **美田**

純米酒

原料米 山田錦／精米比例 70%／使用酵母 自社酵母／日本酒度 +14／酒精度數 16度

清爽的餘韻極具魅力的
超辛口酒

不添加乳酸，打造出只有自然產生的好菌，而沒有任何有害雜菌的環境，並採用培養酵母的山廢釀造法。這款酒充滿溫和的香氣與山廢特有的鮮味和清爽感。同時還帶有酸味，為百喝不膩的超辛口酒。冷飲或燗酒皆宜。

駿 純米酒

純米酒

DATA	
原料米	山田錦
精米比例	60%
使用酵母	協會9號
日本酒度	+2
酒精度數	15度

在所有住戶皆使用天然水的名水城市釀酒

這家酒藏創業於明治26（1893）年。這款酒是使用日本名水百選「清水湧水」的源流——「耳納連山」的伏流水釀成，酒質細緻，即使每天喝也不會膩。爽口感與鮮味融合得恰到好處。建議飲用冷酒，溫燗也很美味。

駿 跳馬 吟釀酒

吟釀酒

原料米 山田錦／精米比例 55%／使用酵母 協會9號／日本酒度 +4／酒精度數 15度

市內唯一的釀酒商
福岡的代表性地酒

這款酒具有高雅的香氣與深奧的滋味。爽快感、酸味、鮮味與甜味十分均衡，讓人百喝不膩。建議以冷酒方式飲用。

比翼鶴 上撰

福岡　比翼鶴酒造　久留米市

本釀造酒

DATA

原料米	麴米：吟之里 掛米：夢一獻	使用酵母	協會7號
		日本酒度	+2
精米比例	70%	酒精度數	15度

最適合晚酌，讓人喝了還想再喝的口味

酒藏腹地內擁有淨水廠和精米所。使用從地下200公尺汲取上來的筑後川伏流水，以及自家精米研磨的當地酒米為原料，釀出溫和的口感與扎實的酒質。從冷酒至爛酒都很好喝，可用各種不同的溫度品嚐。

/////// 這款也強力推薦！///////

耶馬寒梅 特別純米酒

特別純米酒

原料米 夢一獻／精米比例 55%／使用酵母 協會9號／日本酒度 ±0／酒精度數 15度

扎實的風味中帶有高雅的香氣

這款酒具有扎實的風味與餘韻，可以襯托料理的美味。純正的滋味讓人能安心飲用，在料理店是很受歡迎的餐中酒。

池龜 黑兜 山田錦 純米吟釀

福岡　池龜酒造　久留米市

純米吟釀酒

DATA

原料米	福岡縣產 山田錦	使用酵母	自社酵母
		日本酒度	−2～±0
精米比例	50%	酒精度數	15度

以釀出能讓人驚喜與感動的酒為目標

這家酒藏於明治8（1875）年在筑後川畔創業。在堅守優良傳統的同時，也勇於挑戰嶄新的釀酒方式。「黑兜」是使用黑麴釀造而成的珍貴酒款。擁有奢華的香氣與濃稠的口感，同時還帶有葡萄酒般清爽的酸味。最建議以冷酒方式飲用。

/////// 這款也強力推薦！///////

池龜 蓑龜 純米酒

純米酒

原料米 福岡縣產日之光／精米比例 75%／使用酵母 自社酵母／日本酒度 +4～+6／酒精度數 15度

口感輕盈，能搭配和食與西餐的純米酒

如吟釀酒般以低溫慢慢釀造的辛口酒。口感輕盈且尾韻俐落。可當作日常酒飲用。建議以冷酒或溫爛方式品嚐。

旭菊 大吟釀 雫

福岡　旭菊酒造　久留米市

大吟釀酒

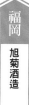

DATA

原料米	山田錦	日本酒度	+5
精米比例	38%	酒精度數	17度
使用酵母	熊本9號		

不受流行左右的均衡香氣

這家酒藏創業於明治33（1900）年，持續釀造能搭配料理且香氣與滋味均衡的酒。這款酒是用斗瓶收集一滴一滴的酒液而成，奢華的香氣與鮮味絕妙地調和。可品嚐到原料酒米山田錦原有的清淡鮮味。屬於風味溫和，讓人百喝不膩的餐中酒。

/////// 這款也強力推薦！///////

綾花 特別純米酒 瓶圍

特別純米酒

原料米 山田錦／精米比例 60%／使用酵母 協會9號／日本酒度 +5／酒精度數 15度

完成度很高的純米酒

採用瓶裝貯藏方式，兼具「山田錦」柔和的口感與鮮味滋味，非常順喉。充滿細膩的風味與香氣。建議以溫爛方式飲用。

福岡

獨樂藏 玄 圓熟純米吟釀

純米吟釀酒

DATA			
原料米	福岡縣產 山田錦	使用酵母	協會9號系
		日本酒度	＋5
精米比例	55%	酒精度數	15度

入口時帶給人安心感與豐郁的滋味

這家酒藏創業於明治31(1898)年，為追求更好的水質而於大正9(1920)年遷至現址。酒藏所在地有筑後川緩緩流過，該流域還擴及豐饒的穀倉地帶，自然資源十分豐富，自古便有許多酒藏，至今仍繼續傳承深具歷史的釀酒法。使用福岡縣的酒米與從酒藏地下汲取的清淨水源，全心投入純米酒的釀造。

「獨樂藏」是配合現代多樣化的飲食而釀出的酒。釀好後置於專用貯藏庫中慢慢熟成。充滿沉穩圓潤的滋味與香氣。建議冷飲，先讓酒與空氣融合後再喝，或是加熱成燗酒飲用。

這款也強力推薦！

杜之藏 純米吟釀 翠水

純米吟釀酒

原料米 福岡縣產夢一獻／精米比例 55%／使用酵母 協會9號系／日本酒度 ＋3／酒精度數 15度

利用大自然的恩賜釀出清新的香味

使用福岡縣內契作栽培的酒米「夢一獻」。講究米與酒質間的關聯性，並應用在釀酒上。具有輕盈的吟釀香與高雅的甜味，並散發淡淡的鮮味。不帶雜味且口感清爽，讓人忍不住一杯接一杯。建議稍微冰鎮後再飲用。

比良松 純米大吟釀 40

純米大吟釀酒

DATA			
原料米	山田錦	日本酒度	－5
精米比例	40%	酒精度數	15度
使用酵母	協會901號		

堅持地產原則故冠上當地名稱

自江戶後期創業至今，已擁有220年的歷史。「比良松」是隔了約100年才推出的清酒新品牌。使用當地農家生產的酒米與當地的地下水，並由當地的專家釀造，甜味、鮮味與酸味十分均衡，風味極富深度，堪稱極品。建議稍微冰鎮後再飲用。

這款也強力推薦！

比良松 純米吟釀 60

純米吟釀酒

原料米 山田錦／精米比例 60%／使用酵母 協會901號／日本酒度 －1／酒精度數 15度

重視酒米原有香氣與甜味的甘旨口酒

這款酒具有淡淡的甜味與適度的酸味，口感十分清爽。目標是釀出讓人能輕鬆購買的酒。

喜多屋 大吟醸 極釀

福岡 喜多屋

八女市

大吟醸酒

DATA

原料米	福岡縣產山田錦	使用酵母	不公開
精米比例	35%	日本酒度	+3～+5
		酒精度數	16～17度

2013年IWC的冠軍日本酒

這家酒藏創業於江戶時代的文政年間。使用福岡縣糸島產的「山田錦」，並像呵護自己小孩般讓酒米發酵，而且完全不施加壓力，採取雫搾方式收集酒液。這款酒具有優雅奢華的香氣，風味清澈芳醇，深受好評。

喜多屋50 純米大吟醸

純米大吟醸酒

原料米 山田錦・雄町／精米比例 50%／使用酵母 不公開／日本酒度 +2～+4／酒精度數 15～16度

運用所有釀酒技術
投入全身全靈釀出的極品

將酒米「山田錦」與「雄町」精米磨成50%，釀出充滿香且豐郁深奧的滋味。適合搭配所有和食享用。

繁桝 純米大吟醸 雫搾（しずく搾り）

福岡 高橋商店

八女市

純米大吟醸酒

DATA

原料米	山田錦	日本酒度	+2
精米比例	40%	酒精度數	16～17度
使用酵母	不公開		

獲得19次
日本全國新酒鑑評會金賞

這家酒藏於享保2（1717）年在福岡縣南部、九州第一穀倉地帶的筑後平原八女市創業，擁有約300年的歷史。從釀酒的酒藏到屋頂的瓦片，處處都能感受到這家釀酒商的歷史。

「繁桝」使用福岡縣產的酒造好適米「山田錦」，並以自家精米機磨去不必要的雜質。釀造用水是富含礦物質的矢部川伏流水。使用嚴選的原料，並經過多道嚴謹的手工作業仔細釀造後，只收集一滴一滴落下的酒液而成。這款略偏辛口風味的酒，兼具奢華的香氣與溫和的風味。建議以冷飲、溫爛或冷酒方式飲用。

箱入娘 大吟醸

大吟醸酒

原料米 山田錦／精米比例 40%／使用酵母 不公開／日本酒度 +4／酒精度數 16～17度

如同其名，像在呵護
自己女兒般所釀出的酒

這款辛口酒是以好米好水，再加上純熟的技術精心釀成。具有清爽的吟醸香與俐落的尾韻。可搭配發揮食材美味的清淡和食，或是奶油燉菜和高麗菜捲等西餐。建議以冷酒或冷飲方式飲用。

福岡

金襴藤娘 大吟釀 原酒

大吟釀酒

DATA	
原料米	山田錦
精米比例	40%
使用酵母	協會9號
日本酒度	+5
酒精度數	17.5度

具有原酒獨特的強勁風味

這家酒藏創業於延寶5（1677）年。利用豐沛的優質地下水及超過330年的歷史與傳統技術釀出的酒，曾5次獲得日本全國新酒鑑評會金賞。這款大吟釀具有扎實的鮮味，香氣不會太強。建議冰鎮後搭配生魚片等料理。

／／／／／／ 這款也強力推薦！ ／／／／／／

金襴藤娘 生貯藏

原料米 夢一獻／精米比例 55%／使用酵母 協會9號／日本酒度 +5／酒精度數 15.5度

將福岡縣產的米「夢一獻」精米磨成55%

這款酒是以利用槓桿原理的「撥木搾」壓搾而成。具有淡淡的吟釀香與清爽的口感，餘韻十足。

國之壽 純米大吟釀 百花撩亂

純米大吟釀酒

DATA	
原料米	福岡縣產山田錦
精米比例	40%
使用酵母	協會1801號 協會1401號
日本酒度	−2
酒精度數	15度

用福岡酒中罕見的硬水釀成的酒

明治23（1890）年創業。日野酒造是以水鄉聞名的柳川市裡唯一的酒藏。堅守優良的傳統，只使用酒米釀出這款純米大吟釀酒「百花撩亂」。這是一款絕無僅有的辛口酒，風味強烈，帶有奢華的吟釀香與清爽的口感。

／／／／／／ 這款也強力推薦！ ／／／／／／

國之壽 純米吟釀 壽限無

純米吟釀酒

原料米 福岡縣產壽限無／精米比例 50%／使用酵母 協會1801號・協會1401號／日本酒度 +1／酒精度數 15度

使用當地酒米釀出受當地人喜愛的酒

以當地酒米「壽限無」釀成的純米吟釀酒。香氣濃郁，風味清爽。鮮味十分溫和。建議以冷酒或冷飲方式飲用。

神力 純米大吟釀

純米大吟釀酒

DATA			
原料米	神力	日本酒度	+3
精米比例	50%	酒精度數	16.5度
使用酵母	協會9號		

使用夢幻酒米釀造的大吟釀

這家酒藏創業於明治11（1878）年，在擁有清冽山泉水的地方開始釀酒。「神力」是酒米的品種之一，這款夢幻酒米被視為「山田錦」的原種。即使是大吟釀酒，香氣也不會太過強烈，反而會突顯出酒米的風味。滋味清爽又富有特色。

／／／／／／ 這款也強力推薦！ ／／／／／／

玉水 普通酒

原料米 不公開／精米比例 不公開／使用酵母 協會7號／日本酒度 +1／酒精度數 15.5度

細心釀造出充滿果香的酒

使用嚴選的水和米，並以傳統手工釀造而成的經典酒款。十分容易入喉，適合每天晚上小酌一番。建議加熱成燗酒飲用。

九州菊 純米大吟釀

福岡

林龍平酒造場

京都郡京都町

純米
大吟釀酒

DATA			
原料米 山田錦	日本酒度 +3
精米比例 45%	酒精濃度數 15度
使用酵母 協會9號	

堅持使用無農藥米釀造的當地酒

這家酒藏於天保8（1837）年，在適合釀酒的山明水秀之地創業。「九州菊」是因為第3代老闆深愛菊花，再加上菊花代表繁榮，便因此命名。這款香氣內斂的大吟釀，口感非常清爽。不論冷酒或溫燗都能暢快飲用。

這款也強力推薦！

九州菊 限定大吟釀

大吟釀酒

原料米 山田錦／精米比例 35%／使用酵母 協會9號／日本酒度 +5／酒精濃度數 15度

嚴選酒米、吟味好水 使用名水釀出的名酒

將糸島產「山田錦」精米磨成35%，釀出具有鮮味與爽口感的大吟釀。這款酒的生產數量有限。冷酒或燗酒皆宜。

若波 純米吟釀

福岡

若波酒造

大川市

純米
吟釀酒

DATA	
原料米	山田錦 夢一獻
精米比例	55%
使用酵母	不公開
日本酒度	不公開
酒精濃度數	16度

甜甜的香氣中帶有酸味與輕快感的酒

這家酒藏創業於大正11（1922）年。擁有九州第一大河筑後川的豐沛水源，在盛行釀酒的土地上細心地釀造日本酒。以軟水釀成的「若波」具有柔和高雅的甜味，還能從中嚐到酸味與溫和的滋味。適合搭配魚貝類料理。

這款也強力推薦！

若波 純米吟釀 壽限無

 純米
吟釀酒

原料米 壽限無／精米比例 55%／使用酵母 不公開／日本酒度 不公開／酒精濃度數 16度

帶有豐潤的鮮味與溫和細膩的風味

使用以酒米「山田錦」和「夢一獻」交配而來的新品種「壽限無」。具有酒米富有深度的溫和鮮味與輕快的口感。

福岡

COLUMN 酒器

挑選符合日本酒特性的大小、形狀與材質

若要享受華麗的酒香，選用能讓香氣散發出來的較大玻璃杯為佳。若是冷酒，則挑選可以在酒變溫前喝完的小型酒器。硬質的瓷器或玻璃容器，應該與沁涼的飲用口感十分契合。品飲燗酒的話，則選擇具保溫效果的厚質陶器或錫製酒器。

想要帶出香氣就選用喇叭口杯（照片右方）；若要細細品味香氣，則挑選易於匯聚香氣的鬱金香型酒杯（照片左方）。

品飲燗酒時，選擇不易降溫、厚質的陶器較為合適。

品飲冷酒時，就口的觸感冰涼且硬質的瓷器或玻璃製酒器比較適合。

佐賀 大和酒造

佐賀市

大吟醸 元祿 肥前杜氏

大吟醸酒

DATA

原料米	佐賀縣產山田錦	日本酒度	+3
精米比例	35%	酒精度數	16度
使用酵母	協會1801號・佐賀酵母F7		

堅持使用佐賀縣產的酒米與清水

昭和50（1975）年由4家釀酒廠合併而成的酒藏。「元祿 肥前杜氏」是使用背振山系的伏流水與「山田錦」為原料釀成的頂級酒，可以品嚐到高雅的風味與香氣。另外一款「雫搾（しずく搾り）」還獲得IWC 2016大吟醸部門的金賞。

這款也強力推薦！

純米 肥前杜氏

純米酒

原料米 佐賀縣產麗峰／精米比例 70%／使用酵母 協會9號／日本酒度 +5／酒精度數 15度

三味一體，投入全身全靈所釀出的酒

肥前（佐賀）杜氏以講究的水、米與技術，而且完全不使用副原料所釀出的酒。徹底突顯出原料的優點。冷酒或溫燗皆宜。

佐賀 天山酒造

小城市

天山 大吟醸 飛天山

大吟醸酒

DATA

原料米	山田錦	日本酒度	+2
精米比例	35%	酒精度數	17度
使用酵母	協會1801號・佐賀酵母F4		

在日本國內外品評會上屢獲好評柔滑的口感無與倫比

原本是水車業，後來繼承當地的藏元經營至今。為了追求品質更好的日本酒原料米與水，直接在自家稻田中栽種並研究「山田錦」。為了使用天山清列的湧泉來釀酒，特地從半山腰架設專用水管引水至酒藏。天山的湧泉水不含鐵質，屬於含有鈣質和鎂等礦物質的硬水。因為使用這種釀造用水，才能釀出酒藏特有的扎實風味。

其中又以「飛天山」為佳，具有豐盈馥郁的香氣以及絲綢般的柔滑口感。是酒藏裡品質最高的大吟醸。

這款也強力推薦！

七田 純米精磨75% 山田錦

特別純米酒

原料米 山田錦／精米比例 75%／使用酵母 佐賀酵母F4／日本酒度 +4／酒精度數 17度

舒暢的香氣與酒米的鮮味皆濃縮其中

「七田」是為了向外縣市宣傳所建立的品牌。口感絕佳，具有扎實的鮮味與濃醇的口感。淡淡的酸甜滋味與馥郁的香氣非常受歡迎。特別適合搭配壽喜燒和東坡肉等鹹鹹甜甜的料理。

佐賀

佐賀

天吹 純米吟醸 草莓酵母 生

純米吟醸酒

天吹 裏大吟醸 愛山 大吟醸

大吟醸酒

DATA

原料米	雄町	日本酒度	+1.5
精米比例	55%	酒精度數	16.5度
使用酵母	草莓酵母		

用花朵培育出的花酵母釀出美味的酒

佐賀縣內首屈一指的老字號酒藏，創立於距今300年前的元祿年間，目前傳到第11代。「天吹」一名來自位於酒藏東北方的天吹山。該酒藏最大的堅持是利用花酵母釀酒。使用從自然界的花朵分離出的十幾種花酵母所釀的酒，非常豪華絢爛，具有各種不同的香氣與風味。

這款純米吟醸是使用草莓酵母釀造，因此具有優雅芬芳的香氣。酸味會在舌尖上跳動。水果般的酸甜滋味相當持久，豐郁的鮮味也非常有存在感。建議冰鎮後用葡萄酒杯飲用。

原料米 愛山／精米比例 40%／使用酵母 六道木花酵母／日本酒度 +6／酒精度數 16.5度

連續5年獲得日本全國新酒鑑評會金賞的魅力滋味

這款大吟醸是由擁有新感覺的藏人所釀造，酒米的自然鮮味與六道木花酵母的吟釀香融為一體，呈現出高雅的風味。帶有如花苞綻放般的著華香氣。在溫和的口感中可感受到清爽的滋味。

佐賀

高砂金漿 大吟醸

大吟醸酒

高砂金漿 純米吟醸

純米吟醸酒

DATA

原料米	山田錦	日本酒度	+2.5
精米比例	38%	酒精度數	17.8度
使用酵母	協會9號系		

以辛口為主，講究風味的大吟醸

江戶文化年間創業的老字號酒藏。位在保有城下町風情的小城市，被指定為日本國家登錄有形文化財。使用天山的伏流水與當地產的米，目標是釀出讓日本酒愛好者讚嘆的酒。這款極品酒具有低溫發酵特有的高雅香氣與風味，建議飲用冷酒。

原料米 佐賀之華／精米比例 58%／使用酵母 協會9號／日本酒度 −4／酒精度數 15.6度

可享受多樣化喝法的純米吟醸酒

這款酒具有吟醸酒獨特的優雅果香，以及純米富有深度的柔和鮮味。建議以冷酒或溫燗方式飲用。

佐賀

東鶴 純米吟釀山田錦

佐賀

東鶴酒造

多久市

純米吟釀酒

DATA

原料米	山田錦	日本酒度	+1.5
精米比例	55%	酒精度數	16度
使用酵母	佐賀酵母F7		

帶有溫和的酸味與富有深度的滋味

這家多久市唯一僅存的酒藏創業於天保元（1830）年。以天山水系的地下水為釀造用水，由藏元一家細心地釀造。這款略偏甘口的酒具有輕柔溫和的香氣與水潤的口感。酒精度數定在16度，讓這款酒更易入口。冷酒十分美味，燗酒也同樣好喝。

///// 這款也強力推薦！/////

東鶴 特別純米酒

特別純米酒

原料米 山田錦‧美山錦／精米比例 60%／使用酵母 佐賀酵母F7／日本酒度 +5／酒精度數 16度

鮮味中帶有清爽感的多久純米吟釀酒

堅持追求米的鮮味與清爽的餘韻，果實般的香氣會慢慢地散開。建議以冷酒或燗酒方式、當作餐中酒飲用。

聚樂太閣 大吟釀

佐賀

鳴滝酒造

唐津市

大吟釀酒

DATA

原料米	山田錦	日本酒度	+3
精米比例	38%	酒精度數	17度
使用酵母	自社酵母‧協會1801號		

擁有眾多當地熱情粉絲的唐津地酒

這家酒藏位在擁有豐富漁產與溫和風土氣候的城下町唐津，至今已有超過300年的歷史，最自豪的清酒是風味溫和的「聚樂太閣」。特色是口感清新柔和。具有奢華的吟釀香與輕盈的風味，這些皆顯示出酒質絕佳。建議稍微冰鎮後再飲用。

///// 這款也強力推薦！/////

聚樂太閣 純米吟釀

純米吟釀酒

原料米 山田錦／精米比例 50%／使用酵母 自社酵母‧協會1801號／日本酒度 +3／酒精度數 15度

以歷代藩主用來泡茶的名水釀造

這款酒追求風味與香氣間的最佳均衡。既能直接品嚐到米的鮮味，也能感受到豐富柔和的口感。建議稍微冰鎮後再飲用。

萬齡 純米吟釀

佐賀

小松酒造

唐津市

純米吟釀酒

DATA

原料米	麴米：山田錦	使用酵母	佐賀9號
	掛米：美山錦	日本酒度	+4
精米比例	50%	酒精度數	15度

全程使用木製工具並以手工方式釀造

江戶末期創業，進入平成時代後曾暫時停業，隔了8年後的平成10（1998）年又重啟生產。規模雖小，但採取手工方式細心釀造每一瓶酒。這款酒具有沉穩柔和的香氣與清爽的風味，很適合當作餐中酒。介於甘辛之間，十分容易入口。

///// 這款也強力推薦！/////

萬齡 特別純米 超辛口

特別純米酒

原料米 麴米：山田錦‧掛米：西海／精米比例 55%／使用酵母 佐賀酵母9號／日本酒度 +9／酒精度數 15度

風味十足的超辛口酒以燗酒飲用也很美味

這款酒能輕鬆帶走油脂，因此最適合搭配炸物與烤雞肉串等油膩的料理。從冷酒至燗酒皆宜，不論各種溫度都好喝。

佐賀

純米酒 萬里長

純米酒

DATA

原料米	山田錦
精米比例	65%
使用酵母	協會9號
日本酒度	＋5
酒精度數	15.5度

意指伊萬里之酒而取名為「萬里長」

明治6（1873）年創業。在距離伊萬里市中心3公里的東部今岳山山麓釀酒。使用今岳山的伏流水為釀造用水，由肥前杜氏、藏人與家人以少量生產方式釀酒。含一口在嘴裡，米的香氣便會擴散，還能品嚐到適度的鮮味。

///// 這款也強力推薦！ /////

太洋潮 NEW TAIYOCYO

原料米／麗峰／精米比例 70%／使用酵母 協會9號／日本酒度 －19／酒精度數 24.5度

能品嚐到昔日甜味的伊萬里清酒

這款清酒的特色在於它的甜味。建議先加冰塊飲用，或直接品嚐其原味。

古伊萬里前 純米吟釀

純米吟釀酒

DATA

原料米	山田錦	日本酒度	不公開
精米比例	50%	酒精度數	15度
使用酵母	協會1801號・佐賀酵母		

佐賀酒特有的甘口，口感清爽易飲

明治42（1909）年創業，前身是和服店的酒藏。使用佐賀平原生產的酒米與有田白磁泉的名水釀出的酒，深受當地人喜愛超過100年以上。持續採用傳統寒造方式細心地進行釀酒。這款酒雖然以甜味為主，但後韻十分清爽俐落。

///// 這款也強力推薦！ /////

古伊萬里前 純米酒

原料米 麴米：山田錦・掛米：佐賀之華／精米比例 60%／使用酵母 佐賀酵母／日本酒度 不公開／酒精度數 15度

溫和的甜味沁入心脾 讓人百喝不膩的口味

佐賀縣是全日本最喜歡甘口酒的地方，這款酒不愧產自佐賀縣，口味果然獨特。既濃郁又充滿香氣。加熱成爛酒也好喝。

宗政 純米吟釀－15

純米吟釀酒

DATA

原料米	佐賀之華 山田錦	使用酵母	協會1801號 協會901號
精米比例	55%	日本酒度	－15
		酒精度數	15度

榮獲IWC 2015金賞

這家酒藏創業於昭和60（1985）年。原本是燒酒釀造商，自平成2（1990）年起才開始釀造日本酒。佐賀縣生產的酒略偏甘口風味，這款「宗政」同樣很有佐賀縣的特色，是具有馥郁香氣的甘口酒。建議當作餐中酒搭配和食享用。

///// 這款也強力推薦！ /////

宗政 特別純米酒

特別純米酒

原料米 佐賀之華／精米比例 60%／使用酵母 協會901號・協會1401號／日本酒度 ＋1／酒精度數 15度

無論何時喝都很美味 讓人想一喝再喝的酒

這款略偏辛口的酒是使用黑髮山系的清水與佐賀縣產的米釀成。具有芳醇濃郁的鮮味，以及淡麗清爽的風味。

虎之兒 大吟釀酒

大吟釀酒

DATA	
原料米	山田錦
精米比例	35%
使用酵母	佐賀酵母F7
日本酒度	+3
酒精度數	17度

擁有肥沃土地與豐富水源的盆地

這家酒藏位在九州北部，北面玄界灘、南臨有明海，當地以茶葉和溫泉聞名。以傳統手工製法與磨練出來的純熟技術，採長期低溫發酵釀出擁有絕佳吟香與順口感的酒。這款酒被評為「泡湯後來一杯特別美味」。

▨▨▨▨ 這款也強力推薦！ ▨▨▨▨

虎之兒 純米酒

純米酒

原料米 山田錦／精米比例 60%／使用酵母 佐賀酵母F4／日本酒度 ±0／酒精度數 15度

創業以來持續釀造受信賴的口味

完全不使用任何釀造酒精或醣類，只使用當地產的酒米和優質水源，並以傳統工程釀成的天然釀造酒。

褒紋 東長 純米大吟釀

純米大吟釀酒

DATA			
原料米	山田錦	日本酒度	−4
精米比例	48%	酒精度數	15.5度
使用酵母	佐賀酵母F7		

以費時費工的奢侈傳統製法釀造

這家酒藏自寬政元（1789）年創業以來，持續在擁有優質米與清冽水質的這片土地上，釀造受當地人喜愛的酒。這款純米大吟釀是將佐賀縣產的「山田錦」精米磨成48%後，再使用佐賀酵母釀造而成。

▨▨▨▨ 這款也強力推薦！ ▨▨▨▨

慶紋 東長 特別純米酒

特別純米酒

原料米 山田錦・佐賀之華／精米比例 60%／使用酵母 K7／日本酒度 −4／酒精度數 15.5度

以講究方式釀出佐賀縣民愛喝的甘口酒

麴米使用「山田錦」、掛米使用「佐賀之華」的奢侈逸品。尾韻俐落，可以感受到酒米原有的濃厚鮮味與甜味。

東一 純米大吟釀

純米大吟釀酒

DATA			
原料米	山田錦	日本酒度	+1
精米比例	39%	酒精度數	16度
使用酵母	自社酵母		

從培育米開始釀酒故能穩定酒質

這家酒藏創業於大正11（1922）年。抱持以人、米、釀造法一體的理想，由酒藏自行挑戰栽種「山田錦」，並在熟知米的特性後才開始釀酒。企求維持穩定的品質。這款酒具有熱帶水果般的香氣與濃郁的風味，建議稍微冰鎮後再飲用。

▨▨▨▨ 這款也強力推薦！ ▨▨▨▨

東一 山田錦純米酒

純米酒

原料米 山田錦／精米比例 64%／使用酵母 自社酵母／日本酒度 +1／酒精度數 15度

用自家栽培的「山田錦」釀出珍貴的純米酒

這款酒充分展現出米的鮮味，具有純米酒特有的味道。酒質溫和，適合搭配各種料理。建議以冷酒或溫燗方式飲用。

肥前藏心 特別純米

佐賀
矢野酒造

鹿島市

特別純米酒

DATA			
原料米	佐賀之華	日本酒度	+5
精米比例	60%	酒精度數	15.5度
使用酵母	協會901號		

目標是釀出恰到好處又喝不膩的酒

這家小酒藏創業於寬政8（1796）年，已持續釀酒超過200年以上。一直以「恰到好處的酒」為目標，釀造讓人可以輕鬆飲用且順著身體的溫和風味。這款餐中酒具有哈密瓜般的香氣與米的鮮味，宜人的酸味則使整體風味更為調和。

///// 這款也強力推薦！ /////

肥前藏心 純米吟釀

純米吟釀酒

原料米 山田錦／精米比例 50%／使用酵母 佐賀酵母F7／日本酒度 +2／酒精度數 15.9度

香氣十足、風味濃郁 整體感十分均衡的酒

這款酒具有著華的香氣與滑順的口感。特色是甜味剛剛好，不會覺得膩。完全展現出吟釀酒與純米酒的優點。

能古見 大吟釀

佐賀
馬場酒造場

鹿島市

大吟釀酒

DATA			
原料米	山田錦	日本酒度	+5
精米比例	35%	酒精度數	16度
使用酵母	協會1801號混合		

使用當地的米與水，專情於釀造清酒

這家酒藏創業於寬政7（1795）年。位在有肥前耶馬溪之稱的山明水秀之地，使用知名的多良岳山系伏流水與當地產的稻米釀造講究的清酒。這款頂級大吟釀帶有蘋果般的溫和香氣，建議以冷酒或冷飲方式飲用。

///// 這款也強力推薦！ /////

能古見 純米吟釀

純米吟釀酒

原料米 山田錦／精米比例 50%／使用酵母 協會1801號混合／日本酒度 +2／酒精度數 16度

具有沉穩的香氣與 甘口的溫和風味

這款酒具有哈密瓜與香蕉般的香甜果香，令人印象深刻，是酒藏最有人氣的商品。從冷酒至冷飲、溫燗皆宜。

特別純米酒 幸姬

佐賀
幸姬酒造

鹿島市

特別純米酒

DATA			
原料米	佐賀縣產	使用酵母	KA-4
	山田錦	日本酒度	+3
精米比例	60%	酒精度數	15度

名字十分吉祥，可當成祝賀酒

昭和9（1934）年創業。由於酒藏老闆期望女兒能得到幸福，便以此命名。為了釀造出能當作餐中飲用的順口好酒，於是完成這款清爽無雜味的酒。由於採吟釀釀造法釀成，很適合搭配魚貝類、肉類與起司等食物。從冷酒至溫燗皆宜。

///// 這款也強力推薦！ /////

特別純米無過濾生原酒 笑酒

特別純米酒

原料米 佐賀縣產山田錦／精米比例 60%／使用酵母 熊本酵母KA-4／日本酒度 +3／酒精度數 17度

偏辛口卻很溫和 可用葡萄酒杯飲用

這款酒在壓搾醪後就直接裝瓶，完全沒經過其他加工。100%使用佐賀產的「山田錦」，風味十足又清爽，喝再多也不會膩。

佐賀

手工釀造純米酒 光武

純米酒

DATA

原料米	麴米：山田錦	使用酵母	協會1801號
	掛米：麗峰		協會9號
精米比例 50%		日本酒度 ±0	
		酒精度數 15度	

不辭辛勞只為釀出美味的酒

這家酒藏以「在傳統中求革新」為口號，並以「用傳統釀造法釀出美味好酒，讓心靈更豐富，進而感受到幸福」為座右銘。這款酒的特色是具有純米獨特的芳醇滋味與果實般的香氣。

/////// 這款也強力推薦！ ///////

純米吟釀 光武

純米吟釀酒

原料米 麴米：五百萬石・掛米：日本國產米／精米比例58%／使用酵母 自社酵母／日本酒度 +2／酒精度數 15度

風味高雅溫和，帶有純米特有的豐富滋味

這款酒具有溫和的吟釀香與柔和的鮮味。淡淡的酸味更突顯整體美味。可以當作餐中酒襯托出料理的風味。

鍋島 特別純米酒

特別純米酒

DATA

原料米	山田錦	使用酵母	不公開
	佐賀之華	日本酒度	+3
精米比例	55%	酒精度數	15～16度

目標是釀造有風格的酒
受當地喜愛的全國性銘酒

這家酒藏創業於大正時代末期。原本的名稱為「盛壽」，經過戰爭之後，為祈願「能繁榮千代」而改名為「富久千代」。這款「鍋島」從構想開始花了3年時間，直到平成10（1998）年才完成，名字取自江戶時代統治佐賀藩達300年的鍋島家。只由數名藏人負責釀造的「鍋島」得過無數獎項，並成長為全國性的品牌，在愛酒人士之間享有好評。這款特別純米酒是以低溫發酵慢慢釀成。具有絕佳的辛口風味，香氣高雅，餘韻清新俐落。雖然生產量很少，卻是人人都想品嚐的逸品。

/////// 這款也強力推薦！ ///////

鍋島 純米吟釀 山田錦

純米吟釀酒

原料米 山田錦／精米比例 50%／使用酵母 不公開／日本酒度 −1／酒精度數 16～17度

「鍋島」品牌的巔峰
令人心服口服的一杯

近年來，「鍋島」的人氣急速竄升，已成為佐賀具代表性的銘酒。令人舒暢的香氣，有如熱帶水果般溫和，令人欣喜。在濃縮了酒米鮮味的口感中，可以感受到清涼順喉的餘韻。

佐賀

佐賀縣小城市
天山酒造

這家酒藏位在以源氏螢火蟲觀賞勝地
而聞名的小城市祇園川旁，其所生產
的「天山」和「岩之藏」都是當地人
很熟悉的酒款。

2 大銘釀酒藏
對佐賀酒魅力的看法

由於佐賀擁有優質的米和水，從江戶時代末
期開始，當地藩主便政策性地獎勵人民釀
酒，因而成為盛行生產日本酒的銘釀地。在
此來聽聽2家富有好評的酒藏，談佐賀酒的
魅力。　照片／加藤淳史

佐賀縣鹿島市
富久千代酒造

這家酒藏位在肥前濱宿，十分靠近有明
海。主力品牌是「鍋島」，曾獲得IWC的
SAKE部門最優秀賞。

河川的另一邊就是天山。祇園川是知名的螢火蟲觀賞勝地。

使用天山的伏流水（中硬水）來釀酒。

因為是「米鄉佐賀」
才有辦法活用優質米的鮮味持續釀酒

「燒酒的清爽感十足，所以直接喝就很美味，也可兌水飲用。在以燒酒為主的九州，日本酒也多為濃厚口味。我們酒藏尤其注重將米的鮮味與風味發揮到最大極限。因此才會勇敢推出具有均衡酸味、可以搭配任何料理的純米酒。」

天山酒造第6代老闆七田謙介先生基於上述想法，與自家杜氏一起釀出精米比例65％、無過濾且經過一次火入的瓶裝貯藏純米酒「七田」。酒米當然是以縣內生產的「山田錦」與「佐賀之華」為主。他還表示，佐賀縣的酒米已是釀造七田不可或缺的存在。

「以前曾因縣內稻作歉收，只好去買別縣生產的米來釀酒。但實際喝了之後，發現口味太過清淡，完全沒有我們酒藏的味道。那時才恍然大悟，唯有佐賀的米才有辦法釀出我們酒藏的口味。」

七田口味的關鍵在於「米」。由於山田錦比一般食用米細長，相當不易栽種，因此酒藏不僅率先研究如何栽種酒米，還將培育優質山田錦的技術分享給當地的酒米農家，齊心努力維持目前的品質。

七田先生表示自己非常重視「和釀良酒」的精神。如同這句話所示，釀酒商與種米農家彼此理解，並同心協力合作釀酒。正因如此，才有辦法釀出唯獨天山酒造才有的好酒，它既不輸給燒酒，也不輸給別縣的日本酒。

在提供試喝的空間裡，擺設了許多瓷酒樽。

天山酒造第6代老闆七田謙介先生，手上拿的正是經典款「七田純米無過濾」。他表示這款酒「適合搭配燉菜與肉類等重口味料理」。

富久千代酒造第3代老闆飯盛直喜先生表示，「希望所有與鍋島有關的人都能得到幸福」。

讓「鍋島」一夕成名的IWC金賞獎牌。「鍋島」今日仍持續追求口味的進化。微微的氣泡感已成為這款酒的特色。

因故鄉愛而誕生的「鍋島」
讓佐賀的日本酒大受矚目、榮耀了當地

佐賀的日本酒雖然美味，但原先只有少部分的地酒粉絲知道，能夠一夕成名，要歸功於富久千代酒造的「鍋島」。

老闆兼杜氏的飯盛直喜先生表示，當初並非為了贏得比賽才推出「鍋島」，而是出於愛故鄉的心，希望這款酒能成為「佐賀・九州具代表性的地酒」。

「我當初從東京回故鄉時，正值量販店與便利商店逐漸增多的時期。大家開始能在清酒店以外的地方，用便宜的價格買到大型釀造商所販賣的酒，導致我們這種小酒藏和在地的清酒店全都陷入苦戰。」

希望能釀出酒質佳的清酒，並與在地的清酒店一起成長，讓佐賀更加繁榮。如此思考的飯盛先生在當地4名零售店的年輕繼承人的協助下，開始不斷嘗試。並在平成10（1998）年推出「鍋島」。佐賀酒的特色是濃厚甘口。在相信酒米的力量下，為充分突顯米的鮮味，釀出了發揮甘口特色的特別本釀造，以及稍微控制甜味的特別純米酒。

這款費盡心力所完成的酒，在飯盛先生

開始兼任杜氏的平成14（2002）年之後仍持續進化，並在日本國內外的鑑評會上獲得許多獎項。今日已成為名符其實的佐賀代表性地酒。

「鍋島今日之所以能如此受歡迎並非因為得獎，而是因為長年以來獲得零售店和當地人的大力協助，才得以成功。」

酒藏附近還設有美術作家共用的工作室、展場、咖啡廳的複合設施，熱心支援美術作家的活動。

長崎 杵之川 — 諫早市

杵之川 大吟醸 美祿天

大吟釀酒

DATA

原料米 山田錦	日本酒度 +4.5
精米比例 35%	酒精度數 15～16度
使用酵母 熊本酵母	

如「杵之川」王牌的大吟釀

這家酒藏創業於天保10（1839）年。以全日本來說，屬於很早就開始採用四季釀造的酒藏，並以低溫熟成方式來釀造醪。這款酒不僅保有酒米原有的芳醇鮮味，口感也很清爽。最適合搭配魚貝類料理。風味百喝不膩。

///// 這款也強力推薦！/////

純米大吟釀 丁子屋

純米大吟釀酒

原料米 山田錦／精米比例 35%／使用酵母 熊本酵母／日本酒度 +1／酒精度數 16度

純米酒的巔峰
帶有洗鍊的滋味

將頂級酒米「山田錦」精磨到如寶石般的小顆粒後釀出的酒。具有成熟果實的香氣與溫和的甜味，很適合搭配肉類料理。

長崎 今里酒造 — 東彼杵郡波佐見町

六十餘洲 純米吟醸 山田錦

純米吟醸酒

DATA

原料米 山田錦	日本酒度 不公開
精米比例 50%	酒精度數 16度
使用酵母 協會9號系	

期望所有人都會喜歡這款酒

這家酒藏創業於安永元（1772）年。位在四周群山圍繞的寧靜盆地，以充滿當地風土特色的米與講究的水，釀造風味具有深度的日本酒。這款酒帶有高雅的吟釀香與柔和的口感。飲用後，鮮味與濃郁的風味會慢慢擴散，讓人忍不住「多喝一杯」。

///// 這款也強力推薦！/////

六十餘洲 純米酒 山田錦

純米酒

原料米 山田錦／精米比例 65%／使用酵母 協會901號／日本酒度 不公開／酒精度數 15度

杜氏與藏人
齊心釀造的酒

忠於基本所釀出的質樸風味。這款酒具有溫和的香氣與柔和的鮮味，適合搭配和食與西式輕食。建議以冷酒或溫燗方式飲用。

長崎 重家酒造 — 壱岐市

橫山五十 純米大吟釀 白標

純米大吟釀酒

DATA

原料米	山田錦
精米比例	50%
使用酵母	不公開
日本酒度	不公開
酒精度數	16度

在藏元的熱情下復活，壱岐島唯一的日本酒

這家酒藏於大正13（1924）年，在位於九州北部玄界灘上的壱岐島創業。雖然曾暫時停業，但自平成25（2013）年起，開始在朋友的酒藏重啟生產，完成了這款「橫山五十」。冰鎮後會散發出如麝香葡萄般的水嫩香氣。

///// 這款也強力推薦！/////

橫山五十 純米大吟釀 黑標

純米大吟釀酒

原料米 山田錦／精米比例 50%／使用酵母 不公開／日本酒度 不公開／酒精度數 16度

具清爽的蘋果香，適合當作餐前酒

這款黑標具有蘋果般的清爽香氣，含一口在嘴裡，溫和的甜味便會隨之擴散。冰鎮後可當作第一杯餐前酒飲用。

長崎

梅枝 大吟釀 黑標

大吟釀酒

DATA			
原料米	山田錦	日本酒度	+3
精米比例	50%	酒精度數	15度
使用酵母	廣島吟釀酵母		

投注心力釀出風味深奧的酒

自江戶時代經營至今的酒藏，由兄弟3人齊心協力，傾全力釀造吟釀與純米酒。依照每一款酒改變原料米、麴與酵母，並以少量生產方式細心釀造每一瓶酒。這款酒具有奢華的香氣與清爽的餘韻。建議冰鎮後用葡萄酒杯品嚐。

////// 這款也強力推薦！//////

梅枝 純米大吟釀

純米大吟釀酒

原料米 山田錦／精米比例 40%／使用酵母 廣島吟釀酵母／日本酒度 +2／酒精度數 16度

味道與香氣十分均衡的細膩風味

這款酒在各地的鑑評會上獲得了金賞、優等賞，品質口味皆有保證。使用清冽的水和「山田錦」釀出高雅的香氣與風味。

福鶴 純米吟釀

純米吟釀酒

DATA			
原料米	山田錦	日本酒度	+1
精米比例	58%	酒精度數	14～15度
使用酵母	自社酵母		

釀出長崎・平戶的銘酒「福鶴」的酒藏

這家酒藏位在日本最西側，以傳統的手工方式進行釀酒。不僅自行栽種酒造米，還使用平戶島的湧泉為釀造用水，釀出充滿平戶人精神的酒。這款酒的溫和吟釀香與酒米的鮮味會均衡地擴散開來，以冷酒飲用最美味。

////// 這款也強力推薦！//////

長崎美人 大吟釀純米

純米大吟釀酒

原料米 山田錦／精米比例 50%／使用酵母 自社酵母／日本酒度 +5／酒精度數 15度

以豐富的大自然資源與名水釀出的獨特風味

這款酒使用長崎縣生產的「山田錦」為原料，並以低溫慢慢發酵釀成。奢華的香氣與酒米的鮮味十分調和。建議飲用冷酒。

飛鸞 超原酒 普通酒

DATA			
原料米	平戶棚田米 麗峰	使用酵母	協會901號
精米比例	70%	日本酒度	-4
		酒精度數	19度

清爽的原酒吸引許多回流客

明治28（1895）年創業。這家酒藏位在擁有美麗梯田與平戶島豐富水源的土地上，持續釀造受當地人喜愛的酒。尤其這款酒更是酒藏代表品牌中特別受到好評的酒。為了讓人品嚐現搾原酒的風味，經過火入殺菌後才出貨。冷酒或加冰塊飲用皆宜。

////// 這款也強力推薦！//////

夢名酒 純米原酒

純米酒

原料米 平戶棚田米・麗峰／精米比例 70%／使用酵母 協會901號／日本酒度 -70／酒精度數 9度

具有果汁般的香氣與風味

這款酒的酒精度數偏低，不敢喝日本酒的人也能輕易嘗試。果實般的酸甜香氣與酸味如葡萄酒一般。建議充分冰鎮後飲用。

長崎

MAGATAMA（まが玉）大吟醸

長崎

山崎本店酒造場

島原市

大吟醸酒

DATA			
原料米	山田錦	日本酒度	+3
精米比例	35%	酒精度數	15度
使用酵母	協會9號系		

具有果實般的香氣與清爽口感

這家酒藏自明治17（1884）年開始釀酒，並於大正6（1917）年在日本全國新酒鑑評會上獲得全國第一名。近年來也連續獲得金賞，品質愈來愈佳。這款酒是將優質酒米經過高度精磨，再以獨特的麴和酵母進行低溫發酵，具有果香與清爽的餘韻。

這款也強力推薦！

普賢岳 特別本釀造

特別本釀造酒

原料米 山田錦・麗峰／精米比例 55%／使用酵母 協會9號系／日本酒度 +2／酒精度數 15度

在普賢岳山腳下釀造美酒

普賢岳擁有十分豐富的大自然，使用自其山腳下湧出的名水，釀造如白酒般充滿果香的酒。建議稍微冰鎮後再飲用。

萬勝 撥木搾（はねぎ搾り）純米酒

長崎

吉田屋

南島原市

純米酒

DATA			
原料米	日本國產米	日本酒度	+4
精米比例	70%	酒精度數	14度
使用酵母	HNG-5		

採用撥木搾與花酵母等獨特工程釀造

大正6（1917）年創業。這家酒藏位在島原半島南部，這裡有雲仙的伏流水湧出。使用自家井水為釀造用水，並採用作業細膩的傳統撥木搾方式釀造。這款酒使用藤蔓玫瑰花酵母釀成，具有沉穩的香氣與扎實強勁的風味。

這款也強力推薦！

萬勝 清泉石上流 純米大吟釀酒

純米大吟醸酒

原料米 山田錦／精米比例 40%／使用酵母 AB-2／日本酒度 −1／酒精度數 16度

充滿水果酒般香氣的甘口酒

這款酒使用六道木花酵母釀造，花酵母的風味與高雅的甜香十分相融。口感清爽柔滑。適合搭配清淡的料理享用。

長崎

一鶴純米

長崎

浦川酒造

南島原市

純米酒

DATA	
原料米	山田錦 朝日之夢
精米比例	50%
使用酵母	協會9號
日本酒度	+2
酒精度數	15.5度

風土所釀出的令人陶醉的好酒

自江戶時代後期經營至今的酒藏。使用雲仙嶽的伏流水為釀造用水，並以手工方式釀酒。地酒清爽的口感與慢慢沁入心脾的滋味是當地的驕傲。目前幾乎只在島原半島內才喝得到。建議以冷酒或溫燗方式飲用。

這款也強力推薦！

時代之酒

原料米 山田錦・朝日之夢／精米比例 50%／使用酵母 協會7號／日本酒度 ±0／酒精度數 15.5度

帶有溫和的香氣與柔滑的順喉感

這款風味深奧的酒是以精湛的傳統技術釀成。建議以冷酒或溫燗方式飲用，若能搭配生魚片或烏魚子品嚐就更棒了。

223

香露 純米吟醸

DATA	
原料米	麴米：山田錦 掛米：山田錦
精米比例	麴米45% 掛米55%
使用酵母	熊本酵母
日本酒度	+0.5
酒精度數	16度

想喝看看培育出熊本酵母的酒藏之味

這家酒藏是為了提升熊本縣的釀酒技術而設立，明治42（1909）年請來被譽為「酒神」的野白金一擔任第一代技師長。下了許多工夫後提出「野白式天窗」、「野白式吟釀造」等方法，這裡同時也是研發出熊本酵母（9號酵母）的酒藏，為全日本的吟釀技術做出了貢獻。該酒藏非常重視手工釀造的優點，為了釀出足以成為範本的好酒，不斷活用傳統技術釀造高品質的酒。

這款純米吟釀是使用熊本酵母，並採用傳統手工方式釀出的逸品。使用阿蘇源流的伏流水與「山田錦」為原料，釀出獨特的溫和香氣與濃郁口感，以及餘韻無窮的特殊風味。特色是滋味十分溫和。

這款也強力推薦！

香露 特別純米

原料米 麴米：山田錦、神力·掛米：九州神力等／精米比例 麴米58%·掛米58%／使用酵母 熊本酵母／日本酒度 −4／酒精度數 15度

被譽為香氣酵母 熊本酵母的芳醇旨口風味

「不使用機器釀造，才能學到釀酒的本質」，在這樣的思維下，採用傳統手法釀出了「香露」。具有熊本酵母特有的深奧風味與恰到好處的酸味，並帶有淡淡的果香。溫熱之後風味更具變化，且餘韻無窮。這款純米酒特別適合搭配和食，可用各種不同方式品嚐。

瑞鷹 純米吟釀 崇薰

DATA			
原料米	熊本縣產吟之里	日本酒度	+2.5
精米比例	58%	酒精度數	16度
使用酵母	協會1801號·協會1401號		

追求高品質且扎根於風土的製酒法

慶應3（1867）年創業，為熊本最早開始釀造清酒的酒藏。致力於提升熊本縣產酒的酒質，是推動熊本縣酒造研究所設立的核心酒藏。這款酒使用當地以無農藥無肥料栽種的酒米「吟之里」。具有奢華的香氣與米的豐富甜味，風味十分清爽。

這款也強力推薦！

吟釀酒 吉祥瑞鷹

原料米 造酒好適米（山田錦·吟之里）／精米比例 58%／使用酵母 協會1801號·熊本酵母／日本酒度 +4／酒精度數 15度

以安全安心的原料 釀出滋潤人心的酒

奢華的吟釀香與酒米的鮮味會均衡地擴散開來。建議冷飲，或是冰鎮至5〜10℃後飲用。

熊本 通潤酒造

通潤 純米吟醸酒 蟬

純米吟醸酒

上益城郡山都町

DATA			
原料米	麴米：山田錦	使用酵母	熊本酵母
	掛米：麗梁	日本酒度	＋4
精米比例	50%	酒精度數	15度

背負240年歷史所具有的獨特風味

這家酒藏創業於明和7（1770）年。以綠川、五瀨川2條大河與阿蘇、脊梁山脈圍繞的豐富地下水，以及美味的米為原料。因早晚溫差較大，是最佳的釀酒環境。蟬是1年古酒，具有沉穩的吟釀香與清新的餘韻，是一款喝了會讓人感到幸福的酒。

///////// 這款也強力推薦！ /////////

通潤 特別純米酒 平家傳說

特別純米酒

原料米 熊本縣產麗峰／精米比例 60%／使用酵母 熊本酵母／日本酒度 ＋4／酒精度數 15度

持續釀造清爽的濃醇辛口地酒

只使用與當地農家契作栽培的無農藥米作為原料釀造。這是一款在山城釀造、具有扎實鮮味的酒。建議以冷飲方式飲用。

熊本 山村酒造

靈山（れいざん） 大吟釀

大吟釀酒

阿蘇郡高森町

DATA			
原料米	山田錦	日本酒度	＋2
精米比例	40%	酒精度數	17度
使用酵母	熊本酵母 KA-4		

在世界第一大火山 阿蘇火山山腳下釀造的酒

寶曆12（1762）年創業。這家酒藏位在阿蘇五岳之一的根子岳南側，這裡被稱為「南阿蘇」，幾乎位於九州的正中央。由於標高540公尺，夏天涼爽、冬天嚴寒，可說是最佳的釀酒環境。靈山阿蘇被視為眾神棲息之山，擁有不斷源源湧出的清冽伏流水，同樣最適合釀酒。這款「靈山」是由阿蘇的米、阿蘇的水與阿蘇的人共同釀造出的道地「阿蘇酒」。奢華的香氣與豐富的滋味是由熊本酵母與精米磨成40％的酒米「山田錦」，共同打造出的藝術品。不妨用比冷飲稍低的溫度品嚐。

///////// 這款也強力推薦！ /////////

靈山（れいざん） 純米酒

純米酒

熊本

原料米 神力／精米比例 65%／使用酵母 協會901號／日本酒度 ＋2.5／酒精度數 15度

由阿蘇的大自然孕育而出 熊本具代表性的銘酒

優質的米和水全是阿蘇的大自然產物。這款純米酒在沉穩的風味中散發著適度的香氣。具有強勁的風味與辛口，口感十分柔和宜人。很適合用來搭配日常飲食。建議以冷酒或溫爛方式飲用。

225

大吟釀 千代之園 Excel 山田錦

大吟釀酒

DATA

原料米	山田錦	日本酒度	+2.5
精米比例	40%	酒精度數	15度
使用酵母	熊本酵母・協會1801號		

使用具有瓶裝熟成效果的軟木塞

明治29（1896）年創業。在戰後普通酒全盛時期的昭和43（1968）年，領先全日本的酒藏開始釀造純米酒。現搾生原酒、使用軟木塞的大吟釀等，致力釀造充滿創意的酒款。這款酒清爽的酸味、香氣和鮮味均勻地融合，是很爽口的一支酒。

純米酒 朱盃 神力

純米酒

原料米 神力／精米比例 65%／使用酵母 熊本酵母／日本酒度 +2／酒精度數 15度

帶有自然的鮮味
適合當作餐中酒飲用

這款酒的風味十分清爽溫和。既能感受到酒米的鮮味，口感又很舒暢順喉。建議以冷飲或溫燗方式，搭配和食一起品嚐。

美少年 菊池 純米吟釀

純米吟釀酒

DATA

原料米	熊本縣產日之光
精米比例	60%
使用酵母	自社酵母
日本酒度	+2
酒精度數	15～16度

在擁有最佳的米、水和空氣之地孕育出的酒

這家酒藏傳承江戶時代的釀酒技術，並在大正9(1920)年推出清酒「美少年」，一夕成為全國知名的銘酒。具有米的濃郁鮮味，且酸味與甜味恰到好處，非常容易入口，頗受歡迎。建議以冷酒方式搭配各種和食享用。

美少年 賢者

大吟釀酒

原料米 山田錦／精米比例 40%／使用酵母 自社酵母／日本酒度 +3／酒精度數 16～17度

擁有酒米原有的鮮味與風味

這款酒不僅容易入喉，更以講究的製法釀出讓人百喝不膩的味道。香氣較淡，口感新鮮柔和。

純米大吟釀 花之香 櫻花

純米大吟釀酒

DATA

原料米	山田錦	日本酒度	不公開
精米比例	50%	酒精度數	16度
使用酵母	熊本酵母		

以撥木搾釀出香氣豐富的一瓶酒

這家酒藏創業於明治35（1902）年。堅持以手工方式釀造吟釀酒。釀出的酒充滿花朵般的香氣，並帶有新鮮清爽的果實風味。這款純米大吟釀全量使用「山田錦」釀造，酒米的鮮味會擴散開來，同時追求呈現奢華清透的風味與清爽的餘韻。

純米吟釀 花之香 菊花

純米吟釀酒

原料米 麗峰／精米比例 60%／使用酵母 熊本酵母／日本酒度 不公開／酒精度數 16度

使用熊本的米、酵母、水釀造的「The地酒」

特色是具有香蕉般的香氣以及新鮮的口感。充滿甜味，餘韻卻十分清爽，是一款能感受到熊本特色的純米吟釀。

熊本	
河津酒造	

阿蘇郡小國町

純米吟釀 小國藏一本〆

純米吟釀酒

DATA

原料米	一本〆米	日本酒度	+5
精米比例	50%	酒精度數	15度
使用酵母	熊本酵母		

專心致志持續釀造美酒

這家酒藏創業於昭和7（1932）年。以少量生產方式用心釀造每一瓶酒。使用筑後川源流的天然湧泉與當地產的酒米「一本〆」，釀出沁入五感的溫和好酒。這款酒是在嚴寒的氣候中慢慢發酵而成，口感十分溫和清爽。冷酒或溫燗皆宜。

這款也強力推薦！

純米吟釀 花雪

純米吟釀酒

原料米 山田錦／精米比例 55%／使用酵母 熊本酵母／日本酒度 －19／酒精度數 16度

品嚐甘口日本酒特有的風味

日本酒度雖然是－19，風味卻很清爽的甘口酒。除了下酒菜的鹽漬海鮮之外，搭配水果也很對味。建議冰鎮後飲用。

熊本	
龜萬酒造	

葦北郡津奈木町

龜萬 九號酵母

純米酒

DATA

原料米	神力 麗峰	使用酵母	熊本酵母
精米比例	60%	日本酒度	+3
		酒精度數	16度

在溫暖地區費心釀酒 日本最南端的天然釀造酒藏

這家酒藏創業於大正5（1916）年，在南國熊本以地產地消的方式進行釀造，致力於追求更高品質與扎根於風土的日本酒。擁有面臨不知火海（八代海）的谷灣式海岸，以及有日本地中海之譽的溫暖陽光與豐富的大自然，但也因為氣候溫暖，須得在不利的條件下釀造清酒。該酒藏採用名為「南端冰釀造」的獨特方法，加入大量冰塊來調節醪的溫度，此乃南方特有的釀酒法。

「龜萬」的純米酒帶有酒米柔和的甜味，具有深度的芳醇滋味會在口中擴散開來。強勁扎實的風味完全不輸給口味濃郁的料理。最適合當作餐中酒飲用。

這款也強力推薦！

龜萬 萬坊

純米吟釀酒

原料米 麗峰／精米比例 55%／使用酵母 熊本酵母／日本酒度 +1／酒精度數 16度

使用無農藥米釀出的溫和口味

以溫故知新為信念，持續在南國挑戰釀造日本酒。萬坊的口感十分清爽，還帶有淡淡的吟釀香。這是一款使用當地產的「麗峰（合鴨農法無農藥米）」，並有如呵護小孩般細心釀出的極品。

熊本

大分 倉光酒造 大分市

倉光 沙羅 純米大吟醸

純米大吟醸酒

DATA

原料米	山田錦	日本酒度	−2
精米比例	40%	酒精度數	16.7度
使用酵母	熊本酵母		

日本全國酒類大賽特別賞第一名的口味

元治元（1864）年創業，為大分市內唯一的酒藏。只在氣溫較低的時期進行寒造。這款純米大吟醸是以斗瓶慢慢收集滴下的酒液而成，不經過濾，風味十分沉穩。即使沒有下酒菜，單喝也很美味。建議以冷酒方式飲用。

這款也強力推薦！

倉光 雙樹 特別純米

特別純米酒

原料米 大分縣產日之光／精米比例 60%／使用酵母 熊本9號／日本酒度 −4／酒精度數 16度

使用水質日本第一的大野川伏流水

以當地好喝的水醸出受當地人喜愛的酒。這款略偏辛口風味的酒，具有高雅的香氣與鮮味，滋味十分清爽。

大分 中野酒造 杵築市

智惠美人（ちえびじん） 純米 一見鍾情（ひとめぼれ）

純米酒

DATA

原料米	麴米：山田錦	使用酵母	自社酵母
	掛米：一般米	日本酒度	±0
精米比例	70%	酒精度數	16度

從酒藏地下200公尺處汲取天然水醸造

「智惠美人」一名來自酒藏老闆娘的名字「智惠」。這是一款為了感謝祖先而滿懷熱情醸造的酒。由於特別重視醸造清酒時很重要的米與水，因此分別採用當地產的米與六鄉滿山的御靈水。特色是具有米的鮮味與吟醸香。

這款也強力推薦！

智惠美人（ちえびじん） 純米吟醸 山田錦

純米吟醸酒

原料米 山田錦／精米比例 55%／使用酵母 自社酵母／日本酒度 +1／酒精度數 16度

使出渾身解數 細心醸造的極品

這款酒的甜味、鮮味與酸味非常均衡，吟醸酒的香氣也恰到好處。口感十分清爽。建議冰鎮後用葡萄酒杯飲用。

大分 萱島酒造 國東市

西之關 美吟純米

純米吟醸酒

DATA

原料米	山田錦	日本酒度	±0
精米比例	50%	酒精度數	16度
使用酵母	協會9號		

甘、酸、辛、苦、澀調和成的旨口酒

明治6（1873）年創業。第2代老闆為醸出西日本具代表性的品牌酒而命名為「西之關」。繼承傳統的手工醸造方式並加以發展，致力於追求超越甘口與辛口的日本酒原有的鮮味。這款純米吟醸具有豐郁的鮮味。建議以冷酒或極溫燗方式飲用。

這款也強力推薦！

西之關 手工醸造純米酒

純米酒

原料米 八反錦・日之光／精米比例 60%／使用酵母 協會9號／日本酒度 −1.5／酒精度數 15度

帶有溫和濃郁的口感與芳醇的風味

可品嚐到酒米原有風味的中口酒。連續10年獲得日本名門酒會「適合搭配鰻魚的酒大賽」第一名。冷酒或溫燗皆宜。

鷹來屋 大吟釀

大吟釀酒

DATA			
原料米	兵庫縣產 山田錦	使用酵母	熊本9號
		日本酒度	+5
精米比例	40%	酒精度數	16.8度

堅持追求
手工釀造才有的口味

這家酒藏創業於明治22（1889）年。雖然曾在昭和54（1979）年中斷釀酒達17年的時間，但自從藏元擔任杜氏後，在1997年重啟生產。這家小酒藏堅持採全手工作業，並以槽搾方式釀造，在釀酒上灌注了熱情與愛情。為追求手工釀造才有的口味，對所有細節都毫不妥協，甚至親自栽種稻米，可謂是真正的地酒。

這款大吟釀是以喝再多也不膩的終極餐中酒為目標，100%使用兵庫產的「山田錦」，並以低溫慢慢發酵釀成。具有熊本酵母特有的溫和香氣與深奧風味，並兼具清爽感與鮮味。不論冷飲或冷酒都很好喝。不妨搭配自己喜愛的下酒菜一起享用。

豐後大野市

鷹來屋

山田錦 純米吟釀

純米吟釀酒

原料米 福岡縣產山田錦／精米比例 50%／使用酵母 協會9號／日本酒度 +4／酒精度數 16.2度

可充分品嚐「山田錦」
風味的高雅酒款

這款純米吟釀100%使用自家栽種的「山田錦」。即使是在以香氣為主的全盛時期裡，仍堅持使用純樸的9號酵母並刻意降低香氣。可以充分品嚐到溫和的鮮味與「山田錦」特有的風味。建議以冷酒或冷飲方式飲用。

大分

千羽鶴 大吟釀

大吟釀酒

DATA			
原料米	山田錦	日本酒度	+3
精米比例	40%	酒精度數	17.3度
使用酵母	協會901號・協會1801號		

不惜花費時間只為追求高完成度

這家酒藏創業於大正6（1917）年，位在標高700公尺、最適合進行寒造的地方，以久住山的伏流水和自家精磨的米，細心進行釀造麴、讓醪發酵與壓榨等作業。這款大吟釀豐富的香氣中帶有甜味，以冷酒或冷飲方式享用更能感受其芳醇的風味。

竹田市

千羽鶴 生酛釀造（生酛造り）

純米酒

原料米 五百萬石・秋景色（あきけじき）／精米比例 65%／使用酵母 協會酵母／日本酒度 -2／酒精度數 15.5度

扎實的酸味與
清新的餘韻

這款純米酒是九州難得一見，以費工費時的生酛釀造法釀成的酒。不只突顯米的鮮味，也具有濃郁的口感和鮮甜滋味。

純米酒 薫長

這款也強力推薦！

特別純米 薫長

純米酒

DATA			
原料米	五百萬石	使用酵母	協會901號
	日之光	日本酒度	+1
精米比例	65%	酒精度數	15度

**可品嚐到米原有的鮮味
與香氣的純米酒**

以元祿15（1702）年建造的酒藏為首，5棟酒藏全都保有建造當時的風情，至今仍持續釀著日本酒。用紅磚堆砌而成的煙囪，已成為本地的象徵。日田市的文化發展在江戶時代達到顛峰，為深具歷史的城鎮，同時也是四周環繞著美麗大自然的知名水鄉。由釀酒資歷超過40年的資深杜氏帶領人們持續釀造美酒，努力提供品質穩定的酒。這款只用米、米麴和水釀造的純米酒，具有柔和的鮮味與濃郁的風味。加熱成溫燗飲用，酒的鮮美滋味可以消除一天的疲憊。

原料米 日之光／精米比例 50％／使用酵母 熊本酵母KA-4／日本酒度 +4／酒精度數 15度

**愈喝愈能感受到
鮮味的魅力**

將大分縣當地生產的酒米「日之光」精米磨成50％，釀出酸味與鮮味形成絕妙均衡的純米酒。愈喝愈能感受到魅力，讓人陷入微醺的舒暢感。建議以冷酒方式飲用，加熱成溫燗則能提升整體風味。

大吟醸 山水

這款也強力推薦！

特別純米酒 山水

大吟醸酒

DATA			
原料米	山田錦	日本酒度	+4
精米比例	40%	酒精度數	16度
使用酵母	熊本9號		

擁有歷史與名水的小京都所釀造的酒

寬政元（1789）年創業的老字號酒藏。由於老松神社的湧泉適合釀酒，因此便開始釀造日本酒。這款大吟醸是使用酒米「山田錦」與日田盆地的清水精心釀成。具有奢華的吟醸香與柔滑清爽的高雅風味，請務必以冷酒品嚐。

特別純米酒

原料米 愛知之香／精米比例 60％／使用酵母 協會901號／日本酒度 +1／酒精度數 14度

**以盆地特有的嚴寒氣候
與清冽好水釀造的口味**

這款酒具有俐落的尾韻與扎實豐盈的滋味。建議以冷酒或冷飲方式飲用。很適合使用葡萄酒杯品嚐。

豐潤 特別純米 大分三井 冷卸（ひやおろし）

特別純米酒

DATA		
原料米 大分三井		日本酒度 +8
精米比例 60%		酒精度數 16度
使用酵母 協會14號		

使用當地原料釀造的偏辛口地酒

這家酒藏位在大分縣北部的港都。明治元（1868）年創業後，曾在1988年停業，直到2008年才重啟生產。這款酒的酒米是用大分縣研發出的「大分三井」，並動員全家精心釀成的珍貴酒款。這支大分特有的酒，最適合搭配當地的魚貝類料理。

///// 這款也強力推薦！/////

豐潤 純米吟釀 大分三井

純米吟釀酒

原料米 大分三井／精米比例 50%／使用酵母 AK5／日本酒度 +1／酒精度數 16度

沒有強烈主張
適合當配角的一支酒

這款純米吟釀是使用香氣非常均衡的酵母，釀出適合當餐中酒飲用的風味。屬於可以提升料理美味的一瓶酒。

西之譽 特別純米酒

特別純米酒

DATA		
原料米：	精米比例 58%
日本國產米	使用酵母 熊本酵母KA-4
米麴：	日本酒度 −1.5
日本國產米	酒精度數 15～16度

突顯原料美味的
溫和風味

這家酒藏於慶應4（1868）年在豐前國、大分縣北部的下毛鄉創業。原本是家庭式釀酒廠，經過發展與多次變遷後才有今日。江戶中期之前的酒，基本上都是被稱為「濁醪」的濁酒，是為了追求麴的風味而釀造。獲得世界菸酒食品評鑑會最高金賞的「日田天領水」，便是使用知名的軟水細心釀造。

這款「西之譽」具有高雅馥郁的香氣與柔滑的口感，可以享受到富有深度的滋味。適合當成餐中酒，搭配生魚片、炸物、滷菜與火鍋料理等所有和食享用。稍微冰鎮後再飲用，更能感受到酒的鮮味。

///// 這款也強力推薦！/////

上撰15° 耶馬正宗

原料米 米：日本國產米・米麴：日本國產米／精米比例 不公開／使用酵母 不公開／日本酒度 −0.4／酒精度數 15～16度

能感受當地風土
與景色的風味

這是一款滋味柔滑的清酒，讓人想起當地耶馬溪的美麗景色、澄澈的空氣以及清淨的大自然。懷舊的復刻標籤更增加了親近感。

大分

雙葉山 大吟釀

大分
大分銘釀

宇佐市

DATA

原料米	山田錦	日本酒度	+3.7
精米比例	35%	酒精度數	16度
使用酵母	熊本酵母		

由布山系的伏流水所孕育出的銘酒

這家酒藏創業於正德2（1712）年，擁有300年以上的悠久歷史。在全年受惠於大自然恩賜的環境裡，細心地釀造日本酒。「雙葉山」一名來自昭和時期出身宇佐的大橫綱之名。具有扎實的風味與奢華的香氣。建議以冷飲方式飲用。

這款也強力推薦！

雙葉山 純米 角聖

原料米 大分縣產若水／精米比例 60%／使用酵母 清酒固形 酵母701／日本酒度 +3.5／酒精度數 15度

滿懷心意釀造出的美味好酒

這款酒是將酒米「若水」精米磨成60％，釀出具有酒米原有鮮味的柔和風味。口感絕佳，建議以冷飲方式品嚐。

八鹿 純米大吟釀〈金〉

大分
八鹿酒造

玖珠郡九重町

DATA

原料米	兵庫縣產山田錦	使用酵母	熊本系酵母
		日本酒度	+3
精米比例	40%	酒精度數	15度

由肩負傳統的杜氏傾全力釀造

這家酒藏創業於元治元（1864）年。從幕府末期開始，已持續在玖珠盆地釀酒約150年。使用九重連山湧出的伏流水，在釀酒上絕不妥協。這款酒具有將日本酒原有的美味提升到極限所釀出的深奧風味。建議充分冰鎮後再飲用。

這款也強力推薦！

笑門

原料米 日本國產米／精米比例 70%／使用酵母 協會7號系／日本酒度 ±0／酒精度數 15度

可享受風味與香氣的正統派日本酒

這款淡麗辛口酒是使用100％自釀酒和八鹿獨特的發酵法釀成，為酒藏具代表性的逸品，更是普通酒中的銘酒。冷酒或冷飲皆宜。

大分

COLUMN 喝法

冰鎮！溫熱！兌水！日本酒有各種喝法

日本酒的魅力之一在於，一瓶酒可以有各種不同的享受方法。不妨依季節或心情，嘗試各種不同的喝法。

加冰塊

酒精度數高的原酒若加冰塊飲用可降低酒精濃度，風味會變得更爽口。純米酒和生酒只要加冰塊飲用，同樣會覺得清爽美味。

燗酒

燗酒可以品嚐到濃郁的鮮味。因為加熱能促進鮮味活化。尤其是加熱到40～50℃時，香氣最佳、口感最好。

冷酒

炎熱的日子還是喝冷酒最棒。但若冰鎮到5℃以下，反而不易感受到香氣與鮮味。不妨以10～15℃品嚐看看，找出自己最喜歡的溫度。

登喜一

大吟醸酒

DATA			
原料米	山田錦	日本酒度	+2.5
精米比例	38%	酒精度數	17～未滿18度
使用酵母	不公開		

以吊搾方式釀造的淡麗辛口酒

這家酒藏雖然以釀造燒酒聞名，但也有生產清酒。將酒米「山田錦」精磨後，用日本少有的照葉樹林所孕育出的清澈水質，釀出宮崎具代表性的地酒。這款辛口酒具有奢華的香氣與富有深度的味道，喝起來十分舒服。

本醸造酒

本醸造 **初御代**

原料米 不公開／精米比例 不公開／使用酵母 不公開／日本酒度 +5／酒精度數 15～未滿16度

口感極佳
可搭配任何料理

這款酒具有溫和的香氣與精雕細琢的淡麗風味，屬於口感清爽的辛口酒。用溫燗方式飲用更能感受到美味。

純米酒 千德

純米酒

DATA			
原料米	山田錦 花神樂（はなかぐら）	使用酵母	自社酵母
		日本酒度	+2.5
精米比例	60%	酒精度數	15度

以傳統手工作業
精心釀出的地酒

明治36（1903）年創業。千德酒造是燒酒王國宮崎縣裡，唯一專門釀造清酒的酒藏。由於在早晚溫差大的地區所生產的米最適合釀酒，因此使用高千穗的米，並以五瀨川的伏流水釀出真正的地酒。該酒藏生產的產品幾乎百分百以縣內人口為消費主力，屬於地區緊密型的酒藏。為了增加更多的清酒粉絲，日夜認真地持續釀酒。

「千德」是以自家精米的方式，釀出每一滴都充滿米的鮮味的純米酒，喝起來讓人很滿足。具有適度的香氣與柔和的口感，十分容易入口。

吟醸酒

吟醸酒 **花神樂**
（はなかぐら）

原料米 花神樂／精米比例 60%／使用酵母 自社酵母／日本酒度 +6.5／酒精度數 15度

最大的魅力在於
辛口酒特有的爽口感

這家酒藏位在被稱為水鄉的延岡市。這款淡麗辛口100%使用宮崎縣內經過不斷嘗試所誕生的酒造好適米「花神樂」，並以低溫方式慢慢釀成。具有奢華的香氣與清爽的口感。

薩州正宗 純米吟釀酒

純米
吟釀酒

這款也強力推薦！

薩州正宗 純米酒

純米酒

DATA

原料米	不公開	日本酒度	+1
精米比例	60%	酒精度數	15度
使用酵母	不公開		

薩摩唯一釀造清酒的酒藏

鹿兒島可說是燒酒的主要產地。串木野金山曾是薩摩藩重要的收入來源，由於礦坑內全年都能維持一定的溫度，非常適合用來貯藏與熟成燒酒，因此該酒藏也成為利用礦坑的珍貴燒酒藏。但在相隔40年後，該酒藏在鹿兒島縣內開始著手釀造清酒。藉由不斷的研究，成為薩摩唯一成功釀出清酒的酒藏。

這款純米吟釀是將嚴選的日本國產米精米磨成60％後，用靈峰冠岳的清冽伏流水釀造。這支略偏甘口風味的酒充滿果香，酒質美味而淡麗。建議冰鎮後飲用。

原料米 不公開／精米比例 70%／使用酵母 不公開／日本酒度 ±0／酒精度數 15度

具有淡淡的甜味與滋潤的風味

曾經在清酒名門藏元修業過的杜氏，在燒酒王國薩摩裡所釀出的純米酒。這款酒具有米的馥郁香氣與豐潤清新的滋味。屬於日本酒度較低且具有酸味的清酒。冰鎮後飲用會更覺美味。

本釀造 黎明

本釀造酒

這款也強力推薦！

純米吟釀 黎明 限定品

純米吟釀酒

DATA

原料米	日本國產米	日本酒度	+7
精米比例	70%	酒精度數	15～16度
使用酵母	協會901號		

日本最南端的沖繩唯一的清酒藏元

要在全年平均氣溫20℃左右的沖繩釀造清酒，必須設法打造出秋至冬季的環境。釀造木桶、貯藏槽等，這家酒藏經過不斷地嘗試錯誤，終於成功找出方法維持適合釀酒的15℃。這款風味扎實濃郁的辛口酒也因此誕生。冷飲或溫燗皆宜。

原料米 麗峰／精米比例 55%／使用酵母 協會901號／日本酒度 ±0／酒精度數 15～16度

講究的沖繩清酒屬於淡淡的甘口風味

這款純米吟釀具有水果的香氣與淡淡的甜味，兩者十分調和。清爽的口感恰到好處。建議冰鎮後暢飲一杯。

九州的
各種日本酒

在此介紹九州的古酒、濁酒與氣泡日本酒。

氣泡酒

（佐賀縣）**天吹酒造**

天吹 純米吟釀氣泡酒

帶有微氣泡感與奢華香氣的氣泡酒。可當成乾杯用的餐前酒，也能搭配油脂豐富的料理清爽地享用。因為酒中含有活酵母，開瓶後最好盡快喝完。

（宮崎縣）**千德酒造**

guzzle（ガズル）

最近很受歡迎的微氣泡酒，酒精度數只有8度左右。具有新感覺的輕盈口感，喝起來既清涼又爽口。最適合冰鎮後用來乾杯。

濁酒

（福岡縣）**小林酒造本店**

萬代 本釀造濁酒

帶有淡淡芳醇的風味。這款濁酒的魅力在於奢華甘甜的香氣，以及充滿米原有的甜味和鮮味，屬於全年都能買到的商品。建議以冷飲方式品嚐。

（熊本縣）**龜萬酒造**

濁原酒

採用殘留較多醪顆粒的製法，可以品嚐到米原有的甜味，同時帶有適度的酸味。清爽的風味中還感受到濃郁的口感，可用各種不同方式品嚐。

古酒

（長崎縣）**杵之川**

古酒 華

靜置10年以上的長期熟成酒。不僅口感圓潤，還能品嚐到溫和高雅的甜味。建議加入碎冰或冰塊飲用。

（大分縣）**八鹿酒造**

八鹿大吟釀（銀）三年古酒

置於陰涼的酒藏中熟成3年的古酒。香氣優雅且餘韻深濃，口感十分柔滑。採用木盒包裝，很適合當成頂級賀禮送人。

其他氣泡酒&濁酒&古酒

種類	縣府	藏元	商品名稱	概要
氣泡酒	長崎	山崎本店酒造場	平成新山 普賢岳 氣泡酒	這是一款具有果香、很適合被稱為日式香檳的氣泡清酒。風味道地，滋味十分清爽。
	福岡	石藏酒造	氣泡清酒 あわゆら	使用「福岡夢酵母」釀造的氣泡清酒。特色是具有清爽的酸味，且酒精度數較低。
濁酒	長崎	梅枝酒造	金撰 梅枝 濁酒	將醪粗濾後留下小顆的米。這款冬季限定的濁酒，具有在口中化開般的水潤口感。
	福岡	綾杉酒造場	濁酒	過濾醪而成的冬季限定濁酒。可品嚐到新鮮芳香的麴所帶來的刺激口感。
古酒	大分	萱島酒造	西之關 秘藏古酒	受到全世界好評，濃縮鮮味的大吟釀古酒。藉由貯藏5年的時間，使圓熟的風味變得更溫和。
	熊本	千代之園酒造	大吟釀古酒 千代之園	熟成年度不同的系列古酒。目前只販賣「1982年」、「1987年」、「1992年」3種。

※省略部分內容以及地址的「字」與「大字」。
（註：日本在實施町村合併後，原本的村名改成「大字」，村以下的更小行政區單位則成為「小字」）

藏元名稱（中文）	藏元名稱（日文）	地址	網址	頁數
三千櫻酒造（股）	三千櫻酒造（株）	中津川市田瀬25	http://michizakura.jp/	37
御代櫻釀造（股）	御代桜醸造（株）	美濃加茂市太田本町3-2-9	http://www.miyozakura.co.jp/	34
（股）三輪酒造	（株）三輪酒造	大垣市船町4-48	http://www.miwashuzo.co.jp/	31
若葉（股）	若葉（株）	瑞浪市土岐町7270-1	http://www.wakaba-sake.com/	36
渡邊酒造釀	渡辺酒造醸	大垣市林町8-1126	http://www.minonishiki.com/	31
（有）渡邊酒造店	（有）渡辺酒造店	飛騨市古川町壱之町7-7	http://www.sake-hourai.co.jp/	42

靜岡

藏元名稱（中文）	藏元名稱（日文）	地址	網址	頁數
青島酒造（股）	青島酒造（株）	藤枝市上青島246		48
磯自慢酒造（股）	磯自慢酒造（株）	焼津市鰯ヶ島307	http://www.isojiman-sake.jp/	51
英君酒造（股）	英君酒造（株）	静岡市清水区由比入山2152	http://eikun.fc2web.com/	47
（股）大村屋酒造場	（株）大村屋酒造場	島田市本通1-1-8	http://www.oomuraya.jp/	52
（股）神澤川酒造場	（株）神沢川酒造場	静岡市清水区由比181	http://www.kanzawagawa.jp/	46
三和酒造（股）	三和酒造（株）	静岡市清水区西久保501-10	http://www.garyubai.com/	46
（股）志太泉酒造	（株）志太泉酒造	藤枝市宮原423-22-1	http://shidaizumi.com/	48
杉井酒造	杉井酒造	藤枝市小石川町4-6-4	http://suginishiki.com/	48
高嶋酒造（股）	高嶋酒造（株）	沼津市原354-1	http://www.hakuinmasamune.com/	49
（股）土井酒造場	（株）土井酒造場	掛川市小貫633	http://kaiunsake.com/	52
萩錦酒造（股）	萩錦酒造（株）	静岡市駿河区西脇381		46
初龜釀造（股）	初亀醸造（株）	藤枝市岡部町岡部744		47
花之舞酒造（股）	花の舞酒造（株）	浜松市浜北区宮口632	http://www.hananomai.co.jp/	50
富士高砂酒造（股）	富士高砂酒造（株）	富士宮市宝町9-25	http://www.fuji-takasago.com/	50
富士正酒造（資）	富士正酒造（資）	富士宮市根原450-1	http://www.fujimasa-sake.com/	51
牧野酒造（資）	牧野酒造（資）	富士宮市下条1037	http://www.makino-shuzo.com/	50
森本酒造（資）	森本酒造（資）	菊川市堀之内1477	http://sayogoromo.jimdo.com/	49
山中酒造（資）	山中酒造（資）	掛川市横須賀61	http://www5a.biglobe.ne.jp/~yamanaka	49

愛知

藏元名稱（中文）	藏元名稱（日文）	地址	網址	頁數
相生UNIBIO（股）	相生ユニビオ（株）	西尾市下町丸山5	http://www.unibio.jp/	60
（名）伊勢屋商店	（名）伊勢屋商店	豊橋市花田町斉藤49	http://iseya-kouraku.sakura.ne.jp/	62
神杉酒造（股）	神杉酒造（株）	安城市明治本町20－5	http://www.kamisugi.co.jp/	59
神之井酒造（股）	神の井酒造（株）	名古屋市緑区大高町高見25	http://kaminoi.co.jp/	53
甘強酒造（股）	甘強酒造（株）	海部郡蟹江町城4-1	http://www.kankyo-shuzo.co.jp/	61
清洲櫻釀造（股）	清洲桜醸造（株）	清須市清洲1692	http://www.onikoroshi.co.jp/	59
金虎酒造（股）	金虎酒造（株）	名古屋市北区山田3-11-16	http://www.kintora.jp/	53
勳碧酒造（股）	勳碧酒造（株）	江南市小折本町柳橋88	http://www.kunpeki.co.jp/	55
關谷釀造（股）	関谷醸造（株）	北設楽郡設楽町田口町浦22	http://www.houraisen.co.jp/	62
長珍酒造（股）	長珍酒造（株）	津島市本町3-62		56

藏元名稱（中文）	藏元名稱（日文）	地址	網址	頁數
鶴見酒造（股）	鶴見酒造（株）	津島市百町旭46	http://www.tsurumi-jp.com/	56
內藤釀造（股）	內藤釀造（株）	稻沢市祖父江町甲新田高須賀52-1	http://www.naitojouzou.com/	55
中埜酒造（股）	中埜酒造（株）	半田市東本町2-24	https://www.nakanoshuzou.jp/	58
原田酒造（資）	原田酒造（資）	知多郡東浦町生路坂下29	http://www.ikujii.co.jp/	59
（股）萬乘釀造	（株）萬乘釀造	名古屋市緑区大高町西門田41	http://kuheiji.co.jp/	54
福井酒造（股）	福井酒造（株）	豊橋市中浜町214	http://www.fukui-syuzo.co.jp/	61
丸井（名）	丸井（名）	江南市布袋町東202		55
丸石醸造（股）	丸石醸造（株）	岡崎市中町6-2-5	http://www.014.co.jp/	60
丸一酒造（股）	丸一酒造（株）	知多郡阿久比町植大西廻間11	http://www.sake01.co.jp/	58
水谷酒造（股）	水谷酒造（株）	愛西市鷹場町久田山12	http://www.mizutanishuzou.jp/	56
盛田（股）	盛田（株）	名古屋市中区栄1-7-34	http://moritakk.com/	54
盛田金鯱酒造（股）	盛田金しゃち酒造（株）	半田市亀崎町9-112	http://www.kinshachi.co.jp/	62
山崎（資）	山﨑（資）	西尾市西幡豆町柿田57	http://www.sonnoh.co.jp/	60
山田酒造（股）	山田酒造（株）	海部郡蟹江町須成下之割南1245	http://www5d.biglobe.ne.jp/~yamada/	58
山忠本家酒造（股）	山忠本家酒造（株）	愛西市日置町1813		57
山盛酒造（股）	山盛酒造（株）	名古屋市緑区大高町高見74	http://takanoyume.co.jp/	53
渡邊酒造（股）	渡辺酒造（株）	愛西市草平町道下83		57

三重

藏元名稱（中文）	藏元名稱（日文）	地址	網址	頁數
（股）油正	（株）油正	津市久居本町1583	http://www.abusyou-hatsuhi.co.jp/	64
石川酒造（股）	石川酒造（株）	四日市市桜町129	http://e-sakagura.co.jp/	64
（股）伊勢萬	（株）伊勢萬	伊勢市宇治中之切町77-2	http://www.iseman.co.jp/	65
（股）大田酒造	（株）大田酒造	伊賀市上之庄1365-1	http://www.hanzo-sake.com/	65
木屋正酒造（資）	木屋正酒造（資）	名張市本町314-1	http://kiyashow.com/	66
元坂酒造（股）	元坂酒造（株）	多気郡大台町柳原346-2	http://www.gensaka.com/	65
（資）後藤酒造場	（資）後藤酒造場	桑名市赤尾1019	http://www.sake-seiun.com/	63
清水清三郎商店（股）	清水清三郎商店（株）	鈴鹿市若松東3-9-33	http://seizaburo.jp/	63
瀧自慢酒造（股）	瀧自慢酒造（株）	名張市赤目町柏原141	http://www.takijiman.jp/	67
（名）福持酒造場	（名）福持酒造場	名張市安部田3905		67
（股）宮崎本店	（株）宮﨑本店	四日市市楠町南五味塚972	http://www.miyanoyuki.co.jp/	64
若戎酒造（股）	若戎酒造（株）	伊賀市阿保1317	http://www.wakaebis.co.jp/	66

藏元名稱（中文）	藏元名稱（日文）	地址	網址	頁數
滋賀				
上原酒造（股）	上原酒造（株）	高島市新旭町太田1524	http://furosen.com/	79
笑四季酒造（股）	笑四季酒造（株）	甲賀市水口町本町1-7-8	http://www.emishiki.com/	75
近江酒造（股）	近江酒造（株）	東近江市八日市 上之町9-16	http://shigasakari.jp/	78
太田酒造（股）	太田酒造（株）	草津市草津3-10-37	http://www.ohta-shuzou.co.jp/	74
川島酒造（股）	川島酒造（株）	高島市新旭町旭83	http://www.matsu87.jp/	77
喜多酒造（股）	喜多酒造（株）	東近江市池田町1129	http://kirakucho.jp/	79
多賀（股）	多賀（株）	犬上郡多賀町 中川原102	http://www.sakenotaga.co.jp/	80
竹内酒造（股）	竹内酒造（株）	湖南市石部中央1-6-5	http://www.takeuchishuzo.co.jp/	77
富田酒造（有）	冨田酒造（有）	長浜市木之本町 木之本1107	http://www.7yari.co.jp/	74
中澤酒造（有）	中澤酒造（有）	東近江市五個 荘小幡町570		78
畑酒造（有）	畑酒造（有）	東近江市小脇町1410		77
（有）平井商店	（有）平井商店	大津市中央1-2-33	http://www.biwa.ne.jp/~asajio/	76
（股）福井彌平商店	（株）福井弥平商店	高島市勝野1387-1	http://www.haginotsuyu.co.jp/	80
藤居本家	藤居本家	愛知郡愛荘町長野793	http://www.fujiihonke.jp/	76
古川酒造（有）	古川酒造（有）	草津市矢倉1丁目3-33		75
増本藤兵衛酒造場	増本藤兵衛酒造場	東近江市神郷町1019	http://www.ususakura.jp/	78
美富久酒造（股）	美冨久酒造（株）	甲賀市水口町 西林口3-2	http://mifuku.co.jp/	75
山路酒造（有）	山路酒造（有）	長浜市木之本町 木之本990	http://www.hokkokukaidou.com/	76
京都				
池田酒造（股）	池田酒造（株）	舞鶴市中山32	http://www.ikekumo.com/	90
大石酒造（股）	大石酒造（株）	亀岡市ひえ田野町 佐伯垣内亦13	http://www.okinazuru.co.jp/	89
黄櫻（股）	黄桜（株）	京都市伏見区横大 路下三栖梶原町53	http://kizakura.co.jp/ja/	82
（股）北川本家	（株）北川本家	京都市伏見区 村上町370-6	http://www.tomio-sake.co.jp/	82
木下酒造（有）	木下酒造（有）	京丹後市久美 浜町甲山1512	http://www.sake-tamagawa.com/	93
（股）京姫酒造	（株）京姫酒造	京都市伏見区 山崎町368-1		83
Kinshi正宗（股）	キンシ正宗（株）	京都市伏見区 新町11-337-1	http://www.kinshimasamune.com/	83
熊野酒造（有）	熊野酒造（有）	京丹後市久美浜町45-1	http://www.kuminoura.com/	92
月桂冠（股）	月桂冠（株）	京都市伏見区 南浜町247	http://www.gekkeikan.co.jp/	83
齊藤酒造（股）	齊藤酒造（株）	京都市伏見区横大路 三栖山城屋敷町105	http://www.eikun.com/	84

藏元名稱（中文）	藏元名稱（日文）	地址	網址	頁數
佐佐木酒造（股）	佐々木酒造（株）	京都市上京区日暮通椹木町下ル北伊勢屋町727	http://jurakudai.com/	88
招德酒造（股）	招德酒造（株）	京都市伏見区舞台町16	http://www.shoutoku.co.jp/	86
城陽酒造（股）	城陽酒造（株）	城陽市奈島久保野34-1	http://joyo-shuzo.co.jp/	93
白杉酒造（股）	白杉酒造（株）	京丹後市 大宮町周枳954	http://shirakiku.shop-pro.jp/	91
寶酒造（股）	宝酒造（株）	京都市下京区四条通烏丸東入長刀鉾町20	http://www.takarashuzo.co.jp/	88
竹野酒造（有）	竹野酒造（有）	京丹後市弥栄町 溝谷3622-1	http://www.yasakaturu.co.jp/	92
玉乃光酒造（股）	玉乃光酒造（株）	京都市伏見区 東堺町545-2	http://www.tamanohikari.co.jp/	85
（有）長老酒造	（有）長老酒造	船井郡京丹波町 本庄ノヲテ5	http://www.chourou.co.jp/	89
東和酒造（有）	東和酒造（有）	福知山市上野115	http://towa-shuzou.jp/	90
HAKUREI 酒造（股）	ハクレイ 酒造（株）	宮津市字由良949	http://www.hakurei.co.jp/	91
羽田酒造（有）	羽田酒造（有）	京都市右京区 京北周山町下台20	http://www.hanedashuzo.co.jp/	89
東山酒造（有）	東山酒造（有）	京都市伏見区 塩屋町223		85
藤岡酒造（股）	藤岡酒造（株）	京都市伏見区今町672-1	http://www.sookuu.net/	87
（股）増田 德兵衛商店	（株）増田 德兵衛商店	京都市伏見区 下鳥羽長田町135	http://www.tsukinokatsura.co.jp/ec_shop/	86
松井酒造（股）	松井酒造（株）	京都市左京区 吉田河原町1-6	http://matsuishuzo.com/	88
松本酒造（股）	松本酒造（株）	京都市伏見区 横大路三栖大黒町7	http://sawayamatsumoto.com/	84
都鶴酒造（股）	都鶴酒造（株）	京都市伏見区 御駕籠町151	http://www.miyakotsuru.co.jp/	87
向井酒造（股）	向井酒造（株）	与謝郡伊根町平田67	http://www.kuramoto-mukai.jp/	90
（股）山本本家	（株）山本本家	京都市伏見区 上油掛町36-1	http://www.yamamotohonke.jp/	86
吉岡酒造場	吉岡酒造場	京丹後市弥栄町 溝谷1139	http://www.yoshinoyama-tango.com/	92

大阪

藏元名稱（中文）	藏元名稱（日文）	地址	網址	頁數
秋鹿酒造（有）	秋鹿酒造（有）	豊能郡能勢町倉垣1007		95
（有）北庄司酒造店	（有）北庄司酒造店	泉佐野市日根野3173	http://www.kitashouji.jp/	95
吳春（股）	呉春（株）	池田市綾羽1-2-2		94
壽酒造（股）	寿酒造（株）	高槻市富田町3-26-12	http://www.kuninocho.jp/	94
西條（資）	西條（資）	河内長野市長野12-18	http://www.amanosake.com/	97
大門酒造（股）	大門酒造（株）	交野市森南3-12-1	http://www.daimonbrewery.com/	96
寺田酒造（有）	寺田酒造（有）	岸和田市並松町22-30		95
浪花酒造（有）	浪花酒造（有）	阪南市尾崎町3-13-6	http://www.naniwamasamune.com/	97

藏元名稱（中文）	藏元名稱（日文）	地址	網址	頁數
山野酒造（股）	山野酒造（株）	交野市私部7-11-2	http://katanosakura.com/	96

兵庫

藏元名稱（中文）	藏元名稱（日文）	地址	網址	頁數
明石酒類醸造（股）	明石酒類醸造（株）	明石市大蔵八幡町1-3	http://www.akashi-tai.com/	102
伊丹老松酒造（股）	伊丹老松酒造（株）	伊丹市中央3-1-8	http://www.oimatsu.biz/	111
稲見酒造（股）	稲見酒造（株）	三木市芝町2-29	http://www.aoitsuru.co.jp/	103
茨木酒造（名）	茨木酒造（名）	明石市魚住町西岡1377	http://rairaku.jp/	103
打田酒造（股）	打田酒造（株）	丹波市氷上町谷村520		109
江井嶋酒造（股）	江井ヶ嶋酒造（株）	明石市大久保町西島919	http://www.ei-sake.jp/all/	102
老松酒造（有）	老松酒造（有）	宍粟市山崎町山崎12	http://s-oimatsu.com/	108
大關（股）	大関（株）	西宮市今津出在家町4-9	http://www.ozeki.co.jp/	113
岡村酒造場	岡村酒造場	三田市木器340	http://www.eonet.ne.jp/~okamura-sake/	111
香住鶴（股）	香住鶴（株）	美方郡香美町香住区小原600-2	http://www.fukuchiya.co.jp/	110
神結酒造（股）	神結酒造（株）	加東市下滝野474	http://www.kamimusubi.co.jp/	104
菊正宗酒造（股）	菊正宗酒造（株）	神戸市東灘区御影本町1-7-15	http://www.kikumasamune.co.jp/	100
剣菱酒造（股）	剣菱酒造（株）	神戸市東灘区御影本町3-12-5	http://www.kenbishi.co.jp/	100
（股）神戸酒心館	（株）神戸酒心館	神戸市東灘区御影塚町1-8-17	http://www.shushinkan.co.jp/	100
小西酒造（股）	小西酒造（株）	伊丹市東有岡2-13	http://www.konishi.co.jp/	111
櫻正宗（股）	櫻正宗（株）	神戸市東灘区魚崎南町5-10-1	http://www.sakuramasamune.co.jp/	99
澤之鶴（股）	沢の鶴（株）	神戸市灘区新在家南町5-1-2	http://www.sawanotsuru.co.jp/	98
山陽盃酒造（股）	山陽盃酒造（株）	宍粟市山崎町山崎28	http://www.sanyouhai.com/	108
下村酒造店	下村酒造店	姫路市安富町安志957	http://www.okuharima.jp/	107
千年一酒造（股）	千年一酒造（株）	淡路市久留麻2485-1	http://www.sennenichi.co.jp/	104
田治米（名）	田治米（名）	朝来市山東町矢名瀬町545	http://www.chikusen-1702.com/	108
辰馬本家酒造（股）	辰馬本家酒造（株）	西宮市建石町2-10	http://www.hakushika.co.jp/	113
壺坂酒造（股）	壺坂酒造（株）	姫路市夢前町前之庄1418-1	http://seppiko.shop-pro.jp/	106
西海酒造（股）	西海酒造（株）	明石市魚住町金ヶ崎1350	http://www.soranotsuru.com/	103
（股）西山酒造場	（株）西山酒造場	丹波市市島町中竹田1171	http://www.kotsuzumi.co.jp/	109
日本盛（股）	日本盛（株）	西宮市用海町4-57	http://www.nihonsakari.co.jp/	112
白鷹（股）	白鷹（株）	西宮市浜町1-1	http://www.hakutaka.jp/	112
白鶴酒造（股）	白鶴酒造（株）	神戸市東灘区住吉南町4-5-5	http://www.hakutsuru.co.jp/	99
濱福鶴吟醸工房	浜福鶴吟醸工房	神戸市東灘区魚崎南町4-4-6	http://www.hamafukutsuru.co.jp/	99

藏元名稱（中文）	藏元名稱（日文）	地址	網址	頁數
富久錦（股）	富久錦（株）	加西市三口町1048	http://www.fukunishiki.co.jp/	105
富久娘酒造（股）	富久娘酒造（株）	神戶市灘區 新在家南町3-2-28	http://www.oenon.jp/	98
鳳鳴酒造（股）	鳳鳴酒造（株）	篠山市吳服町73	http://houmei.wix.com/ houmeisyuzou	110
（股）本田商店	（株）本田商店	姬路市網干區高田361-1	http://www.taturiki.com/	106
萬代大澤釀造（股）	万代大澤釀造（株）	西宮市東町1-13-25		112
三宅酒造（股）	三宅酒造（株）	加西市中野町917		105
都美人酒造（股）	都美人酒造（株）	南あわじ市榎列西川247	http://www.miyakobijin.co.jp/	104
名城酒造（股）	名城酒造（株）	姬路市豐富町 豐富2222-5	http://www.meijoshuzou.co.jp/	105
YAEGAKI 酒造（股）	ヤヱガキ 酒造（株）	姬路市林田町 六九谷681	http://www.yaegaki.co.jp/sake/	107
山名酒造（股）	山名酒造（株）	丹波市市島町 上田211	http://www.okutamba.co.jp/	109

奈良

藏元名稱（中文）	藏元名稱（日文）	地址	網址	頁數
今西酒造（股）	今西酒造（株）	櫻井市大字三輪510	http://www.imanishisyuzou.com/	118
（股）今西 清兵衛商店	（株）今西 清兵衛商店	奈良市 福智院町24-1	http://www.harushika.com/	114
梅乃宿酒造（股）	梅乃宿酒造（株）	葛城市東室27	http://umenoyado.com/	116
（股）大倉本家	（株）大倉本家	香芝市鎌田692	http://www.kinko-ookura.com/	118
葛城酒造（股）	葛城酒造（株）	御所市名柄347-2	http://www.hyakurakumon-sake. com/	117
河合酒造（股）	河合酒造（株）	橿原市今井町1-7-8		115
菊司釀造（股）	菊司釀造（株）	生駒市小瀨町555		115
北村酒造（股）	北村酒造（株）	吉野郡吉野町上市172-1	http://www.kitamurasyuzou. co.jp/	119
五條酒造（股）	五條酒造（株）	五條市今井1-1-31	http://sake-goshin.com/	120
長龍酒造（股）	長龍酒造（株）	北葛城郡廣陵町南4	http://www.choryo.jp/	115
千代酒造（股）	千代酒造（株）	御所市大字櫛羅621	http://www.chiyoshuzo.co.jp/	117
中谷酒造（股）	中谷酒造（株）	大和郡山市番條町561	http://www.sake-asaka.co.jp/	120
西內酒造	西內酒造	櫻井市大字下3	http://www.nara-tanzan.jp/	118
藤村酒造（股）	藤村酒造（株）	吉野郡下市町下市154	http://yoshino-umazake.com/	120
美吉野釀造（股）	美吉野釀造（株）	吉野郡吉野町 六田1238-1	http://www.hanatomoe.com/	119
八木酒造（股）	八木酒造（株）	奈良市高畑町915	http://www.naraizumi.jp/item/ yagi/	114
油長酒造（股）	油長酒造（株）	御所市中本町1160	http://www.yucho-sake.jp/	116

和歌山

藏元名稱（中文）	藏元名稱（日文）	地址	網址	頁數
尾崎酒造（股）	尾﨑酒造（株）	新宮市船町3-2-3	http://ozakisyuzou.jp/	124
（股）九重雜賀	（株）九重雜賀	紀の川市桃山町元142-1	http://www.kokonoesaika.co.jp/	125
祝砲酒造（股）	祝砲酒造（株）	和歌山市田中町2-20		124
鈴木宗右衛門 酒造（股）	鈴木宗右衛門 酒造（株）	田辺市秋津町1305	http://suzumon.co.jp/	124

藏元名稱（中文）	藏元名稱（日文）	地址	網址	頁數
（股）世界一統	（株）世界一統	和歌山市湊紺屋町1-10	http://www.sekaiitto.co.jp/	121
田端酒造（股）	田端酒造（株）	和歌山市木広町5-2-15	http://www.rashomon-kuramoto.co.jp/	122
天長島村酒造（股）	天長島村酒造（株）	和歌山市本町7-4	http://www.tencho-shimamura.jp/	121
中野BC（股）	中野BC（株）	海南市藤白758-45	http://www.nakano-group.co.jp/	122
（股）名手酒造店	（株）名手酒造店	海南市黒江846	http://www.kuroushi.com/	122
初櫻酒造（股）	初桜酒造（株）	伊都郡かつらぎ町中飯降85	http://www.hatsusakura.co.jp/	123
平和酒造（股）	平和酒造（株）	海南市溝ノ口119	http://www.heiwashuzou.co.jp/	123

岡山

藏元名稱（中文）	藏元名稱（日文）	地址	網址	頁數
磯千鳥酒造（股）	磯千鳥酒造（株）	浅口郡里庄町新庄306	http://www.isochidori.co.jp	135
嘉美心酒造（股）	嘉美心酒造（株）	浅口市寄島町7500-2	http://www.kamikokoro.co.jp/	134
菊池酒造（股）	菊池酒造（株）	倉敷市玉島阿賀崎1212	http://kikuchishuzo.co.jp/	133
十八盛酒造（股）	十八盛酒造（株）	倉敷市児島田の口5-6-14	http://www.juhachi.jp	133
（資）多胡本家酒造場	（資）多胡本家酒造場	津山市楢69	http://www.tsuyamabeer.co.jp/	132
（有）田中酒造場	（有）田中酒造場	美作市古町1655	http://www.musashinosato.com/	130
（股）辻本店	（株）辻本店	真庭市勝山116	http://www.gozenshu.co.jp/	130
利守酒造（股）	利守酒造（株）	赤磐市西軽部762-1	http://www.sakehitosuji.co.jp	132
丸本酒造（股）	丸本酒造（株）	浅口市鴨方町本庄2485	http://www.kamomidori.co.jp/	134
三宅酒造（股）	三宅酒造（株）	総社市宿355	http://suifu-miyake.jp/	131
宮下酒造（股）	宮下酒造（株）	岡山市中区西川原184	http://www.msb.co.jp/	131
室町酒造（股）	室町酒造（株）	赤磐市西中1342-1	http://www.sakuramuromachi.co.jp/	131
森田酒造（股）	森田酒造（株）	倉敷市本町8-8	http://www.moritasyuzou.co.jp/	134
山成酒造（股）	山成酒造（株）	井原市芳井町簗瀬23	http://yamanari.jp	135
醉機嫌（股）	ヨイキゲン（株）	総社市清音上中島372-1	http://www.yoikigen.co.jp	135

広島

藏元名稱（中文）	藏元名稱（日文）	地址	網址	頁數
相原酒造（股）	相原酒造（株）	呉市仁方本町1-25-15	http://www.ugonotsuki.com/	146
（股）今田酒造本店	（株）今田酒造本店	東広島市安芸津町三津3734	http://fukucho.info/	145
（名）梅田酒造場	（名）梅田酒造場	広島市安芸区船越6-3-8	http://www.honshu-ichi.com/	139
榎酒造（股）	榎酒造（株）	呉市音戸町南隠渡2-1-15	http://hanahato.ocnk.net/	147
小野酒造（股）	小野酒造（株）	山県郡北広島町蔵迫47	http://www.oigame.co.jp/	153
金光酒造（資）	金光酒造（資）	東広島市黒瀬町乃美尾1364-2	http://www.kamokin.com/	144
賀茂泉酒造（股）	賀茂泉酒造（株）	東広島市西条上市町2-4	http://www.kamoizumi.co.jp/	144
賀茂鶴酒造（股）	賀茂鶴酒造（株）	東広島市西条本町4-31	http://www.kamotsuru.jp/	141
旭鳳酒造（股）	旭鳳酒造（株）	広島市安佐北区可部3-8-16	http://www.kyokuhou.co.jp/	140
龜齢酒造（股）	亀齢酒造（株）	東広島市西条本町8-18	http://kireikireikirei.jimdo.com/	142

藏元名稱（中文）	藏元名稱（日文）	地址	網址	頁數
久保田酒造（股）	久保田酒造（株）	広島市安佐北区可部2-34-24	http://www.hishimasamune.co.jp/	140
西條鶴醸造（股）	西條鶴醸造（株）	東広島市西条本町9-17		142
山陽鶴酒造（股）	山陽鶴酒造（株）	東広島市西条岡町6-9	http://www.sanyotsuru.jp/	144
（股）醉心山根本店	（株）醉心山根本店	三原市東町1-5-58	http://www.suishinsake.co.jp/	153
竹鶴酒造（股）	竹鶴酒造（株）	竹原市本町3-10-29		149
中國醸造（股）	中国醸造（株）	廿日市市桜尾1-12-1	http://www.chugoku-jozo.co.jp/	140
柄酒造（股）	柄酒造（株）	東広島市安芸津町三津4228	http://www.tsukasyuzou.jp/	145
（股）天寶一	（株）天寶一	福山市神辺町川北660	http://www.tenpo1.co.jp/	150
中尾醸造（股）	中尾醸造（株）	竹原市中央5-9-14	http://www.maboroshi.co.jp/	150
水龍 中野光次郎本店	水龍 中野光次郎本店	呉市吉浦中町2-7-10	http://suiryu.hiroshima.jp/	146
白牡丹酒造（股）	白牡丹酒造（株）	東広島市西条本町15-5	http://www.hakubotan.co.jp/	141
馬上酒造場	馬上酒造場	安芸郡熊野町7870		152
花酔酒造（股）	花酔酒造（株）	庄原市総領町稲草1989-1		151
（股）原本店	（株）原本店	広島市中区白島九軒町9-19		139
比婆美人酒造（股）	比婆美人酒造（株）	庄原市三日市町232-1		151
福美人酒造（股）	福美人酒造（株）	東広島市西条本町6-21	http://www.fukubijin.co.jp/	142
藤井酒造（股）	藤井酒造（株）	竹原市本町3-4-14	http://www.fujiishuzou.com/	149
寶剣酒造（股）	宝剣酒造（株）	呉市仁方本町1-11-2	http://www2u.biglobe.ne.jp/~houken/	146
（股）三宅本店	（株）三宅本店	呉市本通7-9-10	http://www.sempuku.co.jp/	148
美和櫻酒造（有）	美和桜酒造（有）	三次市三和町下板木262		152
三輪酒造（股）	三輪酒造（株）	神石郡神石高原町油木乙1930	http://shinrai-1716.com/	145
盛川酒造（股）	盛川酒造（株）	呉市安浦町原畑44	http://morikawa-shuzo.com/	147
八幡川酒造（股）	八幡川酒造（株）	広島市佐伯区八幡3-13-20	http://www.yahatagawa.co.jp/	139
山岡酒造（股）	山岡酒造（株）	三次市甲奴町西野489-1	http://wp1.fuchu.jp/~zuikan/	152
（股）吉源酒造場	（株）吉源酒造場	尾道市三軒家町14-6	http://yoshigen.info/	148

島根

青砥酒造（股）	青砥酒造（株）	安来市広瀬町布部1164-4	http://www.aotoshuzo.co.jp/	156
（股）赤名酒造	（株）赤名酒造	飯石郡飯南町赤名23	http://kinunomine.com/	158
旭日酒造（有）	旭日酒造（有）	出雲市今市町662	http://www.jujiasahi.co.jp/	157
板倉酒造（有）	板倉酒造（有）	出雲市塩冶町468	http://www.tenon.jp/	155
（股）岡田屋本店	（株）岡田屋本店	益田市染羽町5-7	http://www.kikuyasaka.co.jp/	161
隠岐酒造（股）	隠岐酒造（株）	隠岐郡隠岐の島町原田174	http://okishuzou.com/	155
奥出雲酒造（股）	奥出雲酒造（株）	仁多郡奥出雲町亀嵩1380-1	http://www.okuizumosyuzou.com/	159

藏元名稱（中文）	藏元名稱（日文）	地址	網址	頁數
華泉酒造（資）	華泉酒造（資）	鹿足郡津和野町後田口221		162
加茂福酒造（股）	加茂福酒造（株）	邑智郡邑南町中野2405	http://www.kamofuku.co.jp/	161
木次酒造（股）	木次酒造（株）	雲南市木次町木次477-1	http://www.kisukisyuzou.com/	158
（股）桑原酒場	（株）桑原酒場	益田市中島町口171		160
國暉酒造（股）	國暉酒造（株）	松江市東茶町8	http://www.kokki.jp/	156
（股）酒持田本店	（株）酒持田本店	出雲市平田町785	http://www.sakemochida.jp/	157
（股）竹下本店	（株）竹下本店	雲南市掛合町掛合955-1	http://www.takeshita-honten.com/	158
日本海酒造（股）	日本海酒造（株）	浜田市三隅町湊浦80	http://www.kan-nihonkai.com/	160
簸上清酒（名）	簸上清酒（名）	仁多郡奥出雲町横田1222	http://www.sake-hikami.co.jp/	159
富士酒造（資）	富士酒造（資）	出雲市今市町1403	http://izumofuji.com/	157
古橋酒造（股）	古橋酒造（株）	鹿足郡津和野町後田口196	http://uijin.net/	162
（股）右田本店	（株）右田本店	益田市本町3-30	http://migitahonten.jp/	161
吉田酒造（股）	吉田酒造（株）	安来市広瀬町広瀬1216	http://www.e-gassan.co.jp/	156
米田酒造（股）	米田酒造（株）	松江市東本町3-59	http://www.toyonoaki.com/	154
李白酒造（有）	李白酒造（有）	松江市石橋町335	http://www.rihaku.co.jp/	155
若林酒造（有）	若林酒造（有）	大田市温泉津町小浜口73	http://www.kaishun.co.jp/	154

鳥取

（股）稲田本店	（株）稲田本店	米子市夜見町325-16	http://www.inata.co.jp/	164
（有）太田酒造場	（有）太田酒造場	八頭郡若桜町若桜1223-2	http://www.ben-ten.sakura.ne.jp/	165
大谷酒造（股）	大谷酒造（株）	東伯郡琴浦町浦安368	http://www.takaisami.co.jp/	166
久米櫻酒造（有）	久米桜酒造（有）	西伯郡伯耆町丸山1740-50	http://g-beer.jp/kumezakura	166
諏訪酒造（股）	諏訪酒造（株）	八頭郡智頭町智頭451	http://suwaizumi.jp/	165
千代結酒造（股）	千代むすび酒造（株）	境港市大正町131	http://www.chiyomusubi.co.jp/	163
中井酒造（股）	中井酒造（株）	倉吉市中河原555	http://www.yasionet.jp/	163
中川酒造（股）	中川酒造（株）	鳥取市立川町2-305	http://gohriki.com/	163
福羅酒造（股）	福羅酒造（株）	東伯郡湯梨浜町松崎448	http://www.fukura-syuzou.com/	166
（有）山根酒造場	（有）山根酒造場	鳥取市青谷町大坪249	http://hiokizakura.jp/	164

山口

旭酒造（股）	旭酒造（株）	岩国市周東町獺越2167-4	http://www.asahishuzo.ne.jp/	167
岩崎酒造（股）	岩崎酒造（株）	萩市東田町58	http://www.fukumusume.jp/	171
大嶺酒造（股）	大嶺酒造（株）	美祢市大嶺町奥分2505	http://www.ohmine.jp/	172
酒井酒造（股）	酒井酒造（株）	岩国市中津町1-1-31	http://www.gokyo-sake.co.jp/	169
新谷酒造（股）	新谷酒造（株）	山口市徳地堀1673-1	http://www.wakamusume.com/	170
（股）澄川酒造場	（株）澄川酒造場	萩市大字中小川611		171

藏元名稱（中文）	藏元名稱（日文）	地址	網址	頁數
中村酒造（股）	中村酒造（株）	萩市椿東3108-4	http://shirouo.jp/	172
（股）永山本家酒造場	（株）永山本家酒造場	宇部市大字車地138	http://www.domainetaka.com/	170
（有）堀江酒場	（有）堀江酒場	岩国市錦町広瀬6781	http://horiesakaba.com/	168
村重酒造（股）	村重酒造（株）	岩国市御庄5-101-1	http://kinkan-kuromatsu.jp/	167
八百新酒造（股）	八百新酒造（株）	岩国市今津町3-18-9	http://www.yaoshin.co.jp/	168
（股）山縣本店	（株）山縣本店	周南市大字久米2933	http://www.yamagt.jp/	172
山城屋酒造（股）	山城屋酒造（株）	山口市道場門前2-1-7	http://sugihime.jp/	169

香川

藏元名稱（中文）	藏元名稱（日文）	地址	網址	頁數
綾菊酒造（股）	綾菊酒造（株）	綾歌郡綾川町山田下3393-1	http://www.ayakiku.com/	176
川鶴酒造（股）	川鶴酒造（株）	観音寺市本大町836	http://kawatsuru.com/	176
西野金陵（股）	西野金陵（株）	仲多度郡琴平町623	http://www.nishino-kinryo.co.jp/	177
（有）丸尾本店	（有）丸尾本店	仲多度郡琴平町榎井93		177
（股）森國酒造	（株）森國酒造	小豆郡小豆島町馬木甲1010-1	http://www.morikuni.jp/	176

德島

藏元名稱（中文）	藏元名稱（日文）	地址	網址	頁數
（有）齋藤酒造場	（有）斎藤酒造場	徳島市佐古七番町7-1	http://gotensakura.co.jp/	181
近清酒造	近清酒造	阿南市山口町森国103-1		182
司菊酒造（股）	司菊酒造（株）	美馬市美馬町字妙見93	http://www.tsukasagiku.com/	183
津乃峰酒造（股）	津乃峰酒造（株）	阿南市長生町諏訪ノ端11	http://www.tsunomine.com/	182
那賀酒造（有）	那賀酒造（有）	那賀郡那賀町和食字町35		185
（名）中和商店	（名）中和商店	三好市池田町サラダ1756	http://www.niji.or.jp/komachi/	183
日新酒類（股）	日新酒類（株）	板野郡上板町上六條283	http://www.nissin-shurui.co.jp/	183
芳水酒造（有）	芳水酒造（有）	三好市井川町辻231-2	http://www.housui.com/	184
（股）本家松浦酒造場	（株）本家松浦酒造場	鳴門市大麻町池谷字柳の本19	http://narutotai.jp/	181
三芳菊酒造（股）	三芳菊酒造（株）	三好市池田町サラダ1661	http://www.macserver.if.tv/cgi/miyoshikiku2/modules/wordpress1/	185
矢川酒造（股）	矢川酒造（株）	三好市池田町白地井ノ久保386-1		184
吉本醸造（股）	吉本醸造（株）	徳島市鮎喰町1-125	http://awa-yoshimoto.com/	182

愛媛

藏元名稱（中文）	藏元名稱（日文）	地址	網址	頁數
石鎚酒造（股）	石鎚酒造（株）	西条市氷見丙402-3	http://www.ishizuchi.co.jp/	188
梅錦山川（股）	梅錦山川（株）	四国中央市金田町金川14	http://www.umenishiki.com/	189
梅美人酒造（股）	梅美人酒造（株）	八幡浜市1557-2	http://www.ume-bijin.co.jp/	190
榮光酒造（股）	栄光酒造（株）	松山市溝辺町甲443	http://eikoo.com/	186
緒方酒造（股）	緒方酒造（株）	西予市野村町野村12-17		190

藏元名稱（中文）	藏元名稱（日文）	地址	網址	頁數
川龜酒造（資）	川亀酒造（資）	八幡浜市五反田2-4-1		190
協和酒造（股）	協和酒造（株）	伊予郡砥部町大南400	http://www.hatsuyukihai.jp/	185
後藤酒造（股）	後藤酒造（株）	松山市南久米町255-1	http://www.gotoshuzo.jp/	186
櫻うづまき酒造（股）	桜うづまき酒造（株）	松山市八反地甲71	http://www.sakurauzumaki.co.jp/	186
酒六酒造（股）	酒六酒造（株）	喜多郡内子町内子3279-1	http://www.sakaroku-syuzo.co.jp/	189
首藤酒造（股）	首藤酒造（株）	西条市小松町大頭甲312-2	http://www.sukigokoro.co.jp/	187
成龍酒造（股）	成龍酒造（株）	西条市周布1301-1	http://www.seiryosyuzo.com/	188
千代之龜酒造（股）	千代の亀酒造（株）	喜多郡内子町平岡甲1294-1	http://www.chiyonokame.com/	189
（股）八木酒造部	（株）八木酒造部	今治市旭町3-3-8	http://www.yamatan.jp/	187
雪雀酒造（股）	雪雀酒造（株）	松山市柳原123	http://www.yukisuzume.com/	187

高知

藏元名稱（中文）	藏元名稱（日文）	地址	網址	頁數
	（株）アリサワ酒造	香美市土佐山田町西本町1-4-1		193
（有）有光酒造場	（有）有光酒造場	安芸市赤野甲38-1	http://ww8.tiki.ne.jp/~akano/	192
龜泉酒造（股）	亀泉酒造（株）	土佐市出間2123-1	http://www.kameizumi.co.jp/	195
菊水酒造（股）	菊水酒造（株）	安芸市本町4-6-25	http://www.tosa-kikusui.co.jp/	192
醉鯨酒造（股）	酔鯨酒造（株）	高知市長浜566-1	http://www.suigei.jp/	194
（有）仙頭酒造場	（有）仙頭酒造場	安芸郡芸西村和食甲1551		193
高木酒造（股）	高木酒造（株）	香南市赤岡町443	http://www.toyonoume.com/	193
司牡丹酒造（股）	司牡丹酒造（株）	高岡郡佐川町甲1299	http://www.tsukasabotan.co.jp/	196
土佐鶴酒造（股）	土佐鶴酒造（株）	安芸郡安田町安田1586	http://www.tosatsuru.co.jp/	191
（有）西岡酒造店	（有）西岡酒造店	高岡郡中土佐町久礼6154	http://www.jyunpei.co.jp/	195
（有）濱川商店	（有）濱川商店	安芸郡田野町2150	http://www.bijofu.jp/	191
文本酒造（股）	文本酒造（株）	高岡郡四万十町本町4-23	http://www.momo-taro.co.jp/	195
松尾酒造（股）	松尾酒造（株）	香美市土佐山田町西本町5-1-1		194
（有）南酒造場	（有）南酒造場	安芸郡安田町安田1875		192
（股）無手無冠	（株）無手無冠	高岡郡四万十町大正452	http://www.mutemuka.com/	196

福岡

藏元名稱（中文）	藏元名稱（日文）	地址	網址	頁數
旭菊酒造（股）	旭菊酒造（株）	久留米市三潴町壱町原403	http://www.asahigiku.com/	206
綾杉酒造場	綾杉酒造場	福岡市南区塩原1-12-37	http://www.ayasugi.co.jp/	200
池龜酒造（股）	池亀酒造（株）	久留米市三潴町草場545	http://ikekame.com	206

藏元名稱（中文）	藏元名稱（日文）	地址	網址	頁數
石藏酒造（股）	石藏酒造（株）	福岡市博多区堅粕1-30-1	http://www.ishikura-shuzou.co.jp/	201
（股）磯之澤	（株）いそのさわ	うきは市浮羽町西隈上1－2	http://www.isonosawa.jp/	205
大賀酒造（股）	大賀酒造（株）	筑紫野市二日市中央4-9-1	http://www.ogashuzo.com/	201
勝屋酒造（名）	勝屋酒造（名）	宗像市赤間4-1-10	http://www.katsuyashuzo.com/	202
寒北斗酒造（股）	寒北斗酒造（株）	嘉麻市大隈町1036-1	http://kanhokuto.com/	203
（股）喜多屋	（株）喜多屋	八女市本町374	http://www.kitaya.co.jp/	208
（資）後藤酒造場	（資）後藤酒造場	八女市黒木町黒木26		209
（股）小林酒造本店	（株）小林酒造本店	糟屋郡宇美町宇美2-11-1	http://www.sakebandai.com/	201
（股）篠崎	（株）篠崎	朝倉市比良松185	http://www.shinozaki-shochu.co.jp/	207
（有）白糸酒造	（有）白糸酒造	糸島市本1986	http://www.shiraito.com/	200
（股）高橋商店	（株）高橋商店	八女市本町2-22-1	http://www.shigemasu.co.jp/	208
玉水酒造（資）	玉水酒造（資）	みやま市高田町舞鶴214-1		209
筑紫之譽酒造（股）	筑紫の誉酒造（株）	久留米市城島町青木島181	http://c-homare.com/	204
豐村酒造（有）	豊村酒造（有）	福津市津屋崎4-14-18	http://www.toyomurashuzou.jp/	202
林龍平酒造場	林龍平酒造場	京都郡みやこ町犀川崎山992-2	http://www.kusugiku.jp/	210
光酒造（股）	光酒造（株）	糟屋郡粕屋町長者原東6-12-20	http://www.hakata-hikari.co.jp/	202
比翼鶴酒造（股）	比翼鶴酒造（株）	久留米市城島町内野466-1	http://www.hiyokutsuru.co.jp/	206
（股）三井之壽	（株）みいの寿	三井郡大刀洗町栄田1067-2		205
瑞穗菊酒造（股）	瑞穂菊酒造（株）	飯塚市天道375	http://mizuhogiku.com/	203
目野酒造（股）	目野酒造（株）	柳川市三橋町百町766	http://www.kuninokotobuki.co.jp/	209
（股）杜之藏	（株）杜の蔵	久留米市三潴町玉満2773	http://www.morinokura.co.jp/	207
（名）山口酒造場	（名）山口酒造場	久留米市北野町今山534-1	http://niwanouguisu.com/	203
山之壽酒造（股）	山の壽酒造（株）	久留米市北野町乙丸1	http://yamanokotobuki.seesaa.net/	204
（資）若竹屋酒造場	（資）若竹屋酒造場	久留米市田主丸町田主丸706	http://homepage3.nifty.com/wakatakeya/	204
若波酒造（名）	若波酒造（名）	大川市鐘ヶ江752	http://www.wakanami.jp/	210

佐賀

東鶴酒造（股）	東鶴酒造（株）	多久市東多久町別府3625-1	http://www.azumatsuru.server-shared.com/	213
天吹酒造（資）	天吹酒造（資）	三養基郡みやき町東尾2894	http://www.amabuki.co.jp/	212

藏元名稱（中文）	藏元名稱（日文）	地址	網址	頁數
井手酒造（有）	井手酒造（有）	嬉野市嬉野町 下宿乙806-1	http://toranoko.co.jp/	215
古伊萬里酒造（有）	古伊万里酒造（有）	伊万里市二里町 中里甲3288-1	http://www.meritbank.net/ koimari/	214
五町田酒造（股）	五町田酒造（株）	嬉野市塩田町 五町田甲2081	http://azumaichi.com/	215
小松酒造（股）	小松酒造（株）	唐津市相知町千束1489	http://www.manrei.jp/	213
小柳酒造（股）	小柳酒造（株）	小城市小城町903		212
幸姬酒造（股）	幸姬酒造（株）	鹿島市古枝甲599	http://www.sachihime.co.jp/	216
瀨頭酒造（股）	瀨頭酒造（株）	嬉野市塩田町 五町田甲3117	http://www.azumacho.co.jp/	215
天山酒造（股）	天山酒造（株）	小城市小城町岩蔵1520	http://www.tenzan.co.jp/	211
	鳴滝酒造（株）	唐津市神田3272-1	http://mpn.cjn.or.jp/mpn/contents/ 00001330/page/cp_top.html	213
（有）馬場酒造場	（有）馬場酒造場	鹿島市大字三河内乙 1365	http://www.nogomi.co.jp/	216
（名）樋渡酒造場	（名）樋渡酒造場	伊万里市大坪町乙4482		214
富久千代 酒造（有）	富久千代 酒造（有）	鹿島市浜町1244-1	http://nabeshima.biz/	217
（資）光武酒造場	（資）光武酒造場	鹿島市浜町乙2421	http://www.kinpa.jp/	217
宗政酒造（股）	宗政酒造（株）	西松浦郡有田町 戸矢乙340-28	http://www.nonnoko.com/	214
矢野酒造（股）	矢野酒造（株）	鹿島市高津原3903-1	http://www.yanoshuzou.jp/	216
大和酒造（股）	大和酒造（株）	佐賀市大和町尼寺2620	http://www.sake-yamato.co.jp/	211

長崎

今里酒造（股）	今里酒造（株）	東彼杵郡波佐見町 宿郷596	http://www.64sake.com/	221
梅枝酒造（股）	梅ヶ枝酒造（株）	佐世保市城間町317	http://umegae-shuzo.com/	222
浦川酒造（資）	浦川酒造（資）	南島原市有家町 山川1123	http://www.sake-ikkaku.co.jp/	223
重家酒造（股）	重家酒造（株）	壱岐市石田町 印通寺浦200	http://www.omoyashuzo.com/	221
（股）杵之川	（株）杵の川	諫早市土師野尾町17-4	http://www.kinokawa.co.jp/	221
福田酒造（股）	福田酒造（株）	平戸市志々伎町1475	http://www.fukuda-shuzo.com/	222
（有）森酒造場	（有）森酒造場	平戸市新町31-2	http://www.mori-shuzou.jp/	222
（資）山崎本店 酒造場	（資）山崎本店 酒造場	島原市白土町1065	http://www.yamasaki-syuzo. co.jp/	223
（資）吉田屋	（資）吉田屋	南島原市有家町 山川785	http://www.bansho.info/	223

熊本

龜萬酒造（資）	亀萬酒造（資）	葦北郡津奈木町 津奈木1192	http://www.kameman.co.jp/	227
河津酒造（股）	河津酒造（株）	阿蘇郡小国町 宮原1734-2	http://www.kawazu-syuzou.com/	227

藏元名稱（中文）	藏元名稱（日文）	地址	網址	頁數
（股）熊本縣酒造研究所	（株）熊本県酒造研究所	熊本市中央区島崎1-7-20		224
瑞鷹（股）	瑞鷹（株）	熊本市南区川尻4-6-67	http://www.zuiyo.co.jp/	224
千代之園酒造（股）	千代の園酒造（株）	山鹿市山鹿1782	http://www.chiyonosono.co.jp/	226
通潤酒造（股）	通潤酒造（株）	上益城郡山都町浜町54	http://tuzyun.com/	225
花之香酒造（股）	花の香酒造（株）	玉名郡和水町西吉地2226-2	http://www.hananoka.co.jp/	226
（股）美少年	（株）美少年	菊池市四町分免兎原1030	http://bishonen.jp/	226
山村酒造（名）	山村酒造（名）	阿蘇郡高森町高森1645	http://shop.reizan.com/	225

大分

藏元名稱（中文）	藏元名稱（日文）	地址	網址	頁數
老松酒造（股）	老松酒造（株）	日田市大鶴町2912	http://www.oimatsu.com/	230
大分銘醸（股）	大分銘醸（株）	宇佐市安心院町折敷田204-3	http://www.oitameijyo.co.jp/	232
萱島酒造（有）	萱島酒造（有）	国東市国東町綱井392-1	http://www.nishinoseki.com/	228
薰長酒造（股）	クンチョウ酒造（株）	日田市豆田町6-31	http://www.kuncho.com/	230
（股）小松酒造場	（株）小松酒造場	宇佐市長洲3341	http://koma2.main.jp/	231
佐藤酒造（股）	佐藤酒造（株）	竹田市久住町久住6197		229
倉光酒造（名）	倉光酒造（名）	大分市森町825		228
（有）中野酒造	（有）中野酒造	杵築市南杵築2487-1	http://chiebijin.com/	228
西之譽銘醸（股）	西の誉銘醸（株）	中津市福島2065-2	http://www.yukichinosato.com/	231
濱嶋酒造（資）	浜嶋酒造（資）	豊後大野市緒方町下自在381	http://www.takakiya.co.jp/	229
八鹿酒造（股）	八鹿酒造（株）	玖珠郡九重町右田3364	http://www.yatsushika.com/	232

宮崎

藏元名稱（中文）	藏元名稱（日文）	地址	網址	頁數
雲海酒造（股）	雲海酒造（株）	宮崎市昭栄町45-1	http://www.unkai.co.jp/	233
千徳酒造（股）	千徳酒造（株）	延岡市大瀬町2-1-8	http://www.sentoku.com/	233

鹿兒島

藏元名稱（中文）	藏元名稱（日文）	地址	網址	頁數
薩摩金山藏	薩摩金山蔵	いちき串木野市野下13665	http://www.hamadasyuzou.co.jp/kinzan/	234

沖繩

藏元名稱（中文）	藏元名稱（日文）	地址	網址	頁數
泰石酒造（股）	泰石酒造（株）	うるま市平良川90	http://www.taikokushuzo.com/	234

<監修>

友田晶子

全方位飲品顧問。以侍酒師身分進入酒類業界，廣泛經手葡萄酒、日本酒、燒酒、啤酒與雞尾酒等各種酒類。發揮其在業界約30年的經歷以及女性特有的感性，舉辦適合一般大眾或專為專業人士量身打造的研討會、提供諮詢服務、支援觀光推廣等。著作無數。

日本酒服務研究會・酒匠研究會聯合會

主要以日本國酒「日本酒」與「燒酒」的提供方法為中心，進行酒類的綜合性研究，透過這些教育啟蒙活動，目的在於對「日本酒」與「燒酒」的酒文化發展與相關產業提供支援，並且為日本飲食文化的傳承發展做出貢獻。設立於1991年。提供喞酒師、燒酒喞酒師等認證。刊載日本酒香味評鑑的官方網站「酒仙人」也頗受好評。

<日文版工作人員>

設計／NILSON design studio（望月昭秀、境田真奈美）
插圖／古川織江
攝影／加藤淳史、川瀬典子、野村優、山上忠
執筆協助／植松まり、加茂直美、久保田說子、鈴木理惠子、青龍堂（竹田東山、倉本皓介）、中村悟志、山本敦子
DTP／新榮企劃
編輯／3season
企劃・編輯／山本雅之（マイナビ出版）

參考文獻

《日本酒の基》日本酒服務研究會・酒匠研究會聯合會（NPO法人FBO）
《日本酒の図鑑》日本酒服務研究會・酒匠研究會聯合會（マイナビ出版）
《日本酒のテキスト2　産地の特徵と造り手たち》松崎晴雄著（同友館）

國家圖書館出版品預行編目資料

日本酒全圖鑑. 西日本篇 / 友田晶子, 日本酒服務研究會, 酒匠研究會聯合會監修 ; 蕭雲菁譯.
-- 初版. -- 臺北市：臺灣東販, 2017.09
256面；14.7×21公分
ISBN 978-986-475-440-3 (平裝)

1.酒 2.日本

463.8931　　　　　　　　106012986

ZENKOKU NO NIHONSHU DAIZUKAN NISHINIHONHEN
©3season Co.,Ltd. 2016
Originally published in Japan in 2016 by Mynavi Publishing Corporation
Chinese translation rights arranged through TOHAN CORPORATION, TOKYO.

日本酒全圖鑑
［西日本篇］

2017年9月1日初版第一刷發行
2021年9月1日初版第二刷發行

監　　修	友田晶子 日本酒服務研究會・酒匠研究會聯合會
譯　　者	蕭雲菁
副 主 編	陳正芳
美術編輯	黃盈捷
發 行 人	南部裕
發 行 所	台灣東販股份有限公司 ＜地址＞台北市南京東路4段130號2F-1 ＜電話＞(02)2577-8878 ＜傳真＞(02)2577-8896 ＜網址＞http://www.tohan.com.tw
郵撥帳號	1405049-4
法律顧問	蕭雄淋律師
總 經 銷	聯合發行股份有限公司 ＜電話＞(02)2917-8022
香港總代理	萬里機構出版有限公司 ＜電話＞2564-7511 ＜傳真＞2565-5539

TOHAN